"十三五"国家重点出版物出版规划项目

中国北方及其毗邻地区综合科学考察

董锁成　孙九林　主编

# 中国北方及其毗邻地区
# 人居环境科学考察报告

李旭祥 等　著

科学出版社

北　京

# 内 容 简 介

　　本书阐述了中国北方及其毗邻地区地域特点、分异规律及城镇分布时空格局，重点利用考察数据分析了中国北方人居环境适应性，包括城镇化背景下的中国北方民居环境适应性，建立了中国北方地区人居环境评价指标体系，并基于其分析评价了中国北方城市群人居环境适宜性。

　　本书可供建筑设计、环境科学、社会学及相关学科的研究生及科研人员参考。

**图书在版编目（CIP）数据**

中国北方及其毗邻地区人居环境科学考察报告 / 李旭祥等著 .
—北京：科学出版社，2015.6

（中国北方及其毗邻地区综合科学考察）

"十三五"国家重点出版物出版规划项目

ISBN 978-7-03-044909-2

Ⅰ. ①中⋯　Ⅱ. ①李⋯　Ⅲ. ①居住环境–科学考察–考察报告

Ⅳ. ①X21

中国版本图书馆 CIP 数据核字（2015）第 124918 号

责任编辑：李　敏　周　杰／责任校对：钟　洋
责任印制：张　伟／封面设计：黄华斌　陈　敬

科 学 出 版 社 出版
北京东黄城根北街 16 号
邮政编码：100717
http://www.sciencep.com

**北京建宏印刷有限公司** 印刷

科学出版社发行　各地新华书店经销

*

2015 年 6 月第　一　版　　开本：787×1092　1/16
2019 年 1 月第二次印刷　　印张：17 1/4
字数：400 000

**定价：180.00 元**

（如有印装质量问题，我社负责调换）

# 中国北方及其毗邻地区综合科学考察
# 丛书编委会

## 项目顾问委员会

# 《中国北方及其毗邻地区人居环境科学考察报告》
# 编写委员会

主　　笔　　李旭祥

副 主 笔　　顾兆林

执笔人员　　李志刚　　周　晶　　朱立君　　王卷乐
　　　　　　孙九林

# 序　一

　　科技部科技基础性工作专项重点项目"中国北方及其毗邻地区综合科学考察"经过中、俄、蒙三国 30 多家科研机构 170 余位科学家 5 年多的辛勤劳动，终于圆满完成既定的科学考察任务，形成系列科学考察报告，共 10 册。

　　中国北方及其毗邻的俄罗斯西伯利亚、远东地区及蒙古国是东北亚地区的重要组成部分。除了 20 世纪 50 年代对中苏合作的黑龙江流域综合考察外，长期以来，中国很少对该地区进行综合考察，尤其缺乏对俄蒙两国高纬度地区的考察研究。因此，该项考察成果的出版将为填补中国在该地区数据资料的空白做出重要贡献，且将为全球变化研究提供基础数据支持，对东北亚生态安全和可持续发展、"丝绸之路经济带"和"中俄蒙经济走廊"的建设具有重要的战略意义。

　　这次考察面积近 2000 万 $km^2$，考察内容包括地理环境、土壤、植被、生物多样性、河流湖泊、人居环境、经济社会、气候变化、东北亚南北生态样带、综合科学考察技术规范等，是一项科学价值大、综合性强的跨国科学考察工作。系列科学考察报告是一套资料翔实，内容丰富，图文并茂的重要成果。

　　我相信，《中国北方及其毗邻地区综合科学考察》丛书的出版是一个良好的开端，这一地区还有待进一步深入全面考察研究。衷心希望项目组再接再厉，为中国的综合科学考察事业做出更大的贡献。

2014 年 12 月

# 序　二

　　2001年，科技部启动科技基础性工作专项，明确了科技基础性工作是指对基本科学数据、资料和相关信息进行系统的考察、采集、鉴定，并进行评价和综合分析，以加强我国基础数据资料薄弱环节，探求基本规律，推动科学基础资料信息流动与利用的工作。近年来，科技基础性工作不断加强，综合科学考察进一步规范。"中国北方及其毗邻地区综合科学考察"正是科技部科技基础性工作专项资助的重点项目。

　　中国北方及其毗邻的俄罗斯西伯利亚、远东地区和蒙古国在地理环境上是一个整体，是东北亚地区的重要组成部分。随着全球化和多极化趋势的加强，东北亚地区的地缘战略地位不断提升，越来越成为大国竞争的热点和焦点。东北亚地区生态环境格局复杂多样，自然过程和人类活动相互作用，对中国资源、环境与社会经济发展具有深刻的影响。长期以来，中国缺少对该地区的科学研究和数据积累，尤其缺乏对俄蒙两国高纬度地区的考察研究。因此，该项综合科学考察成果的出版将填补我国在该地区长期缺乏数据资料的空白。该项综合科学考察工作必将极大地支持中国在全球变化领域中对该地区的创新研究，支持东北亚国际生态安全、资源安全等重大战略决策的制定，对中国社会经济可持续发展特别是丝绸之路经济带和中俄蒙经济走廊的建设都具有重要的战略意义。

　　《中国北方及其毗邻地区综合科学考察》丛书是中俄蒙三国170余位科学家通过5年多艰苦科学考察后，用两年多时间分析样本、整理数据、编撰完成的研究成果。该项科学考察体现了以下特点：

　　一是国际性。该项工作联合俄罗斯科学院、蒙古国科学院及中国30多家科研机构，开展跨国联合科学考察，吸收俄蒙资深科学家和中青年专家参与，使中断数十年的中苏联合科学考察工作在新时期得以延续。项目考察过程中，科考队员深入俄罗斯勒拿河流域、北冰洋沿岸、贝加尔湖流域、远东及太平洋沿岸等地区，采集到大量国外动物、植物、土壤、水样等标本。该项考察工作还探索出利用国外生态观测台站和实验室观测、实验获取第一手数据资料，合作共赢的国际合作模式。如此大规模的跨国科学考察，必将有力地推进中国综合科学考察工作的国际化。

　　二是综合性。从考察内容看，涉及地理环境、土壤植被、生物多样性、河流湖泊、人居环境、社会经济、气候变化、东北亚南北生态样带以及国际综合科学考察技术规范等内容，是一项内容丰富、综合性强的科学考察工作。

　　三是创新性。该项考察范围涉及近2000万km²。项目组探索出点、线、面结合，遥感监测与实地调查相结合，利用样带开展大面积综合科学考察的创新模式，建立E-Science信息化数据交流和共享平台，自主研制便携式野外数据采集仪。上述创新模式和技术保障了各项考察任务的圆满完成。

　　考察报告资料翔实，数据丰富，观点明确，在科学分析的基础上还提出中俄蒙跨国合作的建议，有许多创新之处。当然，由于考察区广袤，环境复杂，条件艰苦，对俄罗斯和蒙古全境自然资源、地理环境、生态系统与人类活动等专题性系统深入的综合科学考察还有待下一步全面展开。我相信，《中国北方及其毗邻地区综合科学考察》丛书的面世将对中国国际科学考察事业产生里程碑式的推动作用。衷心希望项目组全体专家再接再厉，为中国的综合科学考察事业做出更大的贡献。

2014 年 12 月

# 序　三

进入 21 世纪以来，我国启动实施科技基础性工作专项，支持通过科学考察、调查等过程，对基础科学数据资料进行系统收集和综合分析，以探求基本的科学规律。科技基础性工作长期采集和积累的科学数据与资料，为我国科技创新、政府决策、经济社会发展和保障国家安全发挥了巨大的支撑作用。这是我国科技发展的重要基础，是科技进步与创新的必要条件，也是整体科技水平提高和经济社会可持续发展的基石。

2008 年，科技部正式启动科技基础性工作专项重点项目"中国北方及其毗邻地区综合科学考察"，标志着我国跨国综合科学考察工作迈出了坚实的一步。这是我国首次开展对俄罗斯和蒙古国中高纬度地区的大型综合科学考察，在我国科技基础性工作史上具有划时代的意义。在该项目的推动下，以董锁成研究员为首席科学家的项目全体成员，联合国内外 170 余位科学家，利用 5 年多的时间连续对俄罗斯远东地区、西伯利亚地区、蒙古国、中国北方地区展开综合科学考察，该项目接续了中断数十年的中苏科学考察。科考队员足迹遍布俄罗斯北冰洋沿岸、东亚太平洋沿岸、贝加尔湖沿岸、勒拿河沿岸、阿穆尔河沿岸、西伯利亚铁路沿线、蒙古沙漠戈壁、中国北方等人迹罕至之处，历尽千辛万苦，成功获取考察区范围内成系列的原始森林、土壤、水、鱼类、藻类等珍贵样品和标本 3000 多个（号），地图和数据文献资料 400 多套（册），填补了我国近几十年在该地区的资料空白。同时，项目专家组在国际上首次尝试构建东北亚南北生态样带，揭示了东北亚生态、环境和经济社会样带的梯度变化规律；在国内首次制定 16 项综合科学考察标准规范，并自主研制了野外考察信息采集系统和分析软件；与俄蒙科研机构签署 12 项合作协议，创建了中俄蒙长期野外定位观测平台和 E-Science 数据共享与交流网络平台。项目取得的重大成果为我国今后系统研究俄蒙地区资源开发利用和区域可持续发展奠定了坚实的基础。我相信，在此项工作基础上完成的《中国北方及其毗邻地区综合科学考察》丛书，将是极富科学价值的。

中国北方及其毗邻地区在地理环境上是一个整体，它占据了全球最大的大陆——欧亚大陆东部及其腹地，其自然景观和生态格局复杂多样，自然环境和经济社会相互影响，在全球格局中，该地区具有十分重要的地缘政治、地缘经济和地缘生态环境战略地位。中俄蒙三国之间有着悠久的历史渊源、紧密联系的自然环境与社会经济活动，区内生态建设、环境保护与经济发展具有强烈的互补性和潜在的合作需求。在全球变化的背景下，该地区在自然环境和经济社会等诸多方面正发生重大变化，有许多重大科学问题亟待各国科学家共同探索，共同寻求该区域可持续发展路径。当务之急是摸清现状。例如，在当前应对气候变化的国际谈判、履约和节能减排重大决策中，迫切需要长期采集和积累的基础性、权威性全球气候环境变化基础数据资料作为支撑。在能源资源越来越短缺的今天，我国要获取和利用国内外的能源资源，首先必须有相关国家的资源环境基础资料。俄蒙等周边国家在我国全球资源战略中占有极其重要的地位。

　　中国科学家十分重视与俄、蒙等国科学家的学术联系，并与国外相关科研院所保持着长期良好的合作关系。1998 年、2004 年，全国人大常委会副委员长、中国科学院院长路甬祥两次访问俄罗斯，并代表中国科学院俄罗斯科学院签署两院院际合作协议。2005 年、2006 年，中国科学院地理科学与资源研究所等单位与俄罗斯科学院、蒙古科学院中亚等国科学院相关研究所成功组织了一系列综合科学考察与合作研究。近年来，各国科学家合作交流更加频繁，合作领域更加广泛，合作研究更加深入。《中国北方及其毗邻地区综合科学考察》丛书正是基于多年跨国综合科学考察与合作研究的成果结晶。该项成果包括：《中国北方及其毗邻地区科学考察综合报告》《中国北方及其毗邻地区土地利用/土地覆被科学考察报告》《中国北方及其毗邻地区地理环境背景科学考察报告》《中国北方及其毗邻地区生物多样性科学考察报告》《中国北方及其毗邻地区大河流域及典型湖泊科学考察报告》《中国北方及其毗邻地区经济社会科学考察报告》《中国北方及其毗邻地区人居环境科学考察报告》《东北亚南北综合样带的构建与梯度分析》《中国北方及其毗邻地区综合科学考察数据集》、*Proceedings of the International Forum on Regional Sustainable Development of Northeast and Central Asia*。

　　2013 年 9 月，习近平主席访问哈萨克斯坦时提出"共建丝绸之路经济带"的战略构想，得到各国领导人的响应。中国与俄蒙正在建立全面战略协作伙伴关系，俄罗斯科技界和政府部门正在着手建设欧亚北部跨大陆板块的交通经济带。2014 年 9 月，习近平主席提出建设中俄蒙经济走廊的战略构想，从我国北方经西伯利亚大铁路往西到欧洲，有望成为丝绸之路经济带建设的一条重要通道。在上海合作组织的框架下，巩固中俄蒙以及中国与中亚各国之间的战略合作伙伴关系是丝绸之路经济带建设的基石。资源、环境及科技合作是中俄蒙合作的优先领域和重要切入点，迫切需要通过科技基础工作加强对俄蒙的重点考察、调查与研究。在这个重大的历史时刻，中国北方及其毗邻地区综合科学考察丛书的出版，对广大科技工作者、政府决策部门和国际同行都是一项非常及时的、极富学术价值的重大成果。

2014 年 12 月

# 前　言

　　西安交通大学人居环境与建筑工程学院以科技部科技基础性工作专项重点项目"中国北方及其毗邻地区综合科学考察"子课题（第七课题）"中国北方及其毗邻地区人类活动规律和人居环境状况及变化调查考察"为依托，重点对中国北方黄河中下游大部分城镇以及东北部分城镇进行了有针对性的人居环境考察。2008~2011年，共考察中国北方地区143个县（市），同时对俄罗斯西伯利亚及远东地区和蒙古人居环境进行了调查与考察，获取了大量的统计数据以及城镇中长期规划。我们对获取的数据进行了细致的筛选，通过大量的数学、统计学计算以及建立模型，在和国内其他人居环境评价指标体系进行比较的基础上，得出以资源环境承载力为导向、以人居环境适应性为原则、兼顾经济社会可持续发展的人居环境评价指标体系，并运用这一指标体系对所考察的部分城镇的人居环境适应性以及环境承载力进行了评估，取得了较为满意的结果。

　　随着30多年来中国经济的快速发展和全球气候迅速变暖，经济发展与环境保护之间的矛盾日益突出，人居环境基础性科学数据与资料采集工作明显滞后，现有资料多限于单一学科的局部性研究积累，缺少综合性、多学科系统集成。鉴于中国北方地区自然环境及人类活动等基础数据明显不足，系统开展中国北方人类活动规律和人居环境状况及变化调查考察是研究并实现社会经济可持续发展的迫切需要。

　　中国北方及其毗邻地区中的部分区域风沙危害严重，西北和华北地区是沙尘暴的主要源区。同时，北方地区矿产资源丰富，煤、石油、铝土、有色金属、盐碱等资源在全国占有重要地位，有很多能源–重工业–化工基地。北方地区有漫长的取暖期，独特的自然环境和人类活动方式造成北方人居环境容量达到极限。据2000~2014年资料，中国重点城市空气污染指数前10名90%以上为北方城市。城市大气环境污染已是制约北方城市发展和影响人居环境质量的一个最为重要的因素。

　　在人居环境综合框架的基础上，我们从人居环境的自然、人类、社会、居住、支撑等五个子系统出发，基于区域变化对全球变化的响应，就中国北方地区生态、社会、经济及环境等问题对中国北方地区人类活动规律和人居环境状况及变化开展综合科学考察，系统采集基本的科学资料和相关信息。国内考察沿黄河沿线的黄河三角洲城市群、关中–天水城市群、沈阳–大连城市群，内蒙古、黑龙江部分县（市）展开，横跨中国北方干旱、半干旱及半湿润、湿润气候带，代表几个不同气候带的生态环境特征。通过国际交流和合作，我们还对俄罗斯西伯利亚及远东地区和蒙古的毗邻重点区域进行了联合科学考察。通过对采集数据的分类和集成，实现人居环境基本信息和数据的共享。

本次研究参加单位有西安交通大学和中国科学院地理科学与资源研究所。参加本书撰写的有西安交通大学李旭祥、顾兆林、李志刚、周晶，中国科学院地理科学与资源研究所朱立君、王卷乐、孙九林。感谢对本研究和本书做出贡献的邓文博、侯康、陈芝静、张静、朱效明、王婷、李馨、许先意、蔡启闽、张著等，感谢张月和李天绘制全书建筑平面图，感谢"中国北方及其毗邻地区综合科学考察项目"顾问委员会和项目专家组提供资助与宝贵意见。

本书在撰写过程中借鉴和引用了其他科研工作者的研究方法，在此一并表示衷心感谢！

作　者

2014 年 12 月

# 目　　录

# 第1章　中国北方及其毗邻地区概况

## 1.1　中国北方地区地域特点及分异规律

通常意义上所指的中国北方，是秦岭以北，长江、淮河以北的广大地区。如果将本次研究设定的中国北方考察区从行政区划分，包括北京、天津、黑龙江、吉林、辽宁、内蒙古、河北、山西、山东、河南、陕西、甘肃、青海、宁夏、新疆，共计15个省级行政区。总面积约411.5万 km²，约占全国陆地总面积的42.9%；总人口约5.2亿，约占全国的40%（2007年统计）。该地区东西、南北从地理到气候跨度都很大。依据气候划分，可分为寒温带、温带和暖温带，其中温带面积最广；依据地貌类型划分，可分东北平原、华北平原、黄土高原、内蒙古高原和青藏高原，涵盖中国地形三大阶梯全部单元。根据中国自然区划原则，本研究的考察区可以划分为东北区、华北区、西北区等，从地貌、气候、植被、土壤、水文等方面简要分析考察区内的自然地理环境特点。

### 1.1.1　东北区

东北区位于中国东北部纬度最高部分，北、东、东南三面至国境，西隔大兴安岭，与内蒙古的呼伦贝尔高原相接，行政区划上包括黑龙江、吉林绝大部分和辽宁的北部。我们考察的东北区重点在黑龙江靠近俄罗斯、蒙古的区域以及辽宁省的沈大城市群。

东北区地貌形成半环状的3个带，最外一环是黑龙江、乌苏里江等河谷谷地，其内紧接着不高的山地。西部山地以大兴安岭为主干，东部山地以长白山为主干，山地和丘陵环抱着松嫩平原，东部松花江下游及乌苏里江左岸是低湿的三江平原。

东北区以温带湿润、半湿润大陆性季风气候为主，其中，大兴安岭北部为寒温带、长城以北为中温带。无霜期4~8个月，热量条件南北差异大；年降水量400~800mm，主要集中在7~8月。东北区的北部及东部山地为湿润区；夏季温暖多雨，冬季寒冷干燥；主要灾害性天气表现为冬季寒潮，夏季低温、秋季早霜等。

东北区水资源较为丰富，湿地、沼泽广布，主要河流有黑龙江及其支流松花江、图们江。河流冬季结冰，有明显融雪春汛，含沙量较小；主要湖泊有天池、兴凯湖等。

东北区森林分布广泛，大小兴安岭与东部山地是中国最重要的天然林区，温带森林和森林草原植被类型主要受温带季风气候控制。大兴安岭北段为寒温带落叶针叶林集中分布地区；小兴安岭和东部山地广泛分布着温带针叶–落叶阔叶混交林和落叶阔叶林；松嫩平原则由于温度较高，降水较少，草本植物群落占优势，形成森林草原与草甸草原。

东北区夏季多雨，土壤淋溶过程和生草过程显著，钙元素淀积量少，淀积较深，黏粒机械淋溶普遍，呈酸性反应。冬季严寒，土壤冻结，生物活动微弱或几乎停止，有机质的分解受到抑制。一年中，土壤发育过程随季节而交替进行，土壤中得以积累较丰富的有机质，具有较高的肥力，特别是生草过程非常旺盛的松嫩平原区，发育了肥沃的黑土和黑钙土。在水热条件和生物-气候条件下，东北区地带性植被与土壤分布规律明显。以山地而论，北部主要是寒温带针叶林-棕色针叶林土地带；东部和南部主要是温带针阔混交林-暗棕色森林土地带。以平原而论，东部三江平原以沼泽、草甸为主，在低山、丘陵上可见落叶阔叶林和薄层暗棕色森林土；松嫩平原则为草甸草原-黑土地带（任美锷，1992）。

由于东北区在很大范围内与俄罗斯接壤地区在地貌特征、气候特征、水文条件以及植被特征上均与俄罗斯有很大的相似性，是我们进行国内外比较研究的重点区域。

## 1.1.2　华北区

华北区位于32°N~42°N，大部分居中国东部暖温带。北部大致沿3000℃活动积温等值线与东北区相接；西部在黄河青铜峡至乌鞘岭一段与西北区相接，东西跨越经度20°以上，是中国重要的农业区。

华北区主要包括华北平原和黄土高原两大地貌单元，地貌分界线主要是太行山脉，以东为华北平原，以西为黄土高原。其中，华北平原是中国最平坦的平原，主要由黄河、海河、淮河冲积而成，土层深厚。黄土高原是世界上最大、最厚的黄土堆积区，土质疏松，直立性强，地表植被保护性差，水土流失严重，沟壑纵横，流经高原区的河流含沙量大。区域内地貌类型多样，有墚、峁、塬、坡、沟、河滩地等。周围有"东岳"泰山（山东）、"西岳"华山（陕西）、"中岳"嵩山（河南）、"北岳"恒山（山西）（程连昌和李文燕，2011）。

这个地区以温带大陆性季风气候为主，长城以北为中温带、黄河中下游地区为暖温带，无霜期4~8个月，热量条件南北差异大；年降水量400~800mm，一般自南向北、自东向西减少，并且降水年内分配不均匀，主要集中在7~8月，尤其是河北平原，夏季降水竟达全年3/4左右，温暖多雨，冬季寒冷干燥；主要灾害性天气为春季干旱多沙暴，夏季多暴雨（程连昌和李文燕，2011）。

黄河是该区最大的一级干流，是中华民族的母亲河，世界著名的多沙性河流，年最高入海输沙量达到16亿t（王建华等，2013）。在黄河下游地区形成"悬河"，那里防洪形势非常严峻。华北区降水集中于夏季，暴雨持续数日易造成下游洪峰，一旦溃坝，决口下泄将冲毁下游农田，并改道入海。黄河在历史上多次溃堤改道，造成黄淮海之间的"黄泛区"。

华北区耕作历史悠久，自然土壤性状已大为改变。从现有的天然植被和土壤看，呈现地带性特征，即随水分自东向西减少，依次出现：湿润落叶阔叶林-棕壤地带（分布于气候较为湿润的辽东半岛和胶东半岛）、半湿润落叶阔叶林-褐土地带（分布于华北平原、冀北山地、山西高原东南部和渭河谷地）、半湿润森林草原-黑垆土地带（分布于黄土高原东部，包括山西北部、陕北及甘肃东部）、半干旱草原-灰钙土地带（分布于黄土高原西部，包括宁夏黄河以南，甘肃兰州与平凉之间地区）（任美锷，1995）。

内蒙古位居中国北方内陆温带草原地带，东起大兴安岭，西至贺兰山，横跨经度为

29°，其南界约与 3000℃ 活动积温等值线相当。

内蒙古高原地形平坦，除山岭外，海拔大部分为 1000~1500m，为曾经夷平的高原面。同时该区内还分布不少沙漠和沙地，自东向西有呼伦贝尔沙地、科尔沁沙地、小腾格里沙地、毛乌素沙地、库布齐沙漠和乌兰布和沙漠，分布较为零散。

内蒙古高原属温带半干旱气候，冬寒夏温，多风沙，日照充足，降水量 200~400mm，由东南向西北减少，主要集中于夏季，典型的温带大陆性半湿润到半干旱的过渡类型。这些都是形成内蒙古草原景观的主导因素。

内蒙古高原东缘和南缘的山地和高地是中国外流区域和内流区域的重要分界。其外缘为外流区，东部有海拉尔河、西辽河水系，西部有黄河流，经河套地区，水量较丰，是重要的灌溉水源。区域内主要内陆湖泊有呼伦湖、达里诺尔等。

内蒙古高原的天然植被以草原为主。形成原因：因太平洋季风受大兴安岭、燕山山地的阻滞，该区形成明显的内陆半干旱的自然环境，为多年生、旱生低温草本植物的生长创造有利条件，构成中国北方最广大的干草原。草原植被主要特点是群落中多年生、旱生低温草本植物占优势，建群植物主要是禾本科。属于干草原的地带性土壤——栗钙土，在该区分布最广。西部荒漠草原植被下发育棕钙土，在这两个地带性土类分布的范围内，相应的隐域土——草甸土、沼泽土、盐碱土和沙土，分布面积也不少。

该区也是课题境外考察的比较地。蒙古的自然条件与中国内蒙古相同，蒙古族的历史发展沿革也基本一致。人居环境的差异出现在近代，主要是 20 世纪初之后，表现形式为社会结构与社会发展形态的不同。

## 1.1.3    西北区

中国西北区所涉及的地理范围非常广大，本次考察区范围所指的西北区包括甘肃河西走廊以及青海祁连山地和柴达木盆地一些地区。

西北区的地貌特征是具有高耸的山岭和巨大的盆地，如区内的昆仑山、祁连山、柴达木盆地等，大部分山地海拔超出 4000m，最高峰达 7000m。现代冰川发育，山岭对西北区荒漠景观形成和区域内部分异起着十分重要的作用。高大山脉环抱的大盆地尤为干旱，是中国最干旱的一个自然区，沙漠和戈壁分布甚广。

该区深居内陆，属于典型的温带大陆性气候。冬冷夏热，气温日较差和年较差都很大。降水稀少，水汽来源有两类，在西部主要来自西风，降水量一般由西北向东南减少；在东部主要来自东南季风，降水量由东南向西北减少，降水量多数在 400mm 以下，且降水年际和月际变化非常大，如河西走廊地区有时 1~2 天的降水量就占全年的 1/2 或 2/3，降雨的多变也是大陆性气候强烈的突出表现。山地降水量一般随高度而增加，山地比山麓湿润，山麓比盆地中心湿润，如祁连山北麓河西走廊（平原），年降水量 50~150mm，山间谷地为 300mm，高山带则增至 500~800mm。

西北区河流普遍水量小，汛期短，含沙量大，多内流河，冰川融水是主要补给水源，有大片无流区。黄河上游落差大，水能资源丰沛。

西北区荒漠植被主要为旱生灌木和半灌木，植物种类非常贫乏，组成以藜科最多，柽柳科、菊科、豆科也占相当比重。由于气候干旱，土壤含盐量高，该区的地带性土壤在温带干旱气候下为灰棕漠土，在暖温带极端干旱气候下为棕漠土，并有较大面积的风沙土。土壤基质主要是戈壁滩上的砾质洪积物，沙丘上的沙质风积物和裸露岩石的风化残积物，局部为河流冲积物和湖泊沉积物。

## 1.2 中国北方地区城镇分布时空格局分析

根据2005年和2010年有关城市统计年鉴资料，建立了中国北方考察区基于县级的城镇发展综合数据库，应用ArcGIS数据平台，制作了中国北方城镇分布时空格局系列专题图集，应用地理信息空间分析、地学统计等方法，集合城镇社会、经济数据及中国北方考察区气候、地形数据，探讨了考察区城镇分布时空格局。

### 1.2.1 2005年考察区城镇分布空间格局

从考察区城镇空间总体分布图（图1-1、图1-2）看，中国北方城镇分布主要集中在华北区。从城镇分布密度看，河南、山东、河北最为密集；而且，从城镇空间分布格局可以看出两个比较明显的"条带集聚效应"，以及南北向沿京广线和东西向沿陇海线的分布格局。随着城镇规模的增大，这种地理空间分布的集聚效应更加明显。

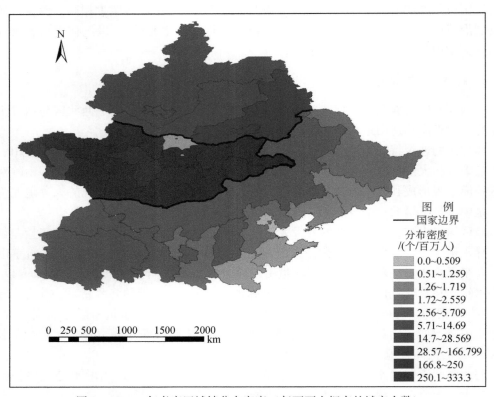

图1-1　2005年考察区城镇分布密度（每百万人拥有的城市个数）

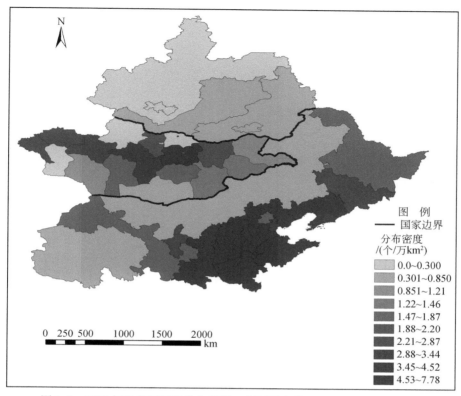

图 1-2　2005 年考察区城镇分布密度（每万平方公里县级以上城镇个数）

## 1.2.2　2005 年不同人口规模城镇空间分布格局

　　按照中国城镇人口的分级指标，将考察区城镇规模按人口数量划分 7 个等级。从城镇空间分布图（图 1-3）可以进一步解析不同规模城镇地理空间分布的特点：考察区 5 万人以下级别的小城镇分布较少，主要集中在西北区的青海、甘肃和内蒙古。在华北区和东北区非常少，如人口大省山东和河南，以及辽宁和吉林都没有 5 万人以下级别的小城镇。5 万～10 万人级别的城镇个数较少，这和 5 万人以下级别城镇空间分布相似，且山东和河南也没有 5 万～10 万人级别的小城镇。10 万～50 万人级别的城镇在中国北方省级行政区分布最多，并且比较均匀分布于各大区，尤以华北地区密度最高。50 万～100 万人级别的城镇则明显表现出东密西疏的分布格局，华北平原的山东、河南、河北三省最多，东北三省分布较为均匀，西北地区主要分布于陕西的关中平原。100 万～300 万人级别的城镇主要分布在人口大省山东和河南，陕西和宁夏没有这一规模的城镇，甘肃省会兰州和青海省会西宁达到这一规模。300 万～1000 万人级别的特大城市在考察区范围内有 4 座，都是区域中心城市，如东北三省的省会沈阳、长春、哈尔滨和陕西的西安，都属于副省级市。1000 万人级别以上的超级城市有北京、天津。

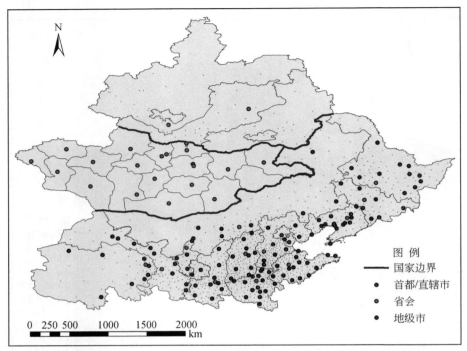

图 1-3  2005 年考察区城镇分布

### 1.2.3  2010 年考察区城镇分布时空格局变化

由于研究时间间隔较短，所以总体上城镇分布格局没有大的改变，城镇分布密度基本也没有大的变化（图 1-4，图 1-5），但不同地区城镇人口和规模的增加、城镇空间聚集度、城镇间平均最近距离还是有一些变化，到 2010 年不同地区的城镇规模进一步加大，如 10 万人以下级别的城镇在华北区和东北区基本没有，相反 50 万人以上级别的城镇增加较多，这也体现了研究时间段内不同地区城镇社会经济发展的情况。

### 1.2.4  中国城镇分布的自然环境适宜性选择

城镇在地理空间上的分布很大程度受所在地区自然地理环境因子的制约。很多研究表明，诸如气候中的温度、降水，地貌中的海拔、地表切割度等关键因子和城镇空间分布具有很大的相关性，如中国北方城镇从西向东逐渐加密，这也符合中国地势上三大阶梯地貌格局的影响。从西北区的第三阶梯到中东部的第二阶梯、第一阶梯，海拔逐渐降低，人口和城镇分布的基本地形因素也逐渐变好。另外，从 2010 年气候环境指标中降水、温度因子经空间内插和城镇空间分布叠加分析（图 1-6、图 1-7）可以看出，城镇的分布与温度、降水有很好的正相关关系，这也从自然环境因素反映了中国城镇空间分布具有从南向北、从东向西逐渐变稀疏的地理空间格局。

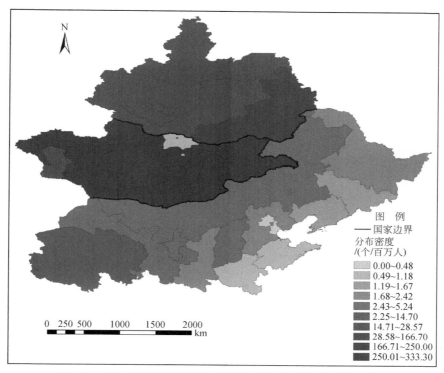

图 1-4　2010 年考察区城镇分布密度（每百万人拥有城镇个数）

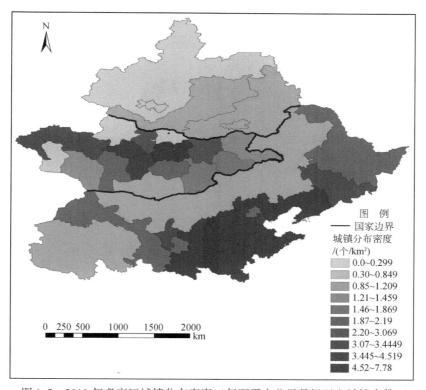

图 1-5　2010 年考察区城镇分布密度（每万平方公里县级以上城镇个数）

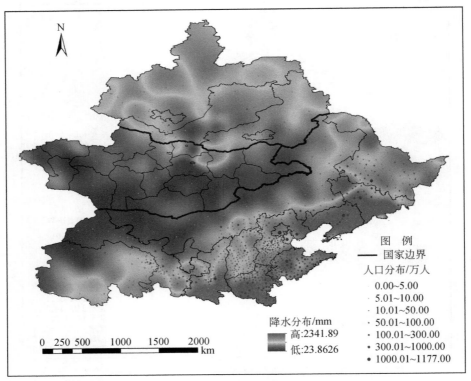

图 1-6　2010 年考察区基于年平均降水城镇分布

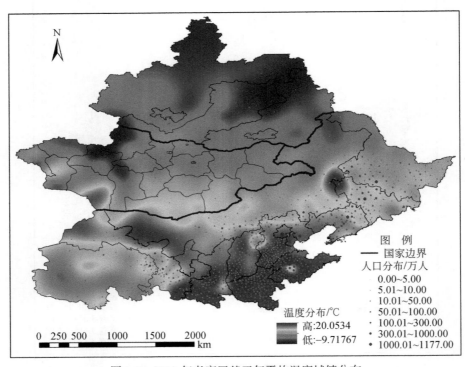

图 1-7　2010 年考察区基于年平均温度城镇分布

## 1.3　中国北方地区人居环境的居住形式

主要研究区为黄河中下游和东北地区，位于 34°N ~ 50°N。最北端是黑龙江省的呼玛县，最南端是河南省的荥阳县，最东端是山东省的垦利县（黄河的入海口），最西端是青海省东部的贵德县（"天下黄河贵德清"）。这个区域主要涵盖温带季风气候和温带大陆性气候带，一小部分（如青海的某些地区）处于高原山地气候控制下。

中国北方疆域辽阔，各地自然和人文环境不尽相同，在几千年的历史文化进程中，人们为了获得比较理想的栖息环境，以朴素的生态观顺应自然和以最简便的手法创造居住环境。中国北方传统民居结合自然和气候，因地制宜地发展出适宜农业社会、适应气候与环境的多样化民居形式。因此，传统民居形式的演进，可以说是北方地区人居环境时空格局最为恰当的表现形式。

### 1.3.1　青藏高原庄窠民居

庄窠是青海东部农业区，沿湟水和黄河一带，包括湟中、湟原、大通、互助、西宁、乐都、民和、化隆、循化以及大通河中游门源等市县汉、藏、回、土、撒拉等民族的主要居住形式。

庄窠以一个独立户为基本单位，平面为方形或长方形，用 4 ~ 5m 高、50 ~ 80cm 厚的黄土墙或土坯砌筑的庄墙，包围着内部所有的房屋和庭院。图 1-8 是青海循化撒拉族庄窠俯视图。大门由松木或柳木板拼装钉成。除了唯一的大门之外，庄墙无其他开洞，庄墙内二面、三面或四面布置各种用房，一般以一堂两室的三间为一基本单元，布置在正中，四角暗房多为厨房、仓库、牲畜棚、杂用房及厕所等。院中设有花坛，种植果树、花卉，环境幽雅、安静（赵宗福和马成俊，2004）。

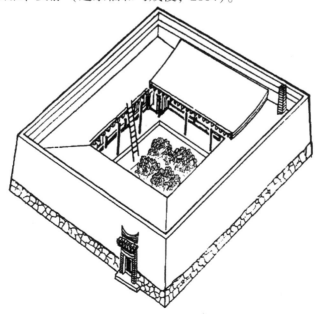

图 1-8　青海循化撒拉族庄窠俯视

### 1.3.1.1 庄窠的建筑格局

庄窠围墙上开有一扇大门，有四合院、三合院和两面建房等几种形式，院中设有花坛、种植果树、花卉，附设有车棚、草料棚、畜棚、果园、菜园等，形成一个多功能的组合体。

庄窠以平房居多，极少平、楼结合的房屋。房屋为木构架承重，平顶屋面，上施草泥，用小碌碡压光，屋顶坡度平缓。下雨时屋顶不易被雨水冲刷，下雪时便于上房扫雪，以免屋顶漏水。屋顶也可作为庭院的补充，上面可晾晒粮食、干菜，架设木梯可上下屋顶。图1-9是庄窠平面图。

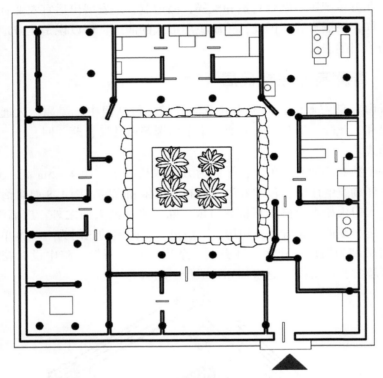

图 1-9　庄窠平面

庄窠的居室一般三间为一组，一明两暗，即堂屋居中，两边是卧室。堂屋内沿庄墙对称布置家具。卧室的火炕顺窗或顺山墙布置，炕上放衣箱、炕柜、炕桌等。火炕和家具占居室面积的一半以上。居室的大小、进深与梁架的用材有关，六柱或八柱形成的开间为基本开间。前廊是房屋与庭院间的过渡，每座庄窠都尽量设廊，廊檐是庄窠重点装饰的部位。

### 1.3.1.2 庄窠的装饰

庄窠外观一般比较质朴，大门偏于一侧，门楼的式样很多，有的入门砖砌雕饰，造型精美。每座庄窠都尽量装饰大门。廊檐雕饰最为丰富，窗格式样也很多。木雕是庄窠装饰的主要手段。图1-10是庄窠大门。

图 1-10　庄窠大门（孟祥杰摄）

因青海东部各民族大分散、小集中分布，各民族庄窠的形式虽基本相同，但部分设施却有差异。如回民庄窠入门处多有砖雕、照壁，院内设有自用井；土族庄窠有套庄和联庄的布局，庄墙高大；藏族庄窠房顶四角和门前有各色布幡飘扬，室内增设小佛堂；撒拉族庄窠房子进深较大，庄内多为一面或两面建房，木刻花纹，透雕雀替，较为考究。

### 1.3.1.3　庄窠的环境适应性特征

庄窠是适应青海东部气候干燥、风沙较大环境特征的居住形式。庄窠庄墙较高，四面围合，不开窗，庭院内部却很洁净。庄窠为生土建筑，有方便生活、保障安全、就地取材、施工方便等优点。

虽然庄窠有避风沙、保温好、易美化、易建造等特点，至今仍被当地农民广泛采用，但是社会经济生活的改善、城镇化进程的加快以及新农村建设使得很多村庄的庄窠面临废弃。这种环境适应性非常突出的建筑形式正面临消失，而建造庄窠的传统工艺也有失传的危险。

## 1.3.2　黄土高原窑洞民居

窑洞是西北黄土高原的古老居住形式，这一"穴居式"民居的历史可以追溯到四千多年前。在陕西、甘肃、河南、山西等黄土地区，当地居民在天然土壁内开凿横洞，并常将数洞相连，在洞内加砌砖石，建造窑洞。窑洞防火，防噪音，冬暖夏凉，节省土地，经济省工。与庄窠一样，窑洞是因地制宜的生态建筑形式。

### 1.3.2.1　窑洞民居类型

窑洞一般有靠崖式窑洞、独立式窑洞、下沉式窑洞等形式。其中，靠崖式窑洞应用较多。

靠崖式窑洞的出现历史很早，也最被人所熟知。图 1-11 展现了靠崖式窑洞民居选址、平面与剖面。根据所处地形的不同，靠崖式窑洞又可以分为：靠山式窑洞和沿沟式窑洞两种。

靠崖式窑洞多见于山坡或土塬的边缘，窑洞一般依山靠崖，窑洞的前面有较大一块平地，用以修建院落，或者作为公共空间和出入的通道。靠崖式窑洞通常选择在黄土层较干、纹理呈横向的土坡修建，一是为了保障窑洞不易坍塌；二是为了它的稳固性。此外，可以充分利用山体的高度，建造多层式窑洞，上面窑洞的院落正好是底下窑洞的窑顶，极大地扩大了居住空间。

沿沟式窑洞是沿着河流冲刷而形成的冲沟两岸的黄土层所挖的窑洞，这种窑洞外部空间比靠崖式窑洞要小，但有较好的避风沙的功能。又因为靠近水源地，利于耕作，是生态良好、宜于居住的理想之选。沿沟式窑洞通常利用河沟中的石块砌窑脸，而窑洞的内部依然是利用黄土开挖而成。

(a)选址　　　　　(b)平面　　　　　(c)剖面

图 1-11　靠崖式窑洞民居选址、平面与剖面

独立式窑洞（箍窑）是一种掩土的拱形房屋，有土墼土坯拱窑洞，也有砖拱石拱窑洞。这种窑洞无须依山靠崖，能自身独立，又不失窑洞的优点。可为单层，也可建成楼。若上层是箍窑，即称"窑上窑"；若上层是木结构房屋，则称"窑上房"。

下沉式窑洞就是地下窑洞，主要分布在黄土塬区没有山坡、沟壁可利用的地区，如河南三门峡地区。这种窑洞的做法是：先就地挖一个方形地坑，然后再向四壁挖窑洞，形成一个四合院。人在平地，只能看见地院树梢，不见房屋。图 1-12 展现了下沉式窑洞立面、平面。

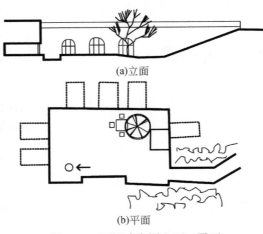

(a)立面

(b)平面

图 1-12　下沉式窑洞立面、平面

### 1.3.2.2　窑洞民居的建筑特点

窑洞也属于生土建筑，简单易修，省材省料，坚固耐用，冬暖夏凉。其拱顶式的构筑符合力学原理，顶部压力一分为二，分至两侧，重心稳定，分力平衡，具有极强的稳固性。窑洞的开凿有如下条件步骤：

第一步是挖地基：窑洞的方位确定之后，就开始挖地基。如果门前有沟洼，可把土边挖边推进沟里，就比较省力。如果要挖地坑院，遇到经济条件不好的或者地形不利于机械施工的状况，施工中则需要使用较多人力。

第二步是打窑洞。地基挖成，崖面子刮好后，就开始打窑。打窑就是把窑洞的形状挖出，把土运走。窑洞打好后，接着就是镟窑，或叫"剔窑"、"铣窑"。从窑顶开始剔出拱形，把窑帮刮光，刮平整，这样打窑就算完成了。等窑洞晾干之后，用黄土和铡碎的麦草和泥，用来泥窑。泥窑的泥用干土和，才有筋，泥成的平面光滑平顺。

第三步是扎山墙、安门窗。窑泥完之后，再用土坯子扎山墙、安门窗，一般是门上高处安高窗，和门并列安低窗，一门二窗。门内靠窗盘炕，门外靠墙立烟囱，炕靠窗是为了出烟快，有利于改善窑洞环境。

### 1.3.2.3　窑洞内部设施

窑洞的灶、炕、烟道大体分为两大系统：一是窗炕前出烟系统，二是掌炕后出烟系统。

灶是全家人熟食之所系，窑洞的灶台制作多种多样。一种是黄土夯打捶成锅台，然后镟大小锅口，灶坑和灶门，安上炉齿；另一种是砖石砌成，由石匠事先錾就寸许厚的石板砌成灶面。另外，还有水泥锅台、砖镶面锅台等。

炕按大小和方位，有占窑洞一角的较小棋盘炕，也有从窑窗至窑掌的顺山炕。如盘掌炕，则窑多宽，炕多宽。炕长必为 5 尺 7 寸①，与长 2m 的床相较，短 10cm 左右，却足够睡人。

### 1.3.2.4　窑洞的环境适应性特征

窑洞最大的特点就是冬暖夏凉，传统的窑洞空间从外观上看是圆拱形，虽然很普通，但是在单调的黄土为背景的情况下，圆弧形更显得轻巧而活泼，这种源自自然的形式，不仅体现传统思想里天圆地方的理念，更重要的是门洞处高高的圆拱加上高窗，冬天可以使阳光进一步深入窑洞的内侧，从而可以充分地利用太阳辐射，而内部空间也因为是拱形的，加大了内部的竖向空间，使人感觉开敞舒适。

最具独特意味的地坑式窑洞：常常是整个村庄和街道都建在地坪以下，远远望去，只见村庄的树冠和地面的林木。地坑式窑洞顶上的土地，仍然可以种植庄稼。从西方环境建筑学家的观点看来，这种地坑式窑洞建筑是完美的、不破坏自然的文明建筑。地下窑洞的组合，仍然保持北方传统四合院的格局，有厨房和储存粮食的仓库、

---

① 1 尺 = 1/3m，1 寸 = 1/30m。

饮水井和渗水井，以及饲养牲畜的棚栏，形成一个舒适的地下庭院。在地段的利用、院落的划分、上下层的交通关系、采光通风和排水都有很巧妙的处理方法。

## 1.3.3　华北平原合院民居

　　合院民居是华北平原地区的传统住宅形式，华北地区属暖温带、半湿润大陆性季风气候，冬寒少雪，春旱多风沙。因此，住宅设计注重保温、防寒、避风沙，外围砌砖墙，整个院落被房屋与墙垣包围，硬山式屋顶，墙壁和屋顶都比较厚实。其基本特点是按南北轴线对称布置房屋和院落，坐北朝南，大门一般开在东南角，门内建有影壁，外人看不到院内的活动。正房位于中轴线上，侧面为耳房及左右厢房。正房是长辈的起居室，厢房则供晚辈起居用。合院民居可以分为山西青砖窄院民居、北京四合院以及山东四合院民居。图 1-13 是北京四合院鸟瞰图。图 1-14 是四合院平面图。

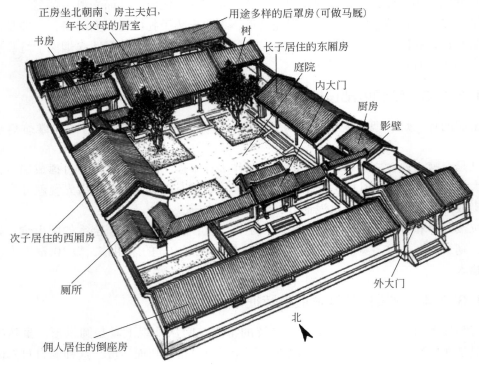

图 1-13　北京四合院鸟瞰图

### 1.3.3.1　合院民居建筑特点

　　合院式是中国北方大部分地区通用的形式，东北、华北、西北地区都有分布。调查区内存在合院式民居的有：晋中民居，其院落呈南北狭长形状，建筑多为青砖；晋东南民居，其住房层数多为两层或三层，底层为窑洞式民居，楼上为木结构楼居；关中窄院民居，除院落狭长以外，其厢房多采用一面坡形式。

　　窄院民居的宅院一般为"一正两厢"的组合形式，按南北纵轴线对称构筑房屋和院落。所谓"一正"，指正房，为家内长者、尊者所居之处，坐北朝南，位于中轴线上。"两厢"指沿南北轴线相向对称布置的东西厢房，为家内晚辈的住处，建筑规模与装饰皆在正房之下。在正房的左右，有另筑耳房和小院，作为厨房和杂屋使用。正房平面布局采用"一明两暗"的基本形式，即以中间一开间为明间，两侧两个开间为暗间，明间为家庭生活起居、红白事等活动之用，暗间为卧室。屋顶式样以硬山顶居多，屋脊常用青瓦竖侧砌筑，脊尾有吻兽。这种中轴对称、规整严谨的平面布局，从空间形态上强调"尊卑有序"的传统思想。

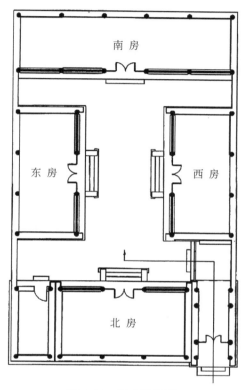

图1-14　四合院平面

在建筑结构方面，房屋一般在梁柱式木构架的外围砌墙，把承重结构和维护结构两者分开，支撑体和围护体分开，具有"墙倒屋不塌"的优点，大大减轻了地震对房屋的威胁。

### 1.3.3.2　合院民居装饰特点

合院民居通常都具有突出的门楼，门楼上端的正中间有雕刻精细的匾额。从匾额的镌字中可以看出院主人的身份、地位和信仰。门楼最富特色的是砖雕。砖雕花嵌装在门楼两侧砖墙上方的弯曲部分，俗称鹅颈。鹅颈下也设置砖雕花，从上到下呈垂柱状。刻花部分呈方形结构，三面外露，后面靠墙，六个角边都用砖刻的竹节边将主题框起来，好像画框一样，如图1-15所示。画的内容丰富多彩，寓意吉祥如意。

图 1-15　四合院垂花门
（贾珺．2009．北京四合院．北京：清华大学出版社）

影壁常布置在大门入口处，挡住街道对宅内的视线干扰，以增强居室的封闭性。封面以浮雕花饰为主，有的雕刻吉祥文字，随着光影的变幻，壁面的浮雕幻化出丰富的质感。

### 1.3.3.3　合院民居的环境适应性特征

在中国北方，冬季寒冷而漫长，防寒、保温是民居的最主要功能。所以，外墙及屋面要求厚实封紧，外形显得敦实。合院民居，不论是四合院还是窄院，建房都有这样一个口诀："宽宽的，窄窄的，高高的，矮矮的。"也就是说，开间要宽大，阳光要充足；进深要浅些，室内光线好，后侧不潮湿；宅地要高一些，高出周围地坪，便于防水防潮；室内墙高要矮些，便于保温。因此，合院民居大多是房房相离式的，房屋的净高都不是很大，而院落都比较宽敞。

北方的主导风向，冬季是西北风。为了御寒，主要房屋的朝向向南是必然的，而且中国的文化传统，也是以面南为上。合院民居中的东南房，一般就是身份较低的人使用的。

　　合院民居的设计多巧用太阳高度角的影响，使得坐北朝南的房屋冬暖夏凉。四合院的屋墙、房子的进深和院子的大小，都有几百年算出来的比例。比如，南墙高 3m，那房间的进深就只能 3～6m，而院子绝对不能小于 10m，走廊上的房檐就得探出 1m 左右。这样盖起来的大北房，冬天正午的时候阳光能透过窗户直接照到后墙根，一屋子都是阳光，准保暖和。夏天，阳光只能照到正门口，保证采光还晒不着。

## 1.3.4　东北大院民居

　　东北大院民居因为地处寒带，受自然环境的影响较大，住宅一般结构坚固，墙壁和屋顶较厚，使之能够承受厚厚的积雪，并且房屋坐北朝南，既便于充分利用光照，也可以避开冬季强烈的冬季风。在近代，东北又是满族的聚集地，受满族生活习俗的影响较大，其建筑格局既表现出独特的地域风格，又带有深厚的中原地区民居建筑特点。旧时东北地区地广人稀，森林茂密，资源丰富，建筑原材料较多。因此，传统的东北民居建筑使用的主要是天然材料，如木材、泥土、石材、草、苇等。随着社会的发展，传统的材料已满足不了人们对建筑质量以及安全舒适度的需求，近现代民居建筑中，人工材料已经逐步取代了天然材料，砖、瓦、灰、毡、布棉、金属等已经成为现代民居的主要建筑材料。图 1-16 是东北大院民居。

图 1-16　东北大院民居（周晶摄）

### 1.3.4.1 东北大院民居建筑特征

与四合院大门开在东南角不同，东北大院的院门则设于南面正中。入门之后便正对院心，一字肩式格局是应近现代生活需要而兴的一种住宅格局。由一间正房及左右厢房构成，正房为左右两间大屋，中间是过道，直通后面的灶房，一般在灶间也开一后门，直通后面的院子。后面的院子又称"后园子"，植些日常蔬菜和烟叶，如图 1-17 所示。

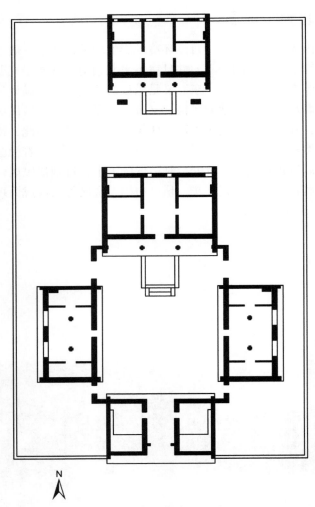

图 1-17　东北大院民居平面

正房左右两侧为厢房，又叫仓房。左侧的厢房早年间一般放置爬犁、马车等，兼作马圈之用，现如今家家有四轮子拖拉机，冬天在屋里点上煤炉子，顺窗户搭了烟囱，就是一间暖库了；右侧的仓房则装些农具和打好的粮食。这种正房在中仓房左右各一的住宅可以很好地将正房的两侧冷山墙保护起来，对冬季正房的采暖有相当保温的作用。

东北大院民居多为"土坯"房，就是用泥和草制成的"土砖"。其制造过程叫做

"打坯"或"坨坯"。选择平整的坡地，和好泥，打坯的土选用微呈碱性的黏土，为使坯不易断裂，要拌上起到拉筋作用的细草，草多取细长柔软的马籽草，用铡刀将草切成两寸来长。打坯前都需制作木框的"坯模子"，将和好的泥倒进坯模子里，四角用拳头捣实，表面刮平，晾干后其硬度不亚于现在的红砖。

东北民居的房顶不能直接像北方其他地区的房屋那样用青瓦，要以草覆盖。以加强保暖，草以芦苇为主。秋忙过后，将打回的芦苇以半寸直径扎成小捆，并用细绳连接成帘状。一般房顶都要盖上十来层，再抹上稀泥填堵缝隙，为防止滑脱和被风刮散，还要用草绳依次交叉拉拦加固。苫一次房一般都能保持三年以上。这样的房俗称"苫房"或"苇房"（图1-18）。

图 1-18 东北大院民居屋顶材料（周晶摄）

无论青砖瓦房还是土坯草房，东北大院民居都有一个显著的特征，即烟筒不是直接竖在屋顶，而是像一座小塔一样立在离房子三五米远的地方，民间称之为"跨海烟筒"、"落地烟筒"，满语称之"呼兰"。

### 1.3.4.2 东北大院民居室内格局

东北民居的窗户通常是扁宽型的，木头做的，比较小。窗棂是用小木条做成井字格，如图1-19所示。这样的窗户缺点是采光效果极差，主要原因就是窗户太小。但窗户小也有优点，那就是保暖性能好，这对于有着漫长冬季的东北来说是至关重要的。

图 1-19　东北大院民居窗户（周晶摄）

　　东北民居典型三间房的室内格局是三个房间东西排列，东西屋子都是住人的，屋子可能是两铺炕，也可能是一铺炕，一铺炕都是在靠窗户的南侧。东西屋子之间的屋子是厨房，但功能要比今天的厨房大，东北人称这间房子为"外屋"。外屋有两个大锅台，分别管东西两屋火炕取暖的，也是家里做饭的灶台。全家人进出的房门也是在外屋，处于房子的正中间位置。

### 1.3.4.3　东北大院民居环境适应性特征

　　东北土坯草房外表十分简朴，取材方便成本低，建造省时省力，厚墙厚顶，冬暖夏凉。最典型的东北大院民居样式是坐北面南的土坯房，以独立的三间房最为多见，而两间房或五间房都是三间房的变种。房子坐北面南最根本的原因就在于采光和取暖的需要。

　　东北大院民居通常都带一个院子，家里的鸡、鸭、鹅、狗、猪等都在院子里放养，院子大一点的还要种菜，种一些家里常吃的青菜。一般来说，所种的各种蔬菜基本够一户人家整个夏天吃的了。今天的东北城市里已经见不到典型的东北大院民居了，但东北大部分的农村还是住这样的土坯房的。

　　由于东北房屋的屋顶多用苇秆或茅草覆盖，厚的有二尺多高，如果烟筒直接设在房顶上，灶间带出的火星很容易引起火灾，所以就把烟筒设在距房三四米远的地面上，再通过一道矮墙内的烟道连通室内炕洞，达到排烟效果。这种烟筒大多用砖石垒成，外面糊上厚厚的泥，上细下粗，四四方方，有些人家用林中被虫蛀空的树干，截成适当长度直接埋在房侧。为防树干裂缝漏烟，用藤条密密捆上，外面再抹上黏泥，成为就地取材、废物利用的典范之作。

　　烟筒与屋内连接的矮墙称为"烟筒脖子"，为防止冬季严寒时受冻影响排烟烧炕，冬天通常要隔三差五地在短墙下用点着的柴火加热烘烤烟道内结的冰，以利烟道畅通。

烟筒顶端要套上一只柳条筐或是用漏的水桶避免灌入雨雪，远远望去，好像一个人戴着帽子。

## 1.3.5　东北林区井干式民居

井干式建筑是一种古老的民居，早在原始社会时期就有应用。因为需要大量的木材，所以井干式建筑一般存在于林区茂密的地方。曾在中国云南、四川、内蒙古和东北地区都有分布，现在中国东北的井干式建筑多为吉林长白一带的满族和朝鲜族民居以及黑龙江大兴安岭一带的鄂伦春族民居。在这些地方，井干式有一个特别的名字："木刻楞"。木刻楞意为用圆木凿刻，垒垛造屋，以圆木（或砍成扁圆形、半圆形等）直角交搭，层层交叠，如同上下门牙咬合一样。图 1-20 是东北林区井干式民居，图 1-21 是东北林区井干式民居剖面图。

图 1-20　东北林区井干式民居

资料来源：刘思铎，于薇 .2011. 中国东北井干式传统民居的地域特色研究//中国建筑学会建筑历史学术委员会 .
建筑历史与理论（第十一辑）.

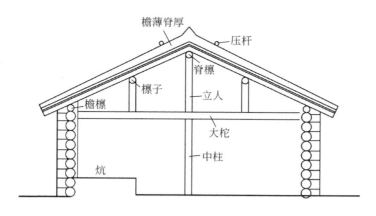

图 1-21　东北林区井干式民居剖面图

### 1.3.5.1　井干式民居的建造

木屋以圆木垒垛而就，古朴天成。建造时不用石基，先沿房框四边向下挖约 30cm

的土沟,将圆木横卧四周,其上用圆木层层垒加,垛成木墙。拐角处,圆木的平头伸出墙外,纵横二木相交处,稍加斧削,使其紧紧咬合在一起。横木至门窗口时,圆木与圆木之间用"木蛤蟆"连接,使其稳固。在山墙中间位置,内外各立一木柱,紧紧夹住木墙,使其牢固。木墙的内外均抹上泥,以御风寒。如果用作仓房或牲口房,则不必涂泥。加工粗放,省时省力,建屋的木头不锯不雕,以圆木垒垛,甚至连树皮也不剥掉。这样的建造过程与构造连接方式正是原木古朴特征的最好表达。图 1-22 是井干式民居平面图。

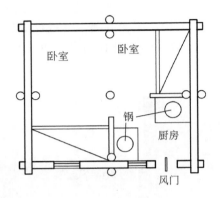

图 1-22　井干式民居平面图

### 1.3.5.2　井干式民居环境适应性特点

东北地区井干式民居均以两间、三间房为主,间宽 3m,进深 6m,墙壁内外均抹土泥防风。一年四季冷天过多,所以井干式民居主要是为了防寒,才在墙面上抹泥。

有些井干式民居做双坡顶排山式,每间房屋共 9 条檩,在屋顶上抹上泥,然后铺木板瓦,正脊也做木板瓦脊,房屋周围均用木条做围墙。房屋内生火或者用火炕都用木板做烟囱。

东北林区井干式民居的体形都比较小,没有云南井干式民居的尺度大,这与气候有一定关系。

## 1.3.6　蒙古包民居

蒙古包是蒙古族牧民的传统民居形式。蒙古包自匈奴时代起就已出现,一直沿用至今。蒙古包外观呈圆形,顶为圆锥形,围墙为圆柱形,四周侧壁分成数块,每块高160cm 左右,用条木编围砌盖。游牧区民居多为游动式,游动式分为可拆卸和不可拆卸两种:前者以牲畜驮运,后者以牛车运输。哈萨克、塔吉克等族牧民游牧时也居住蒙古包,但是在内蒙古自治区的大多数城镇,已经很少有蒙古包作为建筑形式。图 1-23 是蒙古包。

图 1-23　蒙古包

（Б. Баярсайхан. 2006. Монгол гэр барих арга. Улаанбаатар хот. ）

## 1.3.6.1　蒙古包建造

蒙古包的建造和搬迁都很方便，适于牧业生产和游牧生活。蒙古包呈圆形，有大有小：大者，可容纳 600 多人；小者，可容纳 20 人。蒙古包的架设很简单，一般搭建在水草适宜的地方，根据蒙古包的大小先画一个圆圈，然后便按照圈的大小搭建。图 1-24 是蒙古包平面图。

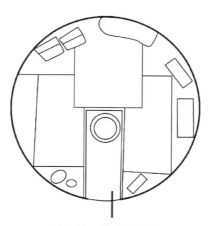

图 1-24　蒙古包平面

蒙古包的最大优点就是拆装容易，搬迁简便。架设时将"哈那"拉开，便成圆形的围墙，拆卸时将"哈那"折叠，体积便缩小，能当牛板。一顶蒙古包只需要 40 峰骆驼或 10 辆双轮牛车就可以运走，20h 就能搭盖起来。

蒙古包搭好后，人们进行包内装饰。铺上厚厚的地毯，四周挂上镜框和招贴画。现在一些家具电器也进了蒙古包。图 1-25 是蒙古包室内。

图 1-25　蒙古包室内

（Б. Баярсайхан. 2006. Монгол гэр барих арга. Улаанбаатар хот.）

　　蒙古包看起来外形虽小，但包内使用面积却很大，而且室内空气流通，采光条件好，冬暖夏凉，不怕风吹雨打，非常适合于经常转场放牧民族居住和使用。图 1-26 是蒙古包剖面图。

图 1-26　蒙古包剖面图

## 1.3.6.2　蒙古包的环境适应性特征

　　蒙古包顶上圆中有尖，中间宽大浑圆，下面可以算作"准圆"。这种民居形式的特点是：草原上的沙暴和风雪受到蒙古包的缓冲以后，会在它后面适当的距离形成一个新月形的缓坡堆积下来。因为蒙古包没有棱角，光滑溜圆，呈流线型。

　　蒙古包的包顶是拱形的，承受力最强（如桥梁之拱形），形成一个坚固的整体。大风来了，承受巨大的反作用力。上面的沙子流走了，下面的沙子在后面堆积起来。搭盖坚固的蒙古包，可以经受冬、春的十级大风。

蒙古包还能经得住草原上的大雨，这归功于它的形态构造。雨季蒙古包的架木要相对搭得"陡"一些，再把顶毡盖上，雨雪就很难侵入。包顶又是圆的，雨水只能从顶毡上顺着流走。雨天蒙古包的压力会增加，蒙古包承受 1000~1500kg 压力，是很寻常的事。

蒙古族居住的地方冬天寒冷，然而蒙古包却没有被冻坏的。因为：其一，包内有火；其二，冬天毡包外面加厚，里面又绑一层毡子，隔风性能较好；其三，可以在包内盘暖炕。

蒙古包为球体，通体发白，有较好的反光作用。其背面可以开风窗，还可把围毡边撩起来，因此夏天通风效果好，非常凉快。

## 1.4　蒙古考察区人居环境地域特点和时空格局

### 1.4.1　自然条件与资源的地域特征

#### 1.4.1.1　戈壁广布，冬季严寒

蒙古面积 156.4 万 km²，地处 41°N~52°N、87°E~120°E，属高原地区。蒙古地理环境多样，南部为戈壁，西北部多山高寒；大部地区属于干草原；海拔最高点是西部泰文博山的库特峰，海拔 4374m。

蒙古的主要河流为色楞格河、鄂尔浑河、科尔布多河、克鲁伦河、扎布汗河等。境内有大小湖泊 3000 多个，总面积达 1.5 万余平方千米。库苏古尔湖位于蒙古北部，其水域总面积为 2760km²，其动植物群落与位于其东部 200km 外的俄罗斯贝加尔湖有相近的起源。最大咸水湖乌布苏湖面积 3350km²。

海拔 1350m 的乌兰巴托市位于博格汗乌拉山脚下的图拉河谷之中，深居内陆，远离海洋，地理环境封闭，由于西伯利亚反气旋的效应，成为世界上冬季最冷的首都。乌兰巴托市气候为寒冷的半干旱气候，北部边界地区属于亚寒带气候。夏天晴朗温暖，冬季十分干冷。总降水量 216mm，其中大部分分布在 6~9 月，年均温 -2.4 ℃。

#### 1.4.1.2　矿产丰富，潜力巨大

蒙古矿产资源丰富，现已探明的有铜、钼、金、银、铀、铅、锌、稀土、铁、萤石、磷、煤、石油等 80 多种矿产。额尔登特铜钼矿已列入世界十大铜钼矿之一，居亚洲之首。

奥尤陶勒盖（绿宝石岭）是世界上尚未开发而且现存储量最大的铜矿和金矿所在地。蒙古与外国的矿业公司合作开发这里的矿藏，这个工程已于 2013 年启动，向世界提供总铜矿藏的 3%，届时将使得蒙古国内生产总值翻番。

### 1.4.2　乌兰巴托人居环境的历史演变

蒙古有数千年的历史。13 世纪初，成吉思汗统一大漠南北各部落，建立了统一的

蒙古汗国。1279～1386年建立元朝。1911年12月，蒙古王公在沙俄支持下宣布自治，1919年放弃自治。1921年蒙古人民革命成功，同年7月11日成立君主立宪政府。1924年11月26日废除君主立宪，成立蒙古人民共和国，开始社会主义的计划经济时期。1945年2月，英、美、苏三国首脑雅尔塔会议规定"外蒙古（蒙古人民共和国）的现状须予维持"，并以此作为苏联参加对日作战的条件之一。1946年1月5日，中国政府承认外蒙古独立。1992年通过宪法规定，蒙古实行有总统的议会制，1992年2月改名为"蒙古国"，国家大呼拉尔（议会）是国家最高权力机构，实现多党制民主转型和市场经济体制。

### 1.4.2.1 从文化遗存和史料看古代游牧民族的活动轨迹

乌兰巴托地区的人类定居历史要追溯至旧石器时代。阿莱克西·奥克兰德尼考夫于1949年和1960年在博格多可汗山、巴彦乌哈和桑吉纳海尔汗山考古，发现很多旧石器遗址。1962年，若干旧石器时代的工具在桑金海尔汗山和巴彦乌哈（23件石器）出土，这些工具被鉴定为3万年前至4万～12万年前的物件。奥克兰德尼考夫在位于面向城市的博格汗乌拉山以北的腾格尔峡谷，发现了3000年前青铜器时代的红赭石岩画，该画显示人物、马匹、鹰及一些抽象符号。同样风格和同时代的岩画在紧邻城西的嘉彻特（Gachuurt）以及在库苏古尔省、南西伯利亚皆有发现，这标志着一种普遍的南西伯利亚游牧文化。博格汗乌拉山可能是游牧民族的重要宗教崇拜地之所在。

乌兰巴托以北分布有距今约2000年广阔的诺彦乌拉匈奴王室墓群。其中在成吉尔泰区（Chingeltei）也分布有一座匈奴墓地。靠近丹巴达加林寺（Dambadarjaalin）的贝尔克山谷（Belkh Gorge）匈奴墓地位于城市遗产保护范围内。位于图拉河沿岸地带的乌兰巴托一带，正好位于各个时代游牧民族首领的活动范围之内，这些游牧政权包括匈奴（公元前209～公元93年）、鲜卑（公元93年至4世纪）、柔然（公元402～555年）、戈突厥（公元555～745年）、回鹘（公元745～840年）、契丹（公元907～1125年）和蒙古帝国（1206～1368年）。在纳来赫区有以古突厥文刻写的著名的暾欲谷（Tonyukuk）碑。

1949年在桑吉纳海尔汗区（Songinokhairkhan）发现王汗遗址，这是一个15m×27m的带有向南的门的建筑，2006年对该遗址进行发掘，该建筑受中式建筑风格影响，有时该遗址也被称为成吉思汗第三遗址，因为成吉思汗在进攻西夏之前驻扎在这里，留存有成吉思汗大量文化踪迹。

### 1.4.2.2 从活佛寺庙驻地到现代城市的人居演变

乌兰巴托在1639～1706年时叫乌尔格（Urga），1706～1911年时称为库伦或大库伦（Kuren、Da-Kuren或Kulun）。在民歌《Bogdiin Khuree赞歌》里，它被称为Bogdiin Khuree。当这个城市在1924年成为蒙古人民共和国的首都后，它的名字被改为乌兰巴托，意为红色城市。

建立于1639年的乌兰巴托（乌尔格），起初主要是作为一世哲布尊丹巴活佛札那札尔的住地，哲布尊丹巴活佛开始时驻营于哈拉和林附近，中期北上恰克图附近。随着人居规模的增长，它的移动越来越少。到 1778 年，城址终于恒定在现址。

1924 年以后尤其是第二次世界大战以后的蒙古社会主义建设时期，乌兰巴托人居环境发生了巨大变化。连接乌兰巴托与莫斯科、北京的蒙古铁路于 1956 年建成，电影院、剧院、博物馆等公共建筑也相继建成。

1990 年，蒙古向民主和市场经济国家转型后，乌兰巴托在发展的同时也面临一些问题。这种制度变革起初并不稳定，20 世纪 90 年代前期出现通货膨胀和食物短缺。近年来，城市中心地区新建筑增长及城市向外围扩张势头较强，住房价格上涨很快。

## 1.4.3　人口增长、迁移与城市化的地域特点和时空格局

### 1.4.3.1　蒙古 40 多年间人口增长较快

蒙古第十次人口住房普查统计数据，截至 2010 年 11 月 10 日，蒙古总人口 2 754 685 人。1935 年蒙古人口为 73.82 万人，经将近 30 年增长，至 1963 年人口为 1 017 158 人。此后近 50 年，全国人口增长加速，大体以每 10 年增加 40 万人的速度增长，2010 年达 2 754 685 人（图 1-27）。作为世界人口密度最小的国家之一，蒙古人口稀少问题制约着国家发展。多年来，蒙古政府坚持奉行鼓励生育政策，近年来又制定了未来人口发展战略目标，争取到 2021 年，全国人口达到 350 万。

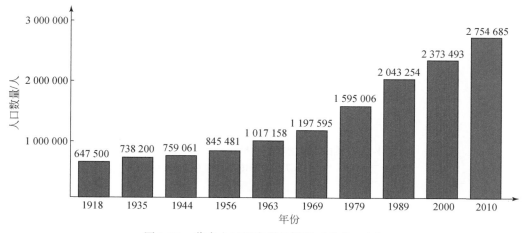

图 1-27　蒙古人口历史增长情况（单位：人）

### 1.4.3.2　人口空间分布不均

蒙古有 21 个省，首都乌兰巴托，属直辖市。蒙古人口空间分布很不平衡（图 1-28），仅乌兰巴托一市就集中了全国 40% 以上的人口。据蒙古第十次人口住房普查统计数据，蒙古人口密度 2000 年为 1.5 人/km²，2010 年为 1.7 人/km²，乌兰巴托人口密度最高，每平方千米由 2000 年的 162 人上升到 2010 年的 246 人。东部地区人口密度只有 0~7 人，中部地区 1 人，西部地区 0~9 人。

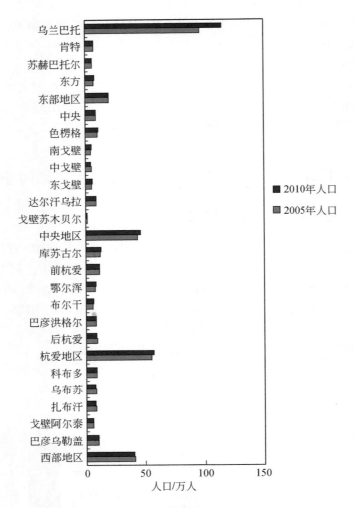

图 1-28　蒙古人口增长时空格局（2005～2010 年）
2005 年全国人口 256.24 万人，2010 年全国人口 278.08 万人

### 1.4.3.3　国内人口迁移主流向是从各省迁往首都乌兰巴托

2000 年以来，蒙古人口迁移的主要流向是从牧区流向首都。乌兰巴托人口规模扩大，主要是牧民涌入的结果。原因在于乌兰巴托市经济发展和牧区自然灾害增加，牧区生机受到胁迫，于是向首都移民的数量逐年增加。1990 年乌兰巴托人口仅 50 多万人，2004 年底乌兰巴托常住人口达到 94.2 万，2010 年已接近 120 万人（图 1-29），其中约有一半是牧区涌入的牧民。

蒙古各省向首都乌兰巴托的人口迁移时空演变格局如图 1-30 所示，乌兰巴托及分区人口的时空变化格局可通过图 1-31 来反映。

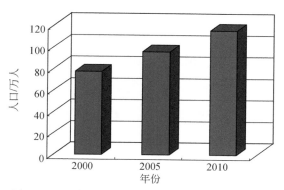

图 1-29　10 年间乌兰巴托城市人口规模扩大态势

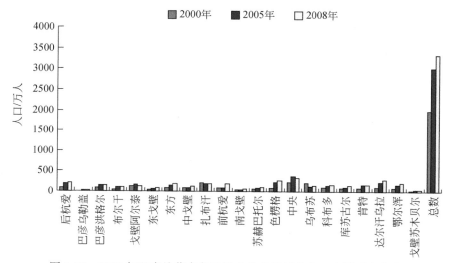

图 1-30　2000 年以来从蒙古各地迁入乌兰巴托的人口来源时空分布

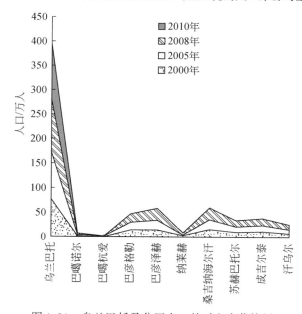

图 1-31　乌兰巴托及分区人口的时空变化格局

### 1.4.3.4　蒙古城市化率提升快，城市化空间差异大

蒙古人口城市化率增长很快，2005～2010 年以省及首都为单元的城市化演变格局特征如图 1-32 所示。

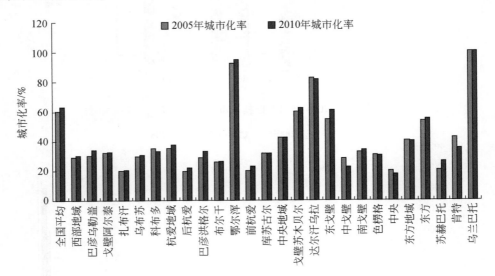

图 1-32　蒙古各省及首都的城市化演变格局（2005 年、2010 年）

## 1.4.4　城镇发展的地域特点与时空格局

### 1.4.4.1　乌兰巴托河谷型的城市空间

乌兰巴托是蒙古首都和最大城市，位于蒙古中北部，小肯特山脉图拉河流域，坐落在图拉河谷，海拔 1310m，属河谷型城市。全市辖 9 个区（图 1-33），总面积 47 万 hm²，是蒙古文化、产业和金融中心，是全国交通中心，通过铁路与俄罗斯西伯利亚大铁路及中国铁路网相连接。

城市中心由 1940～1950 年代风格建筑组成，而中心外围则多是住宅楼房及帐篷住区，近些年来，许多楼房的一层被改造成为小商店，新的高层楼房不断拔地而起。市中心苏赫巴托尔广场面积 31 068m²，中心有苏赫巴托尔骑马塑像，广场北端是蒙古议会大楼，大楼正面中间台阶之顶塑有成吉思汗塑像。和平大街是乌兰巴托市的主要街道，从广场南侧东西通过。

市区南面赞山山顶有蒙古人民革命纪念碑，山下新辟的佛佗公园建有铜鎏金的释迦牟尼佛立像，可看作该市新的地标之一，也说明佛教在民主运动之后的复兴。

乌兰巴托以东约 70km 处的高克特里吉国家公园是一处绝美的自然遗存。在城市以东 54km 处图拉河旁建有 40m 高的成吉思汗骑马雕像，2008 年落成，表面为不锈钢，由 250t 钢材制成，是世界上最大的骑马雕像。乌兰巴托有许多旅游设施。

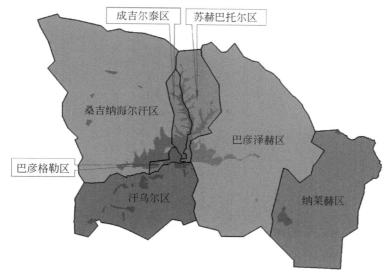

图 1-33　乌兰巴托空间分区

### 1.4.4.2　首都以外的资源型小城镇建设受到重视

2012 年 1 月 18 日，蒙古政府会议讨论了依托奥尤陶勒盖矿建设综合性小城市的选址问题，并决定在奥尤陶勒盖周边建设拥有 3000 套住宅的综合性小城市。开发奥尤陶勒盖矿的艾芬豪矿业、力拓集团、珍宝–奥尤陶勒盖三家公司联合实施该小城市建设项目，前期投资近 1000 亿图格里克。同时政府还计划建设与矿山配套的道路、学校、公园、医院、酒店、文艺和休闲综合性场所、购物中心等设施。奥尤陶勒盖铜金矿是蒙古最大的战略矿之一，2012 年年底投产，该小城市建设项目的实施将改善奥尤陶勒盖工人和当地居民居住环境。蒙古政府拟把该城市打造成第二个现代化的"额尔敦特"。

位于戈壁省的奥尤陶勒盖、塔温陶勒盖、查干苏布日格等大型矿山开采加工企业和位于达尔汗市、色楞格省的铁矿企业发展、城镇建设和基础设施建设，将是蒙古未来发展的重点。

蒙古科学院计划在首都乌兰巴托以南 40km 处修建"中亚游牧民族历史文化综合中心"，计划于 2015 年完成。根据规划，该中心由古生物学博物馆、匈奴学博物馆、成吉思汗博物馆、中亚游牧民族历史文化中央博物馆等 11 个部分组成，力图反映中亚游牧民族历史文化兴衰的全貌。

### 1.4.4.3　国家城镇体系呈极端首位型分布

首位城市乌兰巴托是近 120 万人的大城市，与此形成巨大空间反差的是，其他各省中心（省会）皆为不足 10 万人的小城市，有的省会人口仅数千人，首都人口规模独大，国家城镇体系具有明显的极端首位型分布特征（图 1-34）。

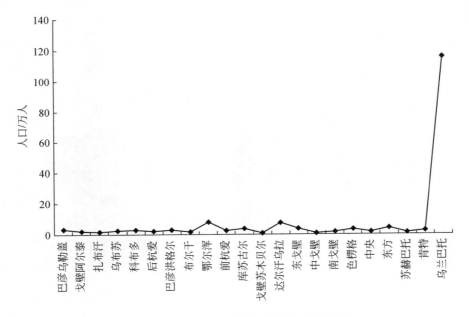

图 1-34　极端首位型的蒙古城镇体系规模分布

## 1.4.5　居住状况与住宅开发的地域特点及开拓前景

### 1.4.5.1　全国近一半家庭、城镇 1/3 家庭居住蒙古包

2010 年，蒙古总户数中 45.2% 的居民户住蒙古包，53.7% 的居民户住楼房和平房，1.1% 的居民户住非住宅性居所。住蒙古包的居民户比 2000 年下降 5.7%，住楼房和平房的居民户增长 5.2%。城镇居民户中，65.9% 居住楼房和平房，32.7% 居住蒙古包。与上次人口普查相比，城镇居民户中，住楼房和平房的居民户有所下降，住蒙古包的居民户有所上升。

### 1.4.5.2　住宅建设刚性需求很大

随着蒙古城市化进程加快和大量牧区人口涌入首都，民众对住宅需求大增，但现有住宅存在短缺，住宅开发市场有巨大的发展空间。向蒙古包家庭、新组建家庭、中低层收入家庭和国家公务员提供住宅，是首先需要解决的问题。

乌兰巴托市居民住宅大多是 20 世纪七八十年代建造的多层住宅楼，近几年大批牧民涌入城市，在城市周围搭建蒙古包居住，缺乏统一规划，统一建设，城市住区改造和住宅开发任务较重。

### 1.4.5.3　相继推出住宅建设计划

议会已经审批通过"国家居民住宅政策"。依据这个政策，政府也审批通过"国家居民住宅实施计划"、"4 万户住宅计划"、"公务员住宅计划"等具体方案。政府目前准备实施"10 万户住宅项目"，其中包括"乌兰巴托市棚户区改建成住宅楼计划"的建设。

"4 万户住宅计划"最大的项目是位于乌兰巴托国际机场附近的汗乌拉区，这将使乌兰巴托的中心几年后向西推进。该计划针对的另一个群体是蒙古包和平房区的居民，最终目的是将蒙古包地区建成现代化的住宅小区。这将不仅改善市民的居住条件，也将减少冬季因用木材和煤取暖造成的严重污染。

蒙古国总理苏赫巴特尔·巴特包勒德 2010 年 3 月表示，为改善全国居民的住房条件，政府决定实施"10 万户住宅项目"，让全国 30% 以上的居民住上楼房。目前蒙古居住楼房的居民只占 20%。在首都乌兰巴托居住着超过全国 40% 的人口，而住平房或蒙古包的人口约占 60%，其中相当一部分是近些年从乡下迁移来的牧民。

乌兰巴托市区由于冬季取暖产生的烟雾严重污染环境，当地购房者更倾向于购买地处市郊、统一规划、规模较大、配套齐全、空气清新、环境优美的新建住宅。中国宏润建设集团股份有限公司 2008 年 9 月 11 日在公司第五届董事会第二十一次会议审议通过《关于投资 3 亿美元开发建设蒙古国乌兰巴托市上海宏润小区的议案》，该项目位于蒙古乌兰巴托市东南 25km 处。

### 1.4.5.4　以蒙方土地入股形式的房地产合作开发模式极具拓展前景

蒙古政府自 2005 年开始启动为普通市民提供住房的"4 万户住宅计划"（相当于中国的经济适用房），这标志着蒙古房地产业进入快速发展期。据不完全统计，截至 2008 年年底，蒙古全国注册的建筑公司超过 1000 家，仅乌兰巴托就有新的在建住宅小区 150 多个。这些项目所需建材大部分从国外进口，中国建材因品种齐全、价廉物美成为蒙古房地产市场的主流产品。

自 2002 年《蒙古国公民土地产权法》颁布实施至 2009 年，已经有 213 107 名公民拥有共23 792hm² 土地的产权。由于蒙古的土地私有化制度，房地产开发一般都通过和蒙古土地方合作的形式来进行。由于蒙古缺乏现金，因此蒙方合作者只能以土地入股的方式进行合作。这给投资者带来的最大好处是：土地不用现金投入。蒙古的房地产利润较高，一般公寓的建筑成本为 400 美元/m²，售价为 700 ~ 800 美元/m²。以蒙方土地入股形式的房地产合作开发模式极具拓展前景。

## 1.4.6　基于人居环境视角的蒙古经济发展特点与问题

### 1.4.6.1　传统畜牧业经济受到胁迫和挑战

2002 年，约 30% 的蒙古家庭的生机依靠畜牧业，大部分牧民的人居环境形式表现为游牧形态。2009 ~ 2010 年严冬，蒙古损失了 970 万头牲畜，占牲畜总量的 22%，这直接影响了肉类价格，导致价格上涨了 2 倍。受灾害影响，传统畜牧业受到来自其他产业尤其是采矿业的挑战，有萎缩之势。

### 1.4.6.2　矿产开发和出口成为经济增长的主动力

近几年来采矿业快速发展。蒙古出口 80% 以上依靠采矿业，甚至高达 95%，已注册具有许可执照的采矿企业约有 3000 家。由于采矿业的支撑，蒙古经济增长率 2007 年、2008 年分别高达 9.9% 和 8.9%。但受商品价格剧降和世界金融危机影响，2009 年蒙古现金流量减少了 40%。蒙古矿产资源主要出口国是中国和俄罗斯，此外还有日本和韩国。据蒙古统计局数据显示，2011 年 1 月，蒙古与 90 个国家开展进出口贸易，其中出口 2.09 亿美元，进口 3.48 亿美元，逆差 1.39 亿美元。从出口结构看，矿产品出口收入占蒙古全部出口收入的 91%，其中 89% 的矿产品进入中国市场。进口额的大幅增加主要是因为与矿业开发相关的技术、设备进口需求增加导致。

2009 年夏，蒙古与英澳合资的力拓集团、加拿大采矿巨头艾芬豪矿业公司商定了一个开发奥尤陶勒盖铜金矿的投资协议，这一外商投资项目有可能在 2020 年贡献全国 GDP 的 1/3。2011 年 3 月，6 家大的矿业公司竞标泰文陶勒盖地区未开采的巨大煤田。

### 1.4.6.3 矿产经济与宜居生活之间的协调机制有待建立

许多人估计，蒙古正在开采的煤矿和铜矿价值 1 万亿美元，其中大部分位于中国边境附近的奥尤陶勒盖。艾芬豪矿业公司与力拓集团一起，准备开采世界上最大的未开发的铜金矿，蒙古政府在其中占有 34% 的份额。投产后，奥尤陶勒盖铜金矿将为蒙古创造数十亿美元的收入。

但是，这笔巨额财富会有多少用于改善民生，让普通百姓受益，切实用于建立人民的宜居生活，却是一个悬而未决的问题。世界银行和联合国的专家正在敦促蒙古投资于基础设施、培养人才以及发展经济上。然而，巴特包勒德总理领导的现任政府采取更直接的办法，承诺给每位国民发放 1200 美元货币。

## 1.4.7 基础设施与社会事业发展的地域特点

### (1) 公路铺装比例低，交通改善任务重

蒙古的国际公路和国道总长度 11 230km，其中只有 20% 是柏油路，大部分公路为沙砾路或更简陋的越野便路，铺设的公路主要是乌兰巴托到俄罗斯和中国边界的公路，以及达尔汗至布尔干的公路。一些公路建设项目正在实施之中，如横穿东西的"千年公路"计划。蒙古还计划建设"乌兰巴托市公路建设项目"和"阿拉坦宝力格-乌兰巴托-扎门乌德高速公路项目"。全国范围内用汽车运输的货运量在逐年增加。1999 年的汽车货运量是 130 万 t，2008 年是 920 万 t，增长 6 倍。

穿越蒙古的铁路是蒙古主要铁路线，连接蒙古和中国、俄罗斯。在俄罗斯乌兰乌德与西伯利亚铁路连接，向南经蒙古乌兰巴托，在二连浩特与中国铁路系统接轨。2011 年 4 月 25 日，蒙古"发展铁路"项目暨铁路建设工程第一阶段启动仪式在蒙东戈壁省举行，此次启动的铁路建设第一阶段项目包括修建赛音山达至达兰扎达嘎达和乔巴山近 1100km 铁路。该铁路建设工程启动对蒙古经济社会发展有巨大意义，将推动塔本陶勒盖煤矿开发进程。

蒙古内机场不少，但国际机场只有位于乌兰巴托的成吉思汗国际机场一处，直飞韩国、中国、日本、俄罗斯、德国。蒙古航空公司是蒙古最大航空公司，提供国际、国内航空服务。

**（2）文化设施多，艺术家的创作以契合人居环境问题为荣**

蒙古博物馆、艺术馆、剧院等文化设施丰富。例如，反映蒙古历史文化的博物馆就很多，有自然历史博物馆、蒙古历史国家博物馆、一世哲布尊丹巴活佛札那巴札尔美术博物馆等。蒙古教育文化科学部文化艺术局主管全国文化艺术工作，下属国家博格达汗宫博物馆、乔依金喇嘛庙博物馆、造型艺术博物馆、国家历史博物馆、国家自然历史博物馆、文化遗产中心、国家图书馆、国家艺术画廊、民间歌舞团、国家话剧院、国家歌剧舞剧院、国家杂技院、国家音乐馆、国家木偶剧院等。

在蒙古国家现代美术馆，可以看到艺术家蒙瑟泽格·伽卡约夫"SOS"雕塑作品——带着防毒面罩的母亲和婴儿。该雕塑契合了乌兰巴托空气质量并隐喻污染这一严重环境问题。这种揭示人居环境突出问题的雕塑在蒙古较为常见，也有助于蒙古艺术家在国际上成名。

**（3）教育体育医疗设施不断发展**

蒙古 15 岁以上人口中，文盲约占 2%。截至 2008 年，全国共有 2 ~ 6 岁儿童 224 864 名，其中 102 522 名儿童接受学前教育。有 4242 位学前教育教师。全国有 783 所幼儿园，其中 696 所为国立，87 所为私立。主要高等院校有国立大学、技术大学、国立师范大学、国立农牧业大学、医科大学等，实行国家普及免费普通教育制。

2010 年 12 月 2 日，中国援建蒙古国家体育馆项目交接仪式在乌兰巴托隆重举行。中国政府援建的蒙古国家体育馆占地 $4hm^2$，建筑面积 $15\,304m^2$，内设 5045 个座位，可进行篮球、排球、羽毛球、摔跤、柔道、拳击、体操等各种体育比赛项目。该体育馆于 2008 年 5 月开工，2010 年 9 月完工，由中国中外建工程设计顾问有限公司设计，上海建工（集团）总公司施工。该体育馆的建成使蒙古具备举办小型地区比赛的条件，也将为丰富蒙古人民文化生活和促进蒙古体育事业发展发挥积极作用。

2010 年 10 月，蒙古政府卫生部称将在首都乌兰巴托新建两所妇产医院。每年蒙古全国有 6 万多名孕妇，其中 3 万多名在乌兰巴托生育，而蒙古首都乌兰巴托现有的第一、第二、第三妇产医院和妇幼保健中心 4 所妇产医院都是于 1956 ~ 1969 年投入使用的。因此，无论从硬件还是软件看，都亟须改善，蒙古政府决定 2011 年新建两所妇产医院。两所新建医院于 2011 年秋季投入使用，改善了乌兰巴托现有妇产医疗状况。

**（4）传统蒙文正在复兴**

过去长时间受俄罗斯影响，蒙古全面使用斯拉夫字母拼音蒙古文字，传统蒙文渐渐丢失。近年，本着弘扬本民族文化的宗旨，国家重新鼓励使用传统蒙古文。2010 年 7 月，蒙古总统查希亚·额勒贝格道尔吉签署一项命令，以继续扩大回鹘式蒙古文的使用。这项总统令于 2011 年 7 月 11 日正式生效。

## 1.4.8　生态与环境问题的地域特点

**（1）静态看，蒙古森林覆盖率不大，湖泊面积不小，水资源分布不均**

蒙古的森林面积 1530 万 $hm^2$，森林覆盖率 10%。木材总蓄积量 12.7 亿 $m^3$。其中，落叶松占 72%，雪松占 11%，红松占 6%，其余为桦树、杨树、红杨树等。森林主要分布于肯特、库苏古尔、前杭爱、后杭爱和阿尔泰等省的山区地带。境内有大小湖泊

3000 多个，总面积超过 1.5 万 km²。相对于其气候和自然地带而言，森林面积不大，但湖泊面积却不算小。

水资源分布不均，乌兰巴托及南部戈壁地区矿产富集地的缺水问题突出。据蒙古政府水资源局局长索索尔介绍，蒙古淡水资源储量约 6080 亿 m³，其中湖水约占 5000 亿 m³，永久性冰雪约占 630 亿 m³，河流小溪约占 346 亿 m³。蒙古的水资源分布极其不均衡，北部的库苏古尔湖淡水储量就占全国淡水储量的 68%。联合国开发计划署的资料显示，除肯特、库苏古尔、色楞格、扎布汗、后杭爱等少数几个省外，其余大部分地区包括首都乌兰巴托均为极度缺水地区。由于首都乌兰巴托人口不断膨胀以及平房区生活设施不完善，蒙古的"母亲河"图拉河面临污染威胁，城市发展和居民用水问题日渐突出。

水资源短缺不仅影响城市发展和居民饮水，而且可能成为制约蒙古经济发展、阻碍其实现矿业兴国战略目标的瓶颈。蒙古南部戈壁地区矿产资源丰富，世界最大未开采的煤矿塔本陶勒盖煤矿、奥尤陶勒盖铜金矿以及国家确立的多座战略矿均位于该地区。除基础设施建设相对落后外，水资源的短缺已成为又一个制约该地区开发的不利因素。

**（2）动态看，蒙古荒漠化和河湖干涸日益扩大**

由于全球气候变暖，蒙古生态问题日益凸显，全国 70% 的土地面临不同程度的荒漠化和沙漠化，而且有不断扩大的趋势。最新统计结果显示，蒙古境内流经 2 个以上省份的河流有 56 条。大型湖泊 3 个，共有小河、溪流 6646 条，其中 551 条断流或干涸；中小型湖泊和沼泽 3613 个，其中 483 个干涸。2003 年统计的湖泊和沼泽 4639 个。由此可见，蒙古境内的河流湖泊干涸严重，水资源日趋短缺。

**（3）政府非常重视拯救和保护濒危野生动物**

20 世纪 90 年代开始，政府注重保护自然资源，采取措施拯救濒危野生动物。截至 1999 年年底，先后建立了 49 个自然保护区，总面积达超过 1800 万 hm²，其覆盖率 12%，其中面积最大的超过 530 万 hm²，最小的有 1600hm²。自然保护区为保护野生动物，特别是戈壁熊、野马和野骆驼等野生动物生存创造条件，使世界稀有野生动物戈壁熊从 20 多只增加到 30 多只；野马绝迹后又从国外引进，已繁殖到 130 多匹，成为世界上拥有野马最多的国家；野骆驼的数量增加到 600 多峰；被列入世界红皮书的野驴在蒙古已大量繁殖，在戈壁地区上千头野驴经常成群出没，仅哈坦布拉格县境内就有 3 万多头野驴；蒙古野生动物中数量最多的是黄羊，全世界共有黄羊 100 多万只，而生存在蒙古的就达 80 多万只。辽阔的蒙古草原已成为野生动物的乐园。野马原本产于蒙古高原，学名"普尔热瓦利斯基马"，是世界上唯一未经任何驯化的野马种群。19 世纪末，俄罗斯人普尔热瓦利斯基将军发现这种马，并以他的名字命名。20 世纪初，大批蒙古野马被俄罗斯商人贩卖到欧洲国家的动物园里。20 世纪 60 年代，由于天灾人祸，野马在蒙古绝迹，仅在国外一些动物园里有少量野马生存，供游人观赏。为使野马这种濒危野生动物回归自然，重返故乡，蒙古于 1991 年 4 月专门成立野马回归委员会，同年 6 月，16 匹珍贵的野马从荷兰用飞机运抵蒙古。为增加野马数量，并防止其近亲繁殖，蒙古还先后从乌克兰、瑞士、澳大利亚和德国引进野马进行繁殖。

**（4）乌兰巴托冬季大气污染十分严重，污染排放以可吸入颗粒物为主**

乌兰巴托约 60% 的人口居住在帐篷区。由于帐篷区（ger area）取暖、做饭依靠烧煤和烧木材，向空气排放大量烟尘，乌兰巴托冬季空气污染十分严重。大气污染物主要由极高浓度的颗粒物组成，二氧化硫、氮氧化物污染较轻。冬半年期间，大气能见度低，危害人体健康，有时因污染引起的能见度降低程度甚至影响到航班降落。图 1-35、图 1-36 给出了 2007 年乌兰巴托城市帐篷区可吸入颗粒物 $PM_{10}$、$PM_{2.5}$ 浓度的等值线分布格局。

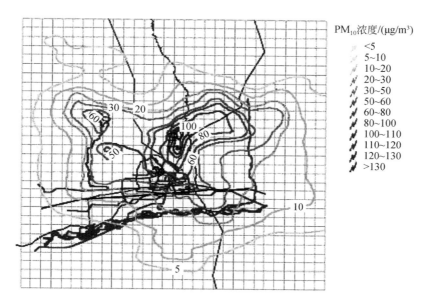

图 1-35　乌兰巴托城市帐篷区 $PM_{10}$ 浓度等值线分布格局（2007 年）

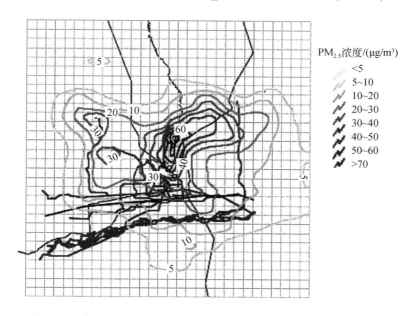

图 1-36　乌兰巴托城市帐篷区 $PM_{2.5}$ 浓度等值线分布格局（2007 年）

乌兰巴托约40%的人口居住在单元公寓里。其中，80%依靠3个热电厂提供的中心热源系统。2007年3个热电厂消耗约3400万 t 煤炭，然而污染控制技术无法消除这么大量的污染物排放，致使乌兰巴托 $PM_{10}$ 年均浓度记录值达279，是世界卫生组织年均推荐最大值（20）的13.95倍。

## 1.4.9 乌兰巴托人居环境时空格局的居住形式表现

### 1.4.9.1 乌兰巴托城区民居

乌兰巴托城区中心3km之外就可以看见蒙古包村落夹杂在木板房和一层砖房中间。在城市中心区，特别是沿主要干道的两侧，主要还是3层砖结构住宅楼。较为陈旧的居民楼修建年代约在20世纪50年代末至70年代末。受到苏联城市规划理念的影响，沿街的楼房立面一般都进行一定程度的装饰，装饰的重点在檐部和阳台。这些住宅的开窗较小，多为三扇窗户，其中一扇较小，便于开启，用于通风。图1-37是蒙古乌兰巴托沿街民居。

图1-37 蒙古乌兰巴托沿街民居（李天摄）

这种建筑风格在俄罗斯远东一些城市，如赤塔、乌兰乌德和伊尔库茨克也很常见，符合寒冷地区的设计要求。在那些离大街较远、在街上看不到的住宅楼，更重视的是外表而不重视内部的装修。因此，沿马路的建筑质量与街坊内部建筑差别较大。

在进入自由资本主义之后，很多沿街民居建筑的底层也被开辟成小商店、特色咖啡馆和纪念品商店、服装店等。那些位于街坊之中的住宅楼，多为 4 ~ 5 层的砖混式楼房，也乐于在楼头临街的一面进行加建，开辟为杂货店和小饭店等。

现在乌兰巴托市中心核心区的高层住宅建筑也很多，价格约合人民币4000 元/m²，房屋的价格并不取决于建造年代，而是所在的区域，但是这种说法没有得到证实。

城市住宅小区的规模大小不等，但是高层住宅小区的楼间距比国内要大一些，也不强调朝向，由于该市为东西向发展，城市主要干道东西延伸，住宅多沿道路分布，越往郊区，这一现象越突出。高层建筑多为 8 ~ 11 层的小高层，也有超过 15 层的高层，现在还不太普遍。图 1-38 是乌兰巴托东郊高层民居。

图 1-38　乌兰巴托东郊高层民居（李天摄）

## 1.4.9.2　乌兰巴托郊区蒙古包民居

蒙古包是蒙古族和其他游牧民居的主要建筑建筑形式，适应流动性较大的族群使用，蒙古包的搭建与拆迁都比较容易，因此一直从古代流传至今。一般来说，蒙古包多出现在草原和游牧部落的定居点，今天乌兰巴托存在的蒙古包构成的村落与中国国内的城中村有些类似。虽然都市出现的背景不太相同，但是也有相同之处。

中国国内的城中村是都市化扩展的结果，而乌兰巴托的蒙古包村落是游牧牧民向城里迁徙的结果。图 1-39 是乌兰巴托东北郊帐篷村。

图1-39 乌兰巴托东北郊帐篷村（李天摄）

# 1.5 俄罗斯贝加尔湖地区人居环境地域特点和时空格局

## 1.5.1 考察区自然环境与资源的地域特点

### 1.5.1.1 布里亚特共和国自然环境与资源的地域特点

布里亚特共和国是俄罗斯西伯利亚联邦区的组成部分之一，位于西伯利亚南部中心地带的贝加尔湖东岸，领土面积共计 351 300km²，南与蒙古相连，西与图瓦共和国相连，西北与伊尔库茨克州相连，东与外贝加尔边疆区相连。首府是乌兰乌德。2010 年初布里亚特共和国人口 96.35 万人，其中包括男性 45.5 万人，女性 50.85 万人。人口密度为 2.7 人/km²。南部地区人口分布最多，47%的人口生活在山区，超过 40%的人口属于农村人口。

布里亚特共和国地形多山，超过 80%的国土属于山区，东萨彦岭、贝加尔山、色楞格山脊和维季姆高原中部山脊等山脉构成复杂的地形条件，海拔最高的是东萨彦岭的 Munku-Sardyk 峰（3491m）。平原面积很小，海拔多在 500～700m，海拔最低处在贝加尔湖区（455m 以上）。

布里亚特共和国森林面积很大，森林覆盖率为 63.4%，木材蓄积量为 22.4 亿 m³。

布里亚特共和国位于温带大陆性气候区，冬季寒冷漫长，夏季短而温暖。年均温 −1.6℃，1 月均温−22℃，7 月均温 18℃，年均降水量 244mm。境内河流 99%是小河流，大多长度不足 100km。

乌兰乌德气候具有草原气候类型特征，冬季漫长干燥而寒冷，但夏季却十分温暖，降水量极端集中于夏季月份（表 1-1）。

表 1-1　乌兰乌德气候

| 时间 | 1 月 | 2 月 | 3 月 | 4 月 | 5 月 | 6 月 | 7 月 | 8 月 | 9 月 | 10 月 | 11 月 | 12 月 | 全年 |
|---|---|---|---|---|---|---|---|---|---|---|---|---|---|
| 极端高温 /℃ | -0.4 | 8.4 | 18.4 | 26.4 | 34.5 | 40.0 | 39.5 | 39.7 | 32.2 | 24.7 | 10.4 | 5.2 | 40.0 |
| 平均高温 /℃ | -17.9 | -10.9 | -0.3 | 9.8 | 18.7 | 24.5 | 26.6 | 23.6 | 16.5 | 6.9 | -5 | -14.6 | 6.5 |
| 日平均温度 /℃ | -23.4 | -17.9 | -7.4 | 2.4 | 10.6 | 16.9 | 19.8 | 17.1 | 9.6 | 0.7 | -10.1 | -19.3 | -0.1 |
| 平均低温 /℃ | -27.6 | -23.9 | -13.7 | -3.7 | 3.6 | 10.5 | 14.2 | 11.8 | 4.3 | -4 | -14.2 | -23.2 | -5.5 |
| 极端低温 /℃ | -54.4 | -44.9 | -40.4 | -28 | -15.1 | -3.9 | 1.2 | -4 | -11.4 | -27.9 | -38 | -48.8 | -54.4 |
| 降水量/mm | 5 | 3 | 6 | 18 | 43 | 65 | 68 | 28 | 7 | 10 | 9 | 265 |

资料来源：相关气象与气候资料。

　　布里亚特共和国大部国土都被划入贝加尔湖自然保护区。国土占据贝加尔湖中央生态区面积的 42.6% 和缓冲生态区面积的 74.7%。合理利用和保护自然资源、生态环境，对布里亚特共和国人居环境可持续发展关系重大。这是特殊管理模式的需要。在这方面，布里亚特共和国人居环境发展的复杂性在于贝加尔湖独特生态系统保护的环境压力。

　　布里亚特已探明矿产储量的潜力巨大，估计价值为 1350 亿美元。布里亚特共和国集中俄罗斯 48% 的锌、24% 的铅、27% 的钨、23% 的铀、20% 的钼、16% 的萤石、15% 的温石棉等巨大储量。

### 1.5.1.2　伊尔库茨克州自然环境与资源的地域特点

　　伊尔库茨克州也是俄罗斯西伯利亚联邦区的组成部分之一，位于西伯利亚南部，首府是伊尔库茨克市，2010 年全州人口 242.875 万人。

　　伊尔库茨克州地处西伯利亚高原，安加拉河、勒拿河、下通古斯卡河等流域。地形绝大部分由中西伯利亚高原的山地和宽谷以及 Patom 高原组成。海拔大部分为 500～1000m。南边是萨彦岭支脉（海拔 2875m），东边是贝加尔湖山地哈马尔达坂山（2374m）、滨海山岭（1728m）、贝加尔湖山岭（2572m）。

　　伊尔库茨克州森林覆盖率高达 83%，木材储量达 91.25 亿 m³，占俄罗斯木材蓄积量的 11%。

　　气候区域差异很大，气候类型从南部温带大陆性气候到北部副极地气候皆有。从 10 月中旬至次年 4 月初，几乎有半年时间气温都在 0℃ 以下。冬季非常寒冷，伊尔库茨克 1 月平均高温 -14.9℃、平均低温 -25.3℃；夏季温暖而短促，7 月平均高温 24.5℃，平均低温 11.2℃。年均降水量 419.8mm，半数以上降水集中在夏季，降水最多月为 7

月（平均降水 96.2mm）（表 1-2）。

表 1-2　1971 ~ 2000 年伊尔库茨克气候

| 时间 | 1 月 | 2 月 | 3 月 | 4 月 | 5 月 | 6 月 | 7 月 | 8 月 | 9 月 | 10 月 | 11 月 | 12 月 | 全年 |
|---|---|---|---|---|---|---|---|---|---|---|---|---|---|
| 极端高温 /℃ | 2.3 | 10.2 | 20.0 | 29.2 | 34.5 | 35.0 | 37.2 | 34.1 | 29.5 | 25.6 | 14.1 | 4.6 | 37.2 |
| 平均高温 /℃ | −14.8 | −10.5 | −1.7 | 7.9 | 16.3 | 22.6 | 24.6 | 22.0 | 15.3 | 7.1 | −4.4 | −12.9 | 6.1 |
| 平均低温 /℃ | −25.1 | −23.4 | −15.8 | −4.8 | 1.6 | 7.6 | 11.4 | 9.3 | 2.6 | −4.4 | −14.9 | −22.7 | −6.5 |
| 极端低温 /℃ | −49.7 | −44.7 | −37.3 | −31.8 | −14.3 | −6 | 0.4 | −2.7 | −11.9 | −30.5 | −40.4 | −46.3 | −49.7 |
| 降水量/mm | 12 | 9 | 13 | 19 | 33 | 62 | 120 | 86 | 50 | 30 | 18 | 19 | 471 |
| 湿度/% | 82 | 76 | 66 | 57 | 56 | 66 | 75 | 78 | 77 | 73 | 79 | 84 | 72–4 |
| 日照时数/h | 93.0 | 140.0 | 207.7 | 222.0 | 266.6 | 264.0 | 241.8 | 217.0 | 183.0 | 151.9 | 93.0 | 62.0 | 2142 |

资料来源：Pogoda-ru-net。

闻名于世的贝加尔湖位于伊尔库茨克州东南部，该湖经安加拉河外泄，外泄量通过伊尔库茨克水坝加以调控。伊尔库茨克州另外两个重要水坝分别在布拉茨克和乌斯契伊里姆斯克，均形成很大的水库区。勒拿河发源于伊尔库茨克州，向东北流入毗邻的萨哈（雅库特）共和国。

贝加尔湖之名来源于突厥语 Bai-Kul，意为富饶之水。亚历山大大帝和大使尼古拉·斯帕法里 18 世纪渡过贝加尔湖时写道："贝加尔湖之所以叫海，是因为她太长、太阔、太深；之所以叫湖，是因为她是淡水，而非咸水。"贝加尔湖淡水量占全球淡水量的 20%，有 300 多条河流汇入湖内，只有一条河流——安加拉河流出。湖面长 600 多千米，深达 1637m，海平面高程 456m。这里有世界独有的淡水海豹——环斑海豹，还有居于深水的透明鱼类——棘鳞蛇鲭。

## 1.5.2　区域人口迁移与城市化的时空格局

**（1）国内人口迁出多于迁入，而国际人口迁入多于迁出**

俄罗斯国内人口迁入最多是从远东和乌拉尔迁入，迁出最多是迁往俄罗斯中央联邦区和乌拉尔联邦区；国际人口迁移属于国际净迁入区，迁入人口主要来自中亚、亚美尼亚和乌克兰。

**（2）人口缓慢下降，城市化率稳定或缓慢降低**

俄罗斯考察区人口数量缓慢下降，城市化率稳定或缓慢降低，但城市建设空间规模却不断扩张，这是布里亚特和伊尔库茨克城市化的基本情况（图 1-40、图 1-41）。

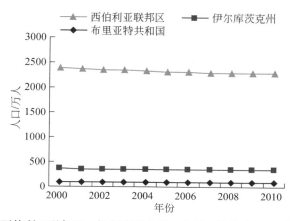

图 1-40　西伯利亚联邦区、伊尔库茨克州、布里亚特共和国 10 年人口变化

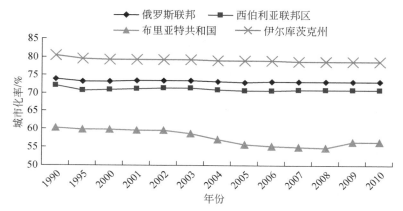

图 1-41　俄罗斯联邦、西伯利亚联邦区、布里亚特共和国、伊尔库茨克州城市化率变化

　　从布里亚特共和国首府乌兰乌德来看，2003 年后人口负增长，此后 5 年人口减少 1.19 万人。2008 年，人口开始回升（图 1-42）。

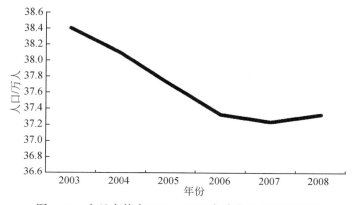

图 1-42　乌兰乌德市 2003～2008 年常住人口增减情况

### 1.5.3　区域建筑、居住的地域特点与时空格局

**（1）伊尔库茨克的建筑遗产与建筑艺术特色**

17世纪初，俄罗斯人来到西伯利亚地区的伊尔库茨克，哥萨克部队建造了城池，正式建镇时间是1661年。这里很快成为俄罗斯商品流通重要集散地，形成大型市场——夫达洛夫商场。此后城市发展很快，人口增长迅速，成为西伯利亚第一大城市。

伊尔库茨克市最早是用木制的墙围起来的，在城中修建军官宅邸和教堂。宗教活动及教堂建造成为社会生活主线，不祈祷不敢吃饭、不敢做事。起初是木制教堂，后来出现石头建筑。

第一个石头建筑物是东正教堂，位于安加拉河边，已有300多年历史。喀山圣母教堂现可在Taltsy户外博物馆看到。修建教堂是全民的事，商人把金、银、宝石、圣像等捐赠给教堂，普通人贡献卢布并为修建教堂的工匠做饭。18世纪初，伊尔库茨克市有27个教堂，一般是白墙，装饰精致。其中，有7个基督教堂。20世纪达40多个，而此时人口尚不足9万。另外，还有天主教堂、清真寺、犹太教堂、佛教寺院等。喀山大教堂建于1875~1894年，是建筑师Kudelsky仿希腊风格建造的，是俄罗斯最宏伟的教堂之一。教堂高60m，可容纳5000余人同时祷告。1932年被炸毁。2000年，伊尔库茨克政府议会大厦前建造一个小教堂，是拱圆顶的复制品。

大教堂建于1718~1746年，是俄罗斯传统与巴洛克风格的结合，白色墙壁橘红门框，墙线体优雅清新，体现了民间艺术特点。现代风格的教堂是2000年利用天主教会教徒捐赠的钱修建的圣心天主之母教堂，两个高塔就像祷告时的手形，加在中间的祭坛用贝加尔湖石英装饰。这个现代风格教堂也有受哥特影响的元素。

历史上，来到伊尔库茨克的大多是流放、流亡者，工匠，大学生，科学家等。犹太人称这里为西伯利亚有蜂蜜和牛奶的地方，商机很多，大部分商人是犹太人。以前的伊尔库茨克师范大学图书馆即犹太教堂，后（1932年）被关闭，并多次被焚烧。最后一次按照照片，大部分被复原。

伊尔库茨克州有560处不可移动文化古迹，9个城镇共同构成历史城市和地区：伊尔库茨克市、尼日尼乌蒂尼克市、基连斯克市、乌索利-西伯利亚斯基市、亚历山德洛夫斯基（博汉斯基区）、乌里克镇与乌斯里-库达镇（伊尔库茨克区）。市区木房子有特殊价值，保存下来有价值的木屋多建于19~20世纪，主要位于城市4个保护地段：12月党人区、热那亚博夫综合区、格里亚斯诺夫街、波赫梅尼茨基街。另外，卡尔马克思街与乌里茨基街也在保护之列。伊尔库茨克州有114个正教建筑被列入文物遗产名单，其中24个受俄罗斯联邦保护。全州有两个建筑学-民族志博物馆。建筑学-民族学博物馆Taltsy位于贝加尔公路47km处，有30多年历史，是地方文化中心。这里举办传统民族与民间风俗节，休息日有成千上万人来这里观看以前只有在电影和教科书中才能看到的西伯利亚文化景观。这里展现了十七八世纪布里亚特人、埃温基人文化建筑习俗。很多建筑风格是从安加拉河沿岸移来的，如第一代俄罗斯移民的房子、校长办公室、学校、木制堡垒塔、正教教会、老磨坊。因为修建布拉茨克、乌斯季伊利姆斯克水电站，一些地方的楼房被淹没，在此处重建。

在贝加尔港口火车站，建立了贝加尔园铁路建筑历史博物馆。在山西南贝加尔湖

岸（在库尔图镇与安加拉河源附近贝加尔港口铁路站中）建设过铁路，是西伯利亚大铁路的一部分，长 84km，39 个隧道、50 个保护游廊、440 个桥，最长隧道 778m。贝加尔园铁路被称为俄罗斯钢带和金腰带，因为这里建筑铁路难度巨大。5 个历史铁路站：贝加尔、赫沃伊洛娜亚（乌兰诺沃）、马里提、沙尔扎莱、库尔图，为湖岸居民和游人提供服务。自然、文化、历史相结合，是贝加尔民族自然保护区南方主要组成部分。

安加拉河沿岸的伊尔库茨克和乌斯季奥尔登斯基布里亚特自治区历史悠久，文化多彩，文化基础好，全民识字率比俄罗斯其他地区都高。第一所学校建在修道院，已300 年，与俄罗斯人同期到来。学校设两种语言——俄语、蒙古语，名字叫蒙古学校。1740 年，开创航海学校，除数学、建筑学、大地测量学、绘图学、造船学、航海学之外，学校的主要学科还包括汉语和日语。1782 年开发第一个公共图书馆，由 3 层石建筑构成，非常漂亮。音乐厅、话剧院也有。200 多年前建造第一个业余爱好者演出剧院，1851 年第一个专业剧院开放。伊尔库茨克市现有 6 个专业剧院。在伊尔库茨克历史博物馆能够发现许多信息，陈列有建筑样品、独特木结构建筑艺术、历史文物、文化展品等，介绍该市人民生活习俗和家庭生活方式。城市生活习俗博物馆是19 世纪的文化建筑，介绍哥萨克人、传教士、公职人员、贵族、富人等社会阶层生活展品，是直观的民族百科全书。12 月党人博物馆由两个及两处房屋和庄园组成，构成伊尔库茨克市文化中心内容之一。乌斯季奥尔登斯基镇民族博物馆有 60 多年历史，展品介绍布里亚特民族文化、宗教和日常生活用品，住所的演化展示布里亚特人祖先的居住与生活习俗情况。

1999 年，联合国教科文组织将伊尔库茨克市的历史中心列入世界遗产名单。这是因为这里有独特的文化建筑、木结构建筑遗产和建筑风格。每个时期都有自己的建筑，所以研究改善建筑风格演变，对于了解西伯利亚开发历史非常有用。俄罗斯人喜欢在房屋外边进行装饰，特别是窗户木头装饰，精致细腻，其涡纹和螺线兼备俄罗斯西方和北方特点，其艺术高度之完美是俄罗斯其他地区难以企及的。19 世纪木建筑以 12 月党人的房子最有代表性和历史价值，彰显伊尔库茨克市的建筑形式和特色，如玫瑰型图案装饰、涡卷饰，具有传统西伯利亚风格。其中，谢尔盖·特鲁比茨克房屋非常讲究，具备西伯利亚坚固建筑物的特点。房屋包括正面阁楼、八角窗和各种雕刻叶饰或扇形花饰、列厅、轴线连续门廊等。

1879 年大火，伊尔库茨克复建后，城市面貌改观较大。木结构建筑风格也发生改变：不是用凸形雕刻，而是用锯锯出的雕刻。

李斯特温卡镇，1645 年俄罗斯人首先来此，现处于安加拉河岸的尼古拉村庄。1726 年安装了固定的渡口设施。其发展与贝加尔航运和造船业分不开。这里曾有尼古拉教堂。

大可提（Boishie Koty）镇在很早以前建有玻璃厂，离镇 5km 处遗留有古老的浮式采掘机。这里有湖沼学实验室以及贝加尔特有生物博物馆。Boishoe Goloustnoye 村庄建于 1673 年，当时是哥萨克士兵守卫点和过冬住所。有连接西湖岸和东湖岸的唯一冬季国营渡口（Posolsk 镇）。从中国到俄罗斯和欧洲的丝绸之路经过此处。毗连土地是国家风景区，有高山草地、原始森林、悬崖。湖岸有几经火灾而重建的圣灵尼古拉教堂，圣灵尼古拉是航海保护神。

**（2）布里亚特共和国居住发展的时空特点**

1）人均居住面积增长快，但城乡发展不平衡。布里亚特共和国 2009 年住房面积人均 19m²，较 2005 年增长了 1.2m²。但城乡居住发展不平衡，农村地区的住房水平还比较低，人均仅有 17.8m²，呈现出与中国城乡居住面积相反的对比特征。

2）房屋建设和总成交量持续上升。2009 年布里亚特共和国新增 244.5km² 住房面积，相当于 2008 年新建住房面积的 78.3%。其中，2009 年个人新建房屋实现面积 169.5km²（占当年全部新建住宅面积的 69.3%），个人住房建设份额同比扩大。

房屋建设和总成交量因受金融危机的影响，2009 年总体上出现明显下滑（图 1-43），但地区表现不平衡，有的地区甚至有所上升。下滑最大的地区在巴尔古律地区和穆霍尔希比里地区，没有完成 2009 年当年住房建设和销售计划。上升的地区有通卡、贝加尔湖沿岸、伊沃尔金斯克、扎伊格拉耶沃等，相当于 2008 年的 112%～124%。

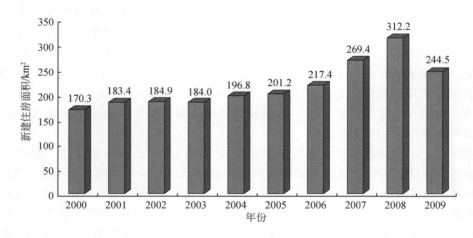

图 1-43　布里亚特共和国 2000～2009 年新建住房面积变化情况

3）民营开发已成为住宅增长的主角。近年来，住宅建设中的主要角色已成为是私营、个体开发人员。私营、个体的承建面积在 2009 年的房屋建设总面积中所占比例是 88.9%。相比之下，国有住宅开发仅占 47.8%。这反映出，布里亚特共和国非国有住宅开发发展迅猛，已占绝对优势。

4）住房水平呈现一定的空间分布特征。布里亚特共和国住房水平存在地域空间变化。2009 年全共和国人均住房使用面积为 19m²，但受经济水平、地理区位等因素影响，不同地域住房水平不一，呈现出一定的空间差异。其中，巴尔古津、比丘拉、吉达、吉任加、奥卡等地区，人均住房使用面积不足 16m²；巴温特、北贝加尔斯克市、扎伊格拉耶沃、卡班斯克、北贝加尔地区、通卡等地区，人均超过 20m²；叶拉夫宁斯基、扎卡缅斯克、伊沃尔金斯克、穆霍尔希比里、色楞格、塔尔巴哈、霍林斯克、乌兰乌德市等地区，人均 17～20m²。

总体来看，南部色楞格河沿岸、西伯利亚大铁路沿线及俄蒙铁路沿线一带靠近首府乌兰乌德市的各区平均居住使用面积较为适中（17～20m²）；南部边境各区、中偏北巴尔古津河沿线，居住水平较低；北部、东北部的居住水平较高。形成居住水平差异的原因很复杂，从空间变化来看，地理区位、森林（木材）分布、人口密度、经济水平等，是影响布里亚特共和国居住水平空间分异的主要因素。

**（3）贝加尔湖地区住宅投入持续增长，成为推动人居环境发展的主要因素**

俄罗斯贝加尔湖地区投入使用的住宅面积 2004 ~ 2009 年增长迅速，但 2008 年受金融危机影响趋缓或下降。伊尔库茨克州、布里亚特共和国、外贝加尔边疆区投入使用的住宅面积从 2004 年的 267km²、196.87km²、147km² 分别增至 2009 年的 602km²、248km²（2008 年高达 307km²）、269km²。住宅建设增长是推动城乡空间发展的主要因素。

不同类型固定资产投资所占百分比，住宅、非住宅建筑建设投资比重提升快，相应地，机器设备等投资比重下降也很快。以布里亚特共和国为例，其住宅、非住宅建筑的投资百分比，分别从 2005 年的 12.9%、36.2% 增加到 2009 年的 15.7%、46.8%，而机器设备投资百分比则从 42.5% 下降为 32.2%；伊尔库茨克州、外贝加尔边疆区情况也类似，唯伊尔库茨克州住宅投资比重下降，但非住宅建筑投资比重上升极快，而机器设备投资比重下降也很快。人居环境发展是借助住宅建设开发、非住宅类建筑物的建设等巨大有形物质投资来实现的，具有外延性、物质空间性特征。

外资参与固定资产投资，以伊尔库茨克州的外资参与规模最大，2009 年为 12 271.8 亿卢布；外贝加尔边疆区规模最小，仅 564.3 亿卢布；布里亚特共和国为 1655.1 亿卢布。

## 1.5.4 区域基础设施、社会设施及文化状况的地域特点 与时空格局

**（1）基础设施发展的时空格局**

1）贝加尔湖地区道路交通设施相对滞后。贝加尔湖地区每 10 万人拥有公交车辆数量均低于俄罗斯联邦水平（2009 年 46 辆）。其中，布里亚特共和国和外贝加尔边疆区大幅度低于俄罗斯联邦水平，布里亚特共和国最低，且随时间递减。伊尔库茨克州、布里亚特共和国、外贝加尔边疆区 2000 年每 10 万人拥有公交车辆数量分别是 75 辆、42 辆、33 辆，2009 年相应减至 41 辆、15 辆、29 辆，降幅以伊尔库茨克州和布里亚特共和国为大，外贝加尔边疆区变化不大。这可能和私家小汽车的增长、车辆规格改变等因素有关。

每千平方千米公路密度：俄罗斯联邦 2009 年为 38km，伊尔库茨克州和布里亚特共和国分别只有 16km、18km，大幅度低于俄罗斯联邦水平；外贝加尔边疆区为 36km，接近俄罗斯联邦水平（表 1-3）。从时间变化来看，伊尔库茨克州和布里亚特共和国公路建设发展滞后，公路密度 2000 ~ 2009 年几乎没有变化；外贝加尔边疆区发展快，从 2000 年的 22km 迅速增至 2009 年的 36km。

表1-3　俄罗斯贝加尔湖地区每千平方千米公路密度

| 年份 | 2000 | 2001 | 2002 | 2003 | 2004 | 2005 | 2006 | 2007 | 2008 | 2009 |
|---|---|---|---|---|---|---|---|---|---|---|
| 俄罗斯联邦 | 31 | 31 | 32 | 32 | 32 | 31 | 35 | 37 | 37 | 38 |
| 西伯利亚联邦区 | 17 | 18 | 18 | 18 | 18 | 17 | 20 | 21 | 21 | 21 |
| 布里亚特共和国 | 18 | 18 | 18 | 18 | 18 | 11 | 18 | 18 | 18 | 18 |
| 外贝加尔边疆区 | 22 | 23 | 23 | 23 | 24 | 24 | 37 | 37 | 37 | 36 |
| 伊尔库茨克州 | 16 | 16 | 16 | 16 | 16 | 16 | 16 | 16 | 16 | 16 |

　　铺设道路总长度占公共道路总长度的百分比，伊尔库茨克州和布里亚特共和国高于俄罗斯联邦水平，但外贝加尔边疆区明显低于俄罗斯联邦水平。2009年，俄罗斯联邦水平是81.6%，伊尔库茨克州、布里亚特共和国、外贝加尔边疆区分别是88%、87.6%和69.2%。伊尔库茨克州、布里亚特共和国虽然路网密度低，但公路质量好，外贝加尔边疆区公路建设速度虽快，但所建公路都为低级道路，路网密度高但许多都是未铺设路面，质量较差。

　　每千人中具备共用网的住宅电话机数量，总体上都呈下降趋势，其中外贝加尔边疆区下降最快。这与移动电话等通信手段的迅速发展有关。

　　2）布里亚特共和国公用设施集中分布于首府乌兰乌德。布里亚特共和国供水排水、电力、天然气供应，绝大部分集中在乌兰乌德市。从2011年1～3月统计来看，乌兰乌德市供水14 604km³，排水12 829 km³；供电345 543kW·h；供气2964t。

　　从2011年1～3月布里亚特共和国公用设施服务的住房面积统计来看，按大小排序依次是：供电17 931 087m²，供水8 649 932m²，暖气7 017 077m²，住宅维护和修理6 622 246m²，排水5 604 315m²，热水供应5 033 874m²。首府乌兰乌德为：供电17 474 054m²，供水6 023 518m²，暖气4 882 974m²，排水4 200 361m²，热水供应4 064 793m²，住宅维护和修理3 973 098m²。相对而言，乌兰乌德市暖气、住宅维护和修理与布里亚特共和国总计数据相比比重偏低，估计与该市普及的"夏屋"冬季不需供暖，且"夏屋"主要靠自建自修而并未纳入城市公用设施服务范围有关；同时，说明乌兰乌德市住宅依赖耗电的空调供热比重高于布里亚特共和国均值。

**（2）社会设施发展的时空格局**

　　1）贝加尔湖地区学前教育机构数量减少但容纳儿童人数上升。学前教育条件：10年间，贝加尔湖地区学前教育机构数量减少，容纳儿童人数上升。如伊尔库茨克州学前教育机构数量从2000年的1022个下降为2009年的942个，但儿童数量却从9.11万人增至10.55万人；外贝加尔边疆区机构数从544个减少至476个，儿童数从3.29万人增至4.62万人。但布里亚特共和国机构数基本稳定，2009年为426个，儿童数从2.37万人增至3.83万人。学前教育机构数量减少，容纳儿童规模扩大，这一趋势与西伯利亚联邦区乃至俄罗斯联邦的总趋势是一致的。

　　2）高等教育机构较为齐备。高等教育机构主要有布里亚特国立大学、布里亚特共和国农业学院、东西伯利亚国立文化艺术学院、东西伯利亚国立技术与管理大学。伊尔库茨克有伊尔库茨克国立大学、伊尔库茨克国立医科大学、伊尔库茨克国立技术大学、伊尔库茨克国立农学院、伊尔库茨克国立语言大学、伊尔库茨克国立铁道学院、西伯利亚经济管理和法律学院。

3）贝加尔湖地区每万人口医疗床位数下降，但门诊机构和医生数有所增加。每万人口床位数近年来持续降低，2005～2009年，伊尔库茨克州从122.8个降至106.6个；布里亚特共和国从106.1个降至98.6个；外贝加尔边疆区从138.5个降至116.9个。但2000～2004年，除伊尔库茨克州仍下降外，布里亚特共和国和外贝加尔边疆区则呈上升趋势：布里亚特共和国从101.6个升至108.89个，外贝加尔边疆区从132.5个升至140.4个。

每万人口门诊机构数持续增加。伊尔库茨克州、布里亚特共和国、外贝加尔边疆区每万人口门诊机构数分别从2000年的253.1个、224.4个、199.8个增至2009年的268.5个、230.3个、239.4个，外贝加尔边疆区增长幅度最大。

每万人口医生数也呈上升或基本稳定趋势。伊尔库茨克州、布里亚特共和国、外贝加尔边疆区每万人口医生数分别从2000年的46.5个、38个、47.4个，增至2009年的49.5个、40.9个、56.7个，也是以外贝加尔边疆区增长幅度最大。

4）冬季渡湖与贝加尔湖国际冬运会。冬季渡过湖面十分困难，需要知识、体力和勇敢。现在每年都有贝加尔湖国际冬运会。

**（3）独具特色的多样性文化与自然保护思想**

据2010年人口统计，布里亚特共和国的俄罗斯族占总人口的2/3，布里亚特族占30%，其他民族有乌克兰人（0.6%）、鞑靼人（0.7%），以及许多不足总人口0.5%的其他少数民族。

伊尔库茨克民族和宗教具有多样化特征，俄罗斯、乌克兰、白俄罗斯、鞑靼人、楚瓦什、摩尔多瓦、立陶宛、波兰等不同民族的居民聚居在一起，文化多样。东正教、基督教、天主教、萨满教、佛教、伊斯兰教等皆有不少信徒。藏传佛教、萨满教、东正教最为流行。

布里亚特人是传统贝加尔湖沿岸地区人口数量最多的民族。不同民族具名也遵循当地传统：人们会在布里亚特人的圣地停下车，向路边扎着彩色零散布条的灌木及树上投硬币，往土地上微微洒一些酒，祈求当地神灵保佑他们有好运气。居住在安加拉河沿岸的不同民族有不同节日，信奉东正教的俄罗斯人、乌克兰人、白俄罗斯人的重要节日有新年、圣诞节、复活节，布里亚特人有"萨迦阿尔干"春节（农历新年）以及"苏尔哈尔班"节，穆斯林有斋月。节日礼拜、跳舞、美食等丰富多彩的民族生活使安加拉河沿岸地区变成令人向往的地方。

伊尔库茨克州被称为西伯利亚的雅典，就像英国造就了伦敦，法国造就了巴黎一样，西伯利亚造就了伊尔库茨克。著名记者尼古拉·舍卢古诺夫说，伊尔库茨克在西伯利亚地区如此重要，没有到过伊尔库茨克，就等于没有到过西伯利亚。

300年前，伊尔库茨克市就有了市标——一头口衔黑豹的老虎，黑豹象征财富，市徽表示俄罗斯向西伯利亚东方的扩展。

布里亚特人保护湖泊和自然的理念很强烈，他们把山、河、温泉、喷泉、泉水、悬崖、树木奉若神灵，禁止亵渎湖水，禁止叫湖，而叫海。萨满教巫师尸体埋藏在森林内小树林后，若找到圣石（陨石），被尊为圣地，禁止采伐、割草，有时候禁止走进森林。萨满教保护这些地方，不让它们受到污染、损坏或亵渎。这些小树林后的森林里有埃日内（Ezhiny）神，包括山神、火神、林神、区神。人们在那些森林举行萨满教仪式。杀动物是很大的罪孽，最受保护的是天鹅、鹰和红鸭。目前，伊尔库茨克州境内有贝加尔－勒拿（Baikalo-Lenskiy）和维提姆（Vitimsky）两个保护区、贝加尔湖国家自然风景区和12个禁猎区。

### 1.5.5　环境与生态的时空格局

**（1）伊尔库茨克州污水排放量最大，外贝加尔边疆区污水排放量呈上升趋势**

贝加尔湖地区（伊尔库茨克州、布里亚特共和国、外贝加尔边疆区）污水排放78 300万 $m^3$（2009 年），占西伯利亚联邦区污水排放总量的1/3，属于水污染较为明显的地区之一。其中，伊尔库茨克州污水排放总量最大，达6.4亿 $m^3$，占贝加尔湖地区污水排放量的81.74%。布里亚特共和国和外贝加尔边疆区的污水排放量分别是4500万 $m^3$ 和9800万 $m^3$。污水排放表现出西部最大（伊尔库茨克州）、中间明显减少（布里亚特）、向东又有增加（外贝加尔边疆区）的空间特点。从时间变化来看，2000年以来，贝加尔湖地区的污水排放量总体呈下降趋势，但各州情况有别：伊尔库茨克州从2000年8.93亿 $m^3$ 减少至2009年的6.4亿 $m^3$；布里亚特共和国从1.2亿 $m^3$ 减少到4500万 $m^3$；而外贝加尔边疆区则从8000万 $m^3$ 上升至9800万 $m^3$，其污水排放逆向于西伯利亚联邦区和全俄的逐年递减的总趋势，基本呈逐年上升态势。

**（2）伊尔库茨克州以固定污染源为主，布里亚特共和国流动污染源比重略高，基本属还原型污染**

贝加尔湖地区大气污染物排放量以伊尔库茨克州最多，2009年为934万t，占贝加尔湖地区大气污染物排放总量的64.55%；其次为外贝加尔边疆区（298万t）；排放最少的是布里亚特共和国（215万t）。在大气污染物排放来源构成中，伊尔克茨克州以固定污染源为主，占60%，道路流动污染源污染物排放比重占40%；布里亚特共和国固定污染源排放比重占44.8%，道路流动污染源排放比重占53.2%；外贝加尔边疆区此二数据分别是49.1%和50.9%，平分秋色。与全俄大气污染中固定源和道路流动源排放比重大体相当的情况有所不同，整个西伯利亚联邦区的固定源排放比重偏高，占70%。在西伯利亚联邦区的贝加尔湖地区，固定源排放比重高于俄罗斯联邦，但却低于所在的西伯利亚联邦区。这种空间差异，大体反映出地区工业开发规模、废气治理技术水平和可持续性等情况的空间分布规律。

根据固定源大气污染物种类组合来划分污染类型，伊尔库茨克州属于还原型污染，主要污染物排序依次是二氧化硫、一氧化碳、氮氧化物、固态、挥发性有机化合物、碳氢化合物（无挥发性有机化合物）；布里亚特共和国和外贝加尔边疆区大气中的固态污染物比重上升至第一位，属于固体颗粒物占优势的还原型污染，主要污染物依次排序为固态、二氧化硫、一氧化碳、氮氧化物、挥发性有机化合物、碳氢化合物。将贝加尔湖地区置于宏观背景下，与全俄平均情况进行比较，分析有关数据可以得知：俄罗斯联邦总体上排前三位的空气污染物依次是一氧化碳、二氧化硫、碳氢化合物，平均状况基本属于混合型污染，而中央联邦区、南方联邦区等则属于氧化型污染。也就是说，贝加尔湖地区的污染类型与俄罗斯联邦其他地区如中央、南方、乌拉尔等的氧化型或混合型并不一样，以还原型为主，大体反映出贝加尔湖地区与具有石油型污染特征的前述其他联邦区有所不同，具备一定的煤炭型污染成分。根据这一认识，我们也许还能够在后续研究中进一步分析和揭示贝加尔湖地区燃料动力构成、工业行业类型、人类活动发展阶段的成熟度等人居环境发展规律。

从 2009 年各类经济活动固定来源排放污染物质的排放量来分析，贝加尔湖地区导致大气污染最大的经济活动是电力、煤气和水的生产与供应活动。整个俄罗斯联邦的情况是，制造业、矿物采选业、电力、煤气和水的生产与供应等活动共同导致大气污染，且以制造业活动致污作用最为明显。贝加尔湖地区处于西伯利亚，寒季漫长，家庭生活、公务或公司经营等人类活动对供热水、暖气等燃料动力的需求要大于俄罗斯联邦其他气候区。这一地域特点及其与之紧密耦合的经济活动，可以借以解释与大气污染排放的关系，这也是贝加尔湖地区人居环境的内在属性之一。详细分析贝加尔湖地区，能进一步发现其经济活动与大气污染排放的关系在更小尺度上表现出一定的空间差异：各州（共和国、边疆区）除电力、煤气和水的生产与供应仍作为大气污染的第一贡献者外，伊尔库茨克州制造业活动对大气污染的贡献度明显上升，外贝加尔边疆区矿物采选业的贡献度上升，布里亚特共和国几乎完全属于电力、煤气和水的生产与供应致污（大气）型地域。

另外，还可通过分析来自固定污染源热、电生产中燃料燃烧过程的大气排污数据，对贝加尔湖地区人居环境支撑系统中热、电生产的燃料构成进行评价。取 4 种主要污染物（固体物质、二氧化硫、一氧化碳、氮氧化物）中按排放量居前两位的污染物比重组合，伊尔库茨克州的状况是，二氧化硫排放比重达 48.64%，其次为固体物质占 25.53%；布里亚特共和国排放第一的是固体物质，占 33.73%，其次是二氧化硫占 29.73%；外贝加尔边疆区与布里亚特共和国状况类似，占首位的是固体物质（37%），其次为二氧化硫（28.98%）。俄罗斯联邦的总体情况是二氧化硫占第一位（29.04%），固体物质占第二位（26.32%），但二者比例接近。相比之下，贝加尔湖地区热、电生产中燃料燃烧过程的大气排污分为两种类型：一种在伊尔库茨克州，二氧化硫排放比重明显偏高，高出俄罗斯联邦差不多 20%；另一种在布里亚特共和国和外贝加尔边疆区，固体物质排放比重占首位，比重高出俄罗斯联邦 7.5% ~ 10%。这一状况应该与热、电生产中燃料构成及动力设备性能有关。人居环境支撑系统中的清洁能源及可持续环保型设备，是十分重要的发展方向和模式转型问题。

**（3）森林覆盖率高，生态状况良好**

贝加尔湖地区森林资源较为丰富，林地面积 13 520.4 万 $hm^2$，木材蓄积量 140.65 亿 $m^3$，分别占全俄罗斯的 11.4% 和 16.9%。其中，以伊尔库茨克州森林资源最为丰富，林地面积 7 145.1 万 $hm^2$，森林覆盖率高达 83%，木材蓄积量 91.25 亿 $m^3$（占全俄木材蓄积的 10.93%）。从森林覆盖率及木材蓄积量来看，布里亚特共和国分别是 63.4% 和 22.4 亿 $m^3$，外贝加尔边疆区分别是 68.3% 和 27.01 亿 $m^3$。森林资源丰度呈现由东西两侧（伊尔库茨克州、外贝加尔边疆区）向中心地带（布里亚特共和国）递减的特点。

### 1.5.6　贝加尔湖地区人居环境的居住形式

考察过的贝加尔湖地区属于俄罗斯东西伯利亚经济区，现代化的开发较俄罗斯欧洲部分晚很多，如伊尔库茨克州、赤塔州①均成立于 1937 年，是随着西伯利亚大铁路的开发发展起来的。贝加尔湖地区的气候明显为大陆性气候。1 月平均温度从北部地区的−33℃ 到南部地区的−15℃；6 月平均温度从北部的 17℃ 到南部的 19℃。降水量北部和山区约 400mm，很多地区还存在多年的冻土层。

#### 1.5.6.1　贝加尔湖地区传统木制民居

无论是在贝加尔湖地区中最具现代化的伊尔库茨克市，还是在具有蒙古民族风格的乌兰乌德市，城市老城区的典型传统建筑都是俄罗斯的传统木制民居。较之中国的木刻楞，俄罗斯的木刻楞修建更加精致，装饰也更为精美。图 1-44 是贝加尔湖地区传统木制民居。

图 1-44　贝加尔湖地区传统木制民居（周晶摄）

**（1）木刻楞建筑特征**

木刻楞多为单一木材构筑的房屋，林区的木刻楞也有土木结构的，大都建在高高的台基上，墙壁很厚，多在 50cm 以上。房屋呈四方形，房顶倾斜，有的上面还覆有漆着绿色油漆的铁皮，正门前有门庭和围廊，门内有过道，过道两旁是卧室和客厅。室内的墙角有土坯垒砌的火墙。有的人家是大型壁炉，外包一层铁皮，铁皮上抹一层黑油，俗称毛炉，是很好的取暖设备。

木刻楞内部分为卧室、客厅、厨房和储藏室。室内陈设比较讲究，卧室摆放着木床或铁床，铁床栏杆雕有花草图像，给人以古雅之感。客厅里的桌椅多为圆形，也有方形

---

的。虽是铺地砖，但上面又铺有地毯。

在俄罗斯乡间，若是比较讲究的木刻楞，在房屋前面还要修一间像走廊一样的小屋。当地人称这个小屋为门斗，起着防风的作用。盖好木刻楞以后，可以在外面刷清漆，保持原木本色；也可以根据各家各户不同的爱好涂上自己喜欢的颜色，一般以蓝、绿色居多。

木刻楞的建筑方法，主要是用木头和手斧刻出来的，有棱有角，非常规范和整齐，所以人们就叫它木刻楞。修建木刻楞的第一步是要打地基，地基都是石头的，而且要灌上水泥，比较结实。第二步就是盖，把粗一点的木头放在最低层，一层一层地叠垒，第二层压第一层。修建木刻楞一般情况下不用铁钉，通常都用木楔，先把木头钻个窟窿，再用木楔加固。

**（2）木刻楞的类型**

在贝加尔湖沿岸的乡村，我们依然可以随处看到由原木建造的房屋。这样的木刻楞可以分成三类：第一类是平地木质民居，第二类是干阑式木质民居，第三类是改良型木骨泥墙民居。

1）平地木质民居。此类民居是最常见的乡村民居类型，其中被称为老教堂的乌克兰移民的木质民居村落建筑是这类民居的精华。他们的房屋外表装饰异常华丽，色彩非常鲜艳，其雕花的窗板以及院落大门是装饰重点，被认为是 17 世纪俄罗斯风格民居建筑风格的遗存。布里亚特共和国的一个村落被联合国教科文组织认定为世界遗产。

2）干阑式木质民居。此类民居是木刻楞的变体，通常修建在山坡以及地面不平坦的丘陵与森林间。为了防潮，这类小木屋的底层通常是架空的，或者是一边架空，另一边建在平坦的大石头之上，与中国云贵高原的苗族干阑类似。受地形限制，这类建筑通常占地面积较小，不适于大家庭的居家生活。因此，类似的木屋多出现在度假村中。图1-45 是贝加尔湖地区度假木屋。

图 1-45　贝加尔湖地区度假木屋（周晶摄）

3）改良型木骨泥墙民居。此类民居是近几十年才出现的，即在原木外面和里面都用土和涂料砌成墙体，这样可以起到更好的保温和防风效果，更适合居住。

**（3）木刻楞的环境适应性**

在世界范围内，木刻楞多出现在高寒与森林茂密的地区，如北欧、俄罗斯、中国东北和西北等。这些地方建木刻楞一是方便就地取材，二是便于施工，三是便于生活。

传统的木刻楞施工方法是在原木之间垫苔藓。苔藓垫在中间，好处是不透风。冬天–40～–30℃，有苔藓压在底下，等于是水泥夹在隔缝里一样，不透风，冬天非常暖和，而夏天又非常凉快。有些木刻楞用黄泥、砂石加上茅草拌和后，将其糊在木刻楞里面，起到保温的作用。现在建造木刻楞时，首先是一层塑料薄膜，然后是一层混凝土，再加上一层涂料。

## 1.5.6.2　贝加尔湖地区城市民居

贝加尔湖地区的主要城市有伊尔库茨克、赤塔和乌兰乌德。其中，以伊尔库茨克最具代表性。伊尔库茨克是俄罗斯伊尔库茨克州的首府，东西伯利亚第二大城市，位于贝尔加湖南端，安加拉河与伊尔库茨克河的交汇处，人口约 80 万，被称为"西伯利亚的心脏"、"东方巴黎"、"西伯利亚的明珠"。伊尔库茨克是俄罗斯历史上为国家发展做出卓越贡献、城市年龄超过 300 年的几个城市之一，1970 年被列入建筑古迹历史名城名单。

伊尔库茨克的开发历史比较早，在近 350 年的历史中扮演着不同的角色，包括西伯利亚考察基地、流放地和淘金城。19 世纪，这里成为俄国同中国重要贸易的转运点。现在，伊尔库茨克是东西伯利亚铁路和国际航空要站，有飞往各地多条航线，也是西伯利亚通向外贝加尔和远东南部地区以及蒙古和中国的门户。

**（1）城市民居类型**

与欧洲很多城市一样，伊尔库茨克市也是沿着安加拉河发展起来的，具有与许多欧洲城市相似的建筑景观。位于伊尔库茨克老城区的木质房屋街区被完整保存下来，是该市最重要的建筑历史文化遗产。在距伊尔库茨克市 47km 处的安加尔河高岸上有一个独特的露天博物馆——塔尔茨木质民族建筑博物馆。这里集中 40 多座建筑古迹，讲述着 17～20 世纪贝加尔湖沿岸人民的日常生活和文化特点。图 1-46 是伊尔库茨克沿街民居。

伊尔库茨克现存的城市民居多是苏联时期工业化的产物，建筑为火柴盒或者是兵营式的三层砖房，其立面简洁，少有装饰和变化，少有线脚，开窗很小，适应当地寒冷的气候环境。

**（2）城市民居的环境适应性**

与传统的木制民居有所不同，城市民居是工业化生产的产物，在苏联时期，为了区别于帝国主义建筑风格，苏联建筑多以简洁为主，在缺乏资金的条件下，建筑只能在沿街道的立面进行少量修饰。在其环境是影响方面的设计突出表现为以下几点。

1）房屋室内面积较小，也比较低矮，为了取得更好的保暖效果。

图 1-46　伊尔库茨克沿街民居（周晶摄）

2）居住建筑的开窗普遍较小，而且窗户全部为双层。房屋的窗户一般是三扇，其中两扇是固定的，往往只有一扇可以开启，有些只有一扇中的半扇窗户是能够开启的。

3）建筑物的入口都为双层门，有门厅。在贝加尔湖附近的城市，每年 10 月份就已经进入冬季，开始取暖季节。因双层门保暖，室外肃然寒冷，但是屋内却很暖和。在公共建筑中，通常在门厅中有存放外衣的衣帽间。

4）设置地下室。很多住宅建筑设有地下室，地下室除了储藏功能之外，主要是为了隔潮。因为该地区纬度较高，某些地方还有多冻土层，冬季雪大，非常潮湿。

5）阳台很小，仅作为装饰。在整个区域里的低层住宅建筑多在朝街道的立面设很小的"一步阳台"，不具备太多的使用功能。

## 1.6　典型城市土地利用/土地覆被变化时空格局及其对比分析

### 1.6.1　乌兰乌德市土地利用/土地覆被变化时空格局分析

乌兰乌德市区土地面积 42 523hm²，景观基质为林地。1990 年，共有林地 24 095hm²，城乡建设地类 11 999hm²，草地 3890hm²，水面 1314hm²，耕地 1224hm²，无裸地分布。其中，林地占土地总面积的 56.66%，城乡建设地类占 28.22%，其他地类所占比例都不足 10%。到 2010 年，林地面积减为 20 138hm²，占土地总面积的 47.36%；城乡建设地类扩张至 15 552hm²，占土地总面积的 36.57%；草地面积增为

5132hm$^2$，占土地总面积的 12.07%；其他地类面积之和仅为 1701hm$^2$，其中裸地面积 482hm$^2$（图 1-47）。

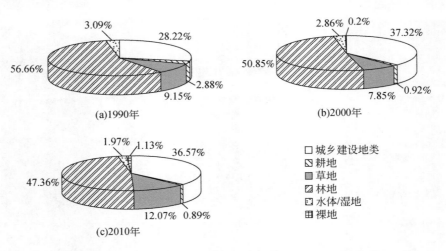

图 1-47　1990～2010 年乌兰乌德市土地利用/土地覆被结构

土地利用/覆盖综合动态度定量地描述了土地利用的总体变化速度。1990～2010 年，乌兰乌德市土地利用/覆盖综合动态度为 2.79%，前 10 年为 4.33%，后 10 年为 3.75%。总体上，城乡建设地类、草地和裸地呈扩张趋势，耕地、林地和水体/湿地类型不同程度缩减。各大地类动态度绝对值依次为：林地（0.47%）＞城乡建设地类（0.42%）＞草地（0.15%）＞耕地（0.1%）＞（水体/湿地）/裸地（均为 0.06%）（图 1-48 和表 1-4）。

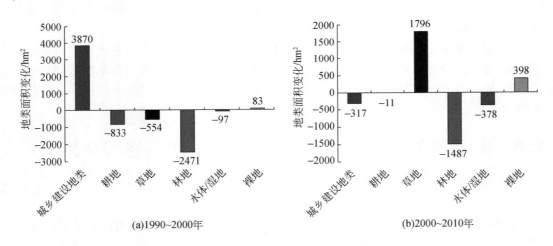

图 1-48　乌兰乌德市地类面积变化

表 1-4　乌兰乌德市 1990~2010 年各地类动态幅度和动态度

| 地类名称 | 净扩张/净缩减/km² | | | 年均变化率/% | | |
|---|---|---|---|---|---|---|
| | 1990~2000 年 | 2000~2010 年 | 1990~2010 年 | 1990~2000 年 | 2000~2010 年 | 1990~2010 年 |
| 城乡建设地类 | 3870 | −317 | 3553 | 0.91 | −0.07 | 0.42 |
| 耕地 | −833 | −11 | −844 | −0.2 | −0.003 | −0.1 |
| 草地 | −554 | 1796 | 1242 | −0.13 | 0.42 | 0.15 |
| 林地 | −2471 | −1487 | −3958 | −0.58 | −0.35 | −0.47 |
| 水体/湿地 | −97 | −378 | −475 | −0.02 | −0.09 | −0.06 |
| 裸地 | 83 | 398 | 482 | 0.02 | 0.09 | 0.06 |

注：负号表示净缩减。

## 1.6.2　乌兰巴托市土地利用/土地覆被变化时空格局分析

乌兰巴托市区土地面积 39.6 万 hm²，景观基质为草地。1990 年，该地区按各地类面积排序依次为：草地 25.2 万 hm²（63.61%）[1]，林地 11.3 万 hm²（28.48%），城乡建设地类 19 584hm²（4.94%），耕地 6633hm²（1.67%），裸地 4122hm²（1.04%），水体/湿地 974hm²（0.25%）；到 2010 年，草地缩减为 24.3 万 hm²（61.46%），林地略增至 11.4 万 hm²（28.84%），城乡建设地类面积扩张为 32 211hm²（8.13%），耕地缩减为 3370hm²（0.85%），裸地和水体/湿地分别缩减为 2787hm²（0.7%）和 59hm²（0.01%）（图 1-49）。

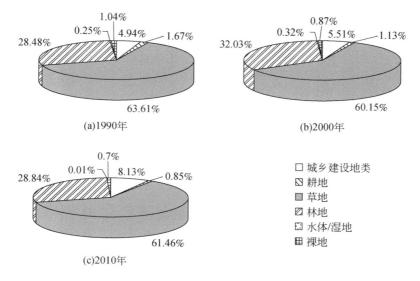

图 1-49　1990~2000 年乌兰巴托市土地利用/土地覆被结构

① 括号中为占土地总面积的比例，下同。

1990～2010 年，乌兰巴托市的土地利用/土地覆被综合动态度为 3.4%，前 10 年为 2.24%，后 10 年为 3.08%。除城乡建设地类和林地总体上呈扩张态势，其他地类均有 所缩减。各大地类动态度绝对值依次为：城乡建设地类（0.32%）＞草地（0.22%）＞ 耕地（0.08%）＞林地（0.04%）＞裸地（0.03%）＞水体/湿地（0.02%）（图 1-50 和 表 1-5）。

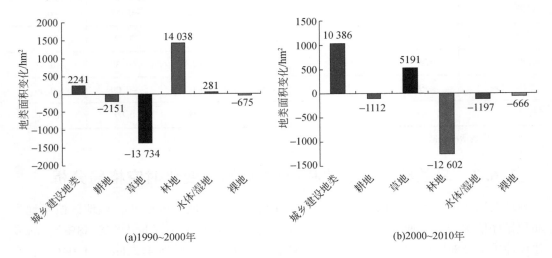

(a)1990～2000年  (b)2000～2010年

图 1-50　乌兰巴托市地类面积变化

**表 1-5　乌兰巴托市 1990～2010 年各地类动态幅度和动态度**

| 地类名称 | 净扩张/净缩减/km² | | | 年均变化率/% | | |
|---|---|---|---|---|---|---|
| | 1990～2000 年 | 2000～2010 年 | 1990～2010 年 | 1990～2000 年 | 2000～2010 年 | 1990～2010 年 |
| 城乡建设地类 | 2 241 | 10 386 | 12 627 | 0.06 | 0.26 | 0.32 |
| 耕地 | -2 151 | -1 112 | -3 263 | -0.05 | -0.03 | -0.08 |
| 草地 | -13 734 | 5 191 | 8 543 | -0.35 | 0.13 | -0.22 |
| 林地 | 14 038 | -12 602 | 1 436 | 0.35 | -0.32 | 0.04 |
| 水体/湿地 | 281 | -1 197 | -916 | 0.01 | -0.03 | -0.02 |
| 裸地 | -675 | -666 | -1 341 | -0.02 | -0.02 | -0.03 |

注：负号表示净缩减。

## 1.6.3　呼和浩特市土地利用/土地覆被变化时空格局分析

呼和浩特市区土地面积 20.8 万 hm²，景观基质为草地和耕地，二者占土地总面积 的 60% 左右。1990 年，该地区各地类按面积排序依次为：草地 82 528hm²（39.63%）， 耕地 72 320hm²（34.73%），林地 33 631hm²（15.15%），城乡建设地类 15 048hm² （7.23%），裸地 3494hm²（1.68%），水体/湿地 1222hm²（0.58%）；2010 年，草地缩 减为 43 850hm²（21.05%），耕地扩张至 72 144hm²（34.64%），林地略增至 44 630hm² （21.43%），城乡建设地类面积扩张为 43 950hm²（21.1%），裸地和水体/湿地分别缩

减为 2756hm² （1.32%） 和 941hm² （0.45%）① （图 1-51）。

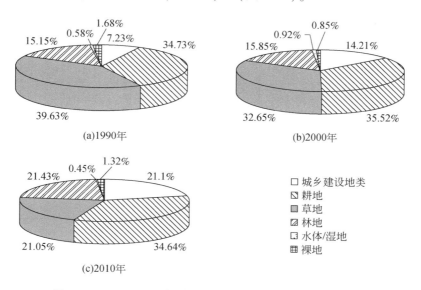

(a)1990年　(b)2000年

(c)2010年

□ 城乡建设地类
□ 耕地
□ 草地
□ 林地
□ 水体/湿地
□ 裸地

图 1-51　1990～2010 年呼和浩特市土地利用/土地覆被结构

1990～2010 年，呼和浩特市的土地利用/覆盖综合动态度为 7.69%，前 10 年为 5.33%，后 10 年为 6.04%，总体上，该市在研究期前 10 年的土地利用/覆盖综合动态度小于后 10 年。总体上，除城乡建设地类和林地上呈扩张态势，其他地类均呈缩减态势。各大地类动态度绝对值依次为：草地（1.86%）>城乡建设地类（1.39%）>林地（0.53%）>裸地（0.04%）>耕地/水体/湿地（0.01%）（图 1-52 和表 1-6）。

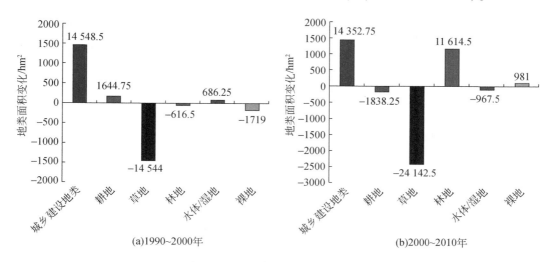

(a)1990～2000年　(b)2000～2010年

图 1-52　呼和浩特市地类面积变化

① 括号中为占土地总面积的比例。

表1-6 呼和浩特市1990～（2000）～2010年各地类动态幅度和动态度

| 地类名称 | 净扩张/净缩减/km² | | | 年均变化率/% | | |
|---|---|---|---|---|---|---|
| | 1990～2000年 | 2000～2010年 | 1990～2010年 | 1990～2000年 | 2000～2010年 | 1990～2010年 |
| 城乡建设地类 | 14 549 | 14 353 | 28 899 | 0.7 | 0.69 | 1.39 |
| 耕地 | 1 645 | −1 838 | −196 | 0.08 | −0.09 | −0.01 |
| 草地 | −14 544 | −24 143 | −38 682 | −0.7 | −1.16 | −1.86 |
| 林地 | −617 | 11 615 | 10 998 | −0.03 | 0.56 | 0.53 |
| 水体/湿地 | 686 | −968 | −281 | 0.03 | −0.05 | −0.01 |
| 裸地 | −1 719 | 981 | −738 | −0.08 | 0.05 | −0.04 |

注：负号表示净缩减。

## 1.6.4 乌兰乌德、乌兰巴托、呼和浩特土地利用/土地覆被变化时空格局对比分析

三市自北向南景观基质依次为：森林（乌兰乌德）—草地（乌兰巴托）—草地/耕地（呼和浩特）（图1-53）。

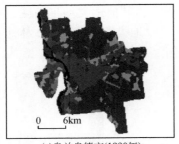 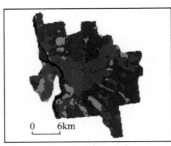 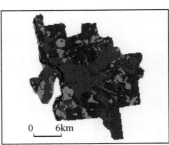

(a)乌兰乌德市(1990年) (b)乌兰乌德市(2000年) (c)乌兰乌德市(2010年)

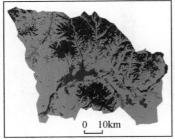 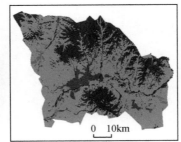 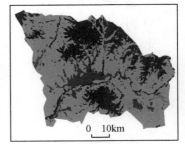

(d)乌兰巴托市(1990年) (e)乌兰巴托市(2000年) (f)乌兰巴托市(2010年)

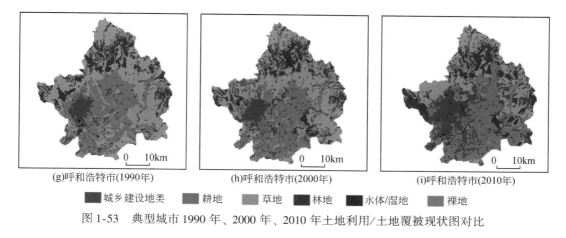

(g)呼和浩特市(1990年)　　　(h)呼和浩特市(2000年)　　　(i)呼和浩特市(2010年)

■城乡建设地类　■耕地　■草地　■林地　■水体/湿地　■裸地

图 1-53　典型城市 1990 年、2000 年、2010 年土地利用/土地覆被现状图对比

从各大地类的动态情况来看，三市总体特征表现为：

1）城乡建设地类扩张最快，说明 20 年间，从占地规模方面，三地都进入城市化的迅速发展时期；

2）景观基质地类都呈缩减态势，与其他地类相比变化速度较快；

3）耕地和水体/湿地两大地类都略有缩减，其中水体/湿地的动态度最小；

4）裸地动态度较低。

自北向南对比三市的土地利用/覆盖动态趋势，可见其具有梯度分布特征：

1）三市 1990 ~ 2010 年综合动态度依次为：2.79%（乌兰乌德）、-3.4%（乌兰巴托）、-7.69%（呼和浩特），呈现出自北向南土地利用/覆盖动态度绝对值逐渐提升的梯度分布特征。

2）耕地的缩减幅度绝对值呈现出自北向南依次减低的梯度分布特征：68.9%（乌兰乌德）、-49.1%（乌兰巴托）、-0.3%（呼和浩特）。

# 1.7　典型城市地类转换特征对比分析

## 1.7.1　乌兰乌德市地类转换特征分析

1990 ~ 2010 年，乌兰乌德市城乡建设地类面积扩张显著，表现为对林地、草地和耕地的占用。其中，林地对该地类扩张贡献最大，净输入 1893hm$^2$；草地净输入 943hm$^2$，耕地净输入城乡建设地类 718hm$^2$，其他地类与城乡建设地类间的相互转换强度较弱。1990 ~ 2000 年，乌兰乌德市城乡建设地类较为活跃，与林地、草地和耕地间的相互转换十分剧烈，地类扩张主要发生在这一时期，2000 ~ 2010 年该地类面积略有缩减。转换比例见图 1-54。

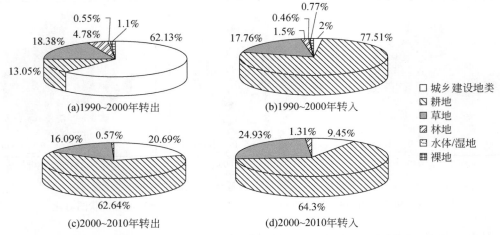

图1-54 乌兰乌德市1990～2000年、2000～2010年城乡建设地类转换结构

1990～2010年，乌兰乌德市耕地面积显著缩减，主要表现为被城乡建设地类占用，弃耕为草地以及与林地间的相互转换。1990～2000年，耕地主要表现为向城乡建设地类和草地的转换，其变化强度显著大于后10年；2000～2010年，大部分耕地都保留下来，其变化较为稳定。转换比例见图1-55。

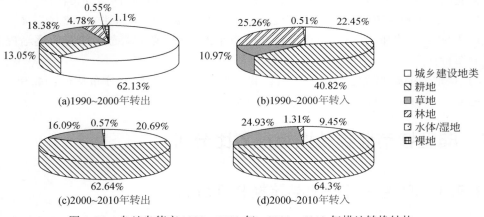

图1-55 乌兰乌德市1990～2000年、2000～2010年耕地转换结构

1990～2010年，乌兰乌德市的草地主要表现为向林地的扩张和被城乡建设地类占用。净占用林地1980hm²，净输入城乡建设地类943hm²。在前后两个10年中，草地与林地之间的相互转换较为剧烈，且都以林地向草地的转换为主。其中，前10年净转入草地522hm²，后10年净转入草地1458hm²，显著大于前10年。草地向城乡建设地类的转换主要发生在前10年，净转出1229hm²；后10年则表现为城乡建设地类向草地的转换，但面积较小，10年间净转入草地286hm²。转换比例见图1-56。

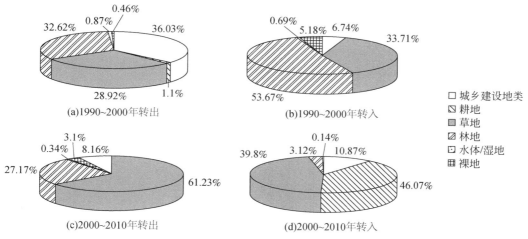

图 1-56　乌兰乌德市 1990 ~ 2000 年、2000 ~ 2010 年草地转换结构

1990 ~ 2010 年，乌兰乌德市林地的转换主要表现为被草地和城乡建设地类占用。草地净占用林地 1980hm²，城乡建设地类净占用林地 1892hm²。1990 ~ 2000 年，林地净转入草地 522hm²，2000 ~ 2010 年 1458hm²；林地向城乡建设地类的转换主要发生在前 10 年，净转出 1944hm²；后 10 年则表现为城乡建设地类向林地的转换，但面积较小，10 年间净转入林地 51hm²。转换比例见图 1-57。

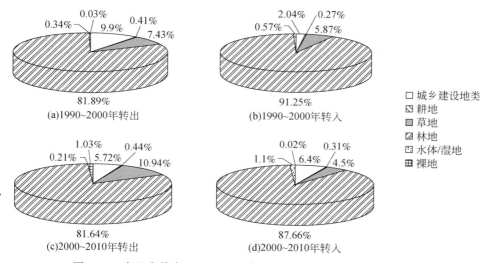

图 1-57　乌兰乌德市 1990 ~ 2000 年、2000 ~ 2010 年林地转换结构

1990 ~ 2010 年，乌兰乌德市水体/湿地面积略有缩减，主要转换为林地、城乡建设地类和草地。水体/湿地净转入林地 212hm²，净转换为城乡建设地类 142hm²，净转换为草地 138hm²，其中，前 10 年净输出面积依次为 43hm²、61hm² 和 11hm²，后 10 年净输出面积依次为 169hm²、31hm² 和 149hm²。转换比例见图 1-58。

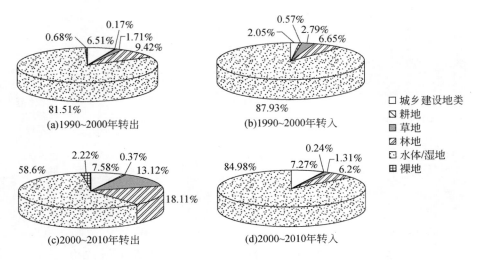

图1-58　乌兰乌德市1990～2000年、2000～2010年水体/湿地转换结构

　　1990～2010年，乌兰乌德市的裸地经历从无到有、从小到大的发展过程，与其他地类间的相互转换主要表现为向林地、城乡建设地类和草地的扩张。林地净转入裸地225hm$^2$、草地净转入裸地115hm$^2$、城乡建设地类净转入裸地92hm$^2$。其中，2000～2010年各地类向裸地的转换比1990～2000年更为剧烈。转换比例见图1-59。

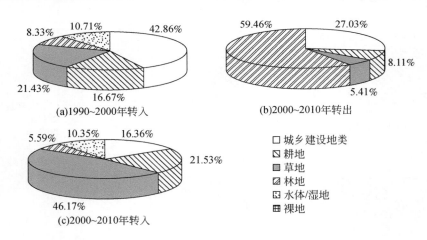

图1-59　乌兰乌德市1990～2000年、2000～2010年裸地转换结构

　　地类相互转换面积可以在一定程度上体现各地类间的相关度。总体上，1990～2000年、2000～2010年，乌兰乌德市相关度最大的两组地类为林地与草地（两阶段分别为7.20%、7.69%）、林地与城乡建设地类（分别为6.65%、5.94%），草地与城乡建设地类的相关度也较大（分别为3.70%、1.95%）（表1-7）。

表 1-7　乌兰乌德市 1990～2000 年、2000～2010 年地类相关度　　（单位：%）

| 地类 | 城乡建设地类 | 耕地 | 草地 | 林地 | 水体/湿地 | 裸地 |
|---|---|---|---|---|---|---|
| 1990～2000 年 | | | | | | |
| 城乡建设地类 | | 1.99 | 3.70 | 6.65 | 0.26 | 0.08 |
| 耕地 | 1.99 | | 0.63 | 0.37 | 0.02 | 0.03 |
| 草地 | 3.70 | 0.63 | | 7.20 | 0.13 | 0.04 |
| 林地 | 6.65 | 0.37 | 7.20 | | 0.48 | 0.02 |
| 水体/湿地 | 0.26 | 0.02 | 0.13 | 0.48 | | 0.02 |
| 裸地 | 0.08 | 0.03 | 0.04 | 0.02 | 0.02 | |
| 2000～2010 年 | | | | | | |
| 城乡建设地类 | | 0.28 | 1.95 | 5.94 | 0.36 | 0.24 |
| 耕地 | 0.28 | | 0.00 | 0.37 | 0.02 | 0.00 |
| 草地 | 1.95 | 0.00 | | 7.69 | 0.40 | 0.26 |
| 林地 | 5.94 | 0.37 | 7.69 | | 0.64 | 0.53 |
| 水体/湿地 | 0.36 | 0.02 | 0.40 | 0.64 | | 0.06 |
| 裸地 | 0.24 | 0.00 | 0.26 | 0.53 | 0.06 | |

## 1.7.2　乌兰巴托市地类转换特征分析

1990～2010 年，乌兰巴托市城乡建设地类显著扩张，与草地、林地间的相互转换运动剧烈。草地净转入城乡建设地类 11 504hm²，其中前 10 年净转入 2297hm²，后 10 年净转入 9207hm²；林地净转入城乡建设地类 833hm²，其中前 10 年以向城乡建设地类的扩张为主，净转入 -110hm²，后 10 年净转入 943hm²。其他地类与城乡建设地类间的相互转换并不显著。转换比例见图 1-60。

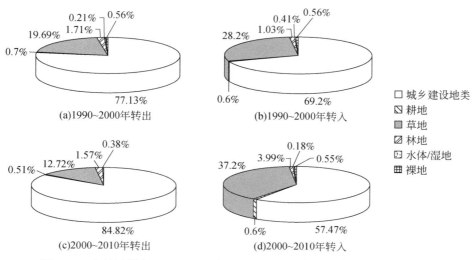

图 1-60　乌兰巴托市 1990～2000 年、2000～2010 年城乡建设地类转换结构

1990~2010 年，乌兰巴托市耕地面积持续缩减，主要表现为弃耕为草地，净转入草地 3010hm²，在研究期内的前后两个 10 年，耕地向草地的转换强度大体相当。转换比例见图 1-61。

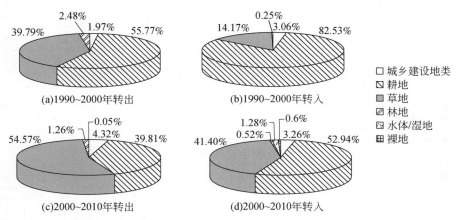

图 1-61　乌兰巴托市 1990~2000 年、2000~2010 年耕地转换结构

1990~2010 年，乌兰巴托市草地持续缩减，与其他地类之间的转换关系主要表现为向城乡建设地类、林地的转换。净转换为城乡建设地类 11 504hm²，净转换为林地 443hm²。1990~2000 年，草地向林地和城乡建设地类净转换面积依次为 13 235hm² 和 2297hm²；2000~2010 年草地净转入城乡建设地类 9207hm²，林地净转入草地面积 12 791hm²。总体上，乌兰巴托市的草地表现为向城乡建设地类的持续供给，前 10 年向林地的转换以及后 10 年对林地的占用。转换比例见图 1-62。

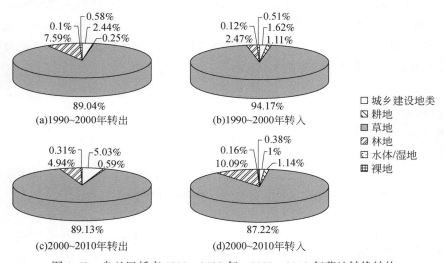

图 1-62　乌兰巴托市 1990~2000 年、2000~2010 年草地转换结构

1990~2010 年，乌兰巴托市的林地经历了先扩张后缩减的过程，净扩张 12 603hm²，主要表现为与草地间的相互转换。转换比例见图 1-63。

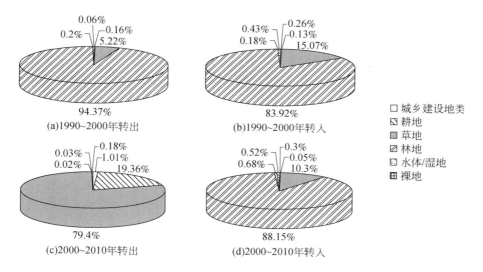

图 1-63　乌兰巴托市 1990～2000 年、2000～2010 年林地转换结构

1990～2010 年，乌兰巴托市的水体/湿地面积净缩减 916hm²，与其他地类的转换关系主要表现为向林地、草地的转换，其净转换面积分别为 797hm² 和 421hm²。研究期内，该地类向林地和草地的转换主要发生在后 10 年。转换比例见图 1-64。

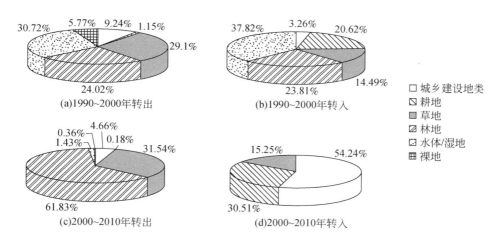

图 1-64　乌兰巴托市 1990～2000 年、2000～2010 年水体/湿地转换结构

1990～2010 年，乌兰巴托市裸地持续缩减，主要表现为与草地间的相互转换以及向林地和城乡建设地类的转换。其中，前 10 年以草地向裸地的转换为主，后 10 年以裸地转换为草地为主；与林地、城乡建设地类间的相互转换也较为显著。转换比例见图 1-65。

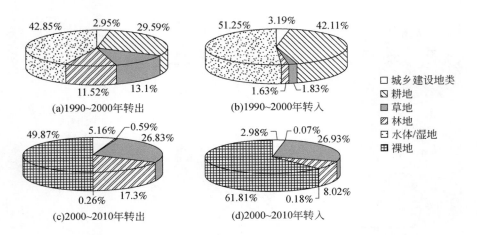

(a)1990~2000年转出  (b)1990~2000年转入  (c)2000~2010年转出  (d)2000~2010年转入

城乡建设地类
耕地
草地
林地
水体/湿地
裸地

图1-65  乌兰巴托市1990~2000年、2000~2010年裸地转换结构

总体上，1990~2000年、2000~2010年，乌兰巴托市相关度最大的一组地类为林地与草地，相关度分别为6.31%和9.17%；其次为城乡建设地类和草地，相关度分别为2.53%和3.73%。后一时段两组地类的相关度显著高于前一时段（表1-8）。

表1-8  乌兰巴托市1990~2000年、2000~2010年地类相关度    （单位:%）

| 地类 | 城乡建设地类 | 耕地 | 草地 | 林地 | 水体/湿地 | 裸地 |
|---|---|---|---|---|---|---|
| 1990~2000年 | | | | | | |
| 城乡建设地类 | | 0.07 | 2.53 | 0.14 | 0.03 | 0.06 |
| 耕地 | 0.07 | | 0.83 | 0.04 | 0.00 | 0.00 |
| 草地 | 2.53 | 0.83 | | 6.31 | 0.14 | 0.67 |
| 林地 | 0.14 | 0.04 | 6.31 | | 0.11 | 0.15 |
| 水体/湿地 | 0.03 | 0.00 | 0.14 | 0.11 | | 0.13 |
| 裸地 | 0.06 | 0.00 | 0.67 | 0.15 | 0.13 | |
| 2000~2010年 | | | | | | |
| 城乡建设地类 | 0.06 | | 0.08 | 3.73 | 0.41 | 0.01 |
| 耕地 | 0.00 | 0.08 | | 0.97 | 0.02 | 0.00 |
| 草地 | 0.67 | 3.73 | 0.97 | | 9.17 | 0.10 |
| 林地 | 0.15 | 0.41 | 0.02 | 9.17 | | 0.20 |
| 水体/湿地 | 0.13 | 0.01 | 0.00 | 0.10 | 0.20 | |
| 裸地 | | 0.07 | 0.01 | 0.42 | 0.21 | 0.00 |

### 1.7.3　呼和浩特市地类转换特征分析

1990～2010 年，呼和浩特市城乡建设地类持续扩张，主要表现为对耕地和草地的占用，净占用耕地和草地面积分别为 16 567hm² 和 10 056hm²。对比研究期前后两个 10 年呼和浩特市城乡建设地类的转换特征可见，2000～2010 年各地类与城乡建设地类间的相互转换面积显著大于前 10 年，说明呼和浩特市城乡建设的发展随着时间的推移在逐渐加速。转换比例见图 1-66。

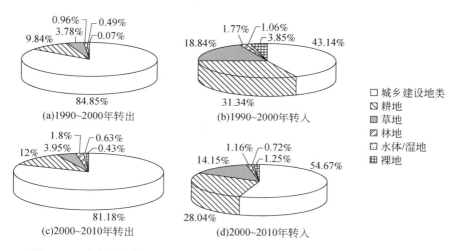

图 1-66　呼和浩特市 1990～2000 年、2000～2010 年城乡建设地类转换结构

1990～2010 年，呼和浩特市耕地的变化并不显著，主要表现为向草地的扩张和转换为城乡建设地类。前 10 年主要表现为耕地迅速向草地扩张以及城乡建设地类对耕地的占用，前者规模大于后者；后 10 年主要表现为耕地被城乡建设地类蚕食。转换比例见图 1-67。

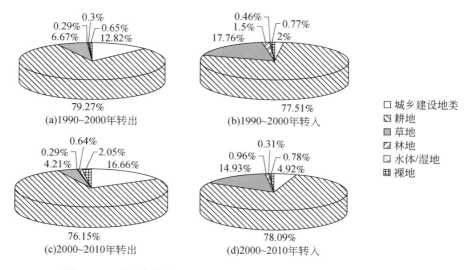

图 1-67　呼和浩特市 1990～2000 年、2000～2010 年耕地转换结构

1990～2010 年，呼和浩特市的草地面积迅速缩减，与其他地类的转换关系主要表现为转换为林地、耕地和城乡建设地类。研究期前 10 年，草地的主要转移方向是耕地，其次为城乡建设地类，与林地之间则体现为以相互转换为主要特征；后 10 年中，有大面积草地转换为林地和耕地，向城乡建设地类的转换规模与前 10 年相当。对比两个时期草地的转换规模可见，后 10 年草地向其他地类的转换规模显著大于前 10 年。转换比例见图 1-68。

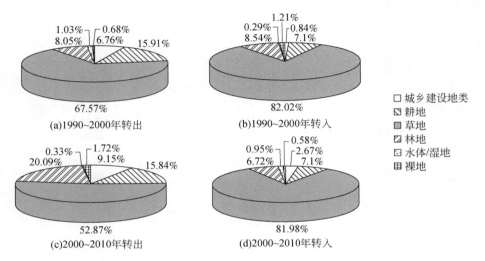

图 1-68　呼和浩特市 1990～2000 年、2000～2010 年草地转换结构

1990～2010 年，呼和浩特市林地面积显著扩张，与其他地类间的转换关系主要表现为向草地的扩张和与耕地间的相互转换。前 10 年林地与草地间以相互转换为主要特征，并对耕地面积的增长有微弱贡献；后 10 年该地类迅速扩张，其扩张来源以草地为主，其次为耕地。对比前后两个 10 年可见，林地的转换也表现为先弱后强的特征（图 1-69）。

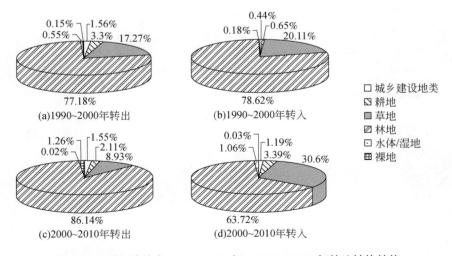

图 1-69　呼和浩特市 1990～2000 年、2000～2010 年林地转换结构

1990～2010 年，呼和浩特市水体/湿地面积在波动中显著缩减，与各地类间的相互转换较为均衡。对比研究期前后 10 年可见，前 10 年以草地、裸地向该地类的转换为主要特征，该地类向耕地、城乡建设地类的转出也较为突出；后 10 年以该地类向其他地类的转换为主要特征（图 1-70）。

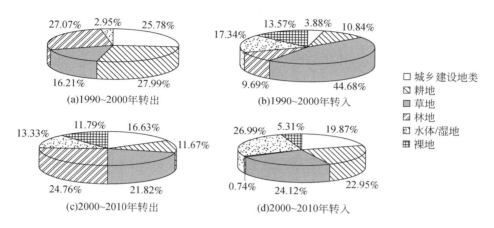

图 1-70　呼和浩特市 1990～2000 年、2000～2010 年水体/湿地转换结构

1990～2010 年，呼和浩特市裸地面积总体缩减，尤以 1990～2000 年缩减幅度最大，至 2010 年裸地面积略有扩张，仍显著低于研究期初水平。该地类与其他地类的转换关系主要表现为向城乡建设地类、耕地以及草地的转换（图 1-71）。

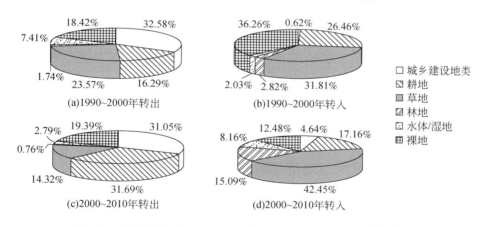

图 1-71　呼和浩特市 1990～2000 年、2000～2010 年裸地转换结构

总体上，1990～2000 年呼和浩特市相关度较大的地类组合按相关度大小排序依次为：耕地与草地的相关度为 8.62%，草地与林地的相关度为 5.98%，耕地与城乡建设地类的相关度为 5.16%，草地与城乡建设地类的相关度为 2.95%。2000～2010 年，该地区相关度较大的地类组合按相关度大小排序依次为：草地和林地的相关度为 7.97%，耕地与城乡建设地类的相关度为 7.62%，耕地与草地的相关度为 6.67%，草地与城乡建设地类的相关度为 3.55%。此外，后一时段耕地与林地之间的相关度

也较为显著，相关度为 1.06% 。其他地类组合的相关度不足 1% ，不再一一列举（表 1-9）。

表 1-9 呼和浩特市 1990~2000 年、2000~2010 年地类相关度 （单位:%）

| 地类 | 城乡建设地类 | 耕地 | 草地 | 林地 | 水体/湿地 | 裸地 |
|---|---|---|---|---|---|---|
| 1990~2000 年 | | | | | | |
| 城乡建设地类 | | 5.16 | 2.95 | 0.32 | 0.19 | 0.55 |
| 耕地 | 5.16 | | 8.62 | 0.64 | 0.26 | 0.50 |
| 草地 | 2.95 | 8.62 | | 5.98 | 0.50 | 0.67 |
| 林地 | 0.32 | 0.64 | 5.98 | | 0.09 | 0.05 |
| 水体/湿地 | 0.19 | 0.26 | 0.50 | 0.09 | | 0.14 |
| 裸地 | 0.55 | 0.50 | 0.67 | 0.05 | 0.14 | |
| 2000~2010 年 | | | | | | |
| 城乡建设地类 | | 7.62 | 3.55 | 0.50 | 0.24 | 0.33 |
| 耕地 | 7.62 | | 6.67 | 1.06 | 0.21 | 0.50 |
| 草地 | 3.55 | 6.67 | | 7.97 | 0.31 | 0.68 |
| 林地 | 0.50 | 1.06 | 7.97 | | 0.23 | 0.21 |
| 水体/湿地 | 0.24 | 0.21 | 0.31 | 0.23 | | 0.13 |
| 裸地 | 0.33 | 0.50 | 0.68 | 0.21 | 0.13 | |

## 1.7.4 乌兰乌德、乌兰巴托、呼和浩特地类转换特征对比分析

乌兰乌德与乌兰巴托、呼和浩特土地利用/覆盖类型转换特征对比，相似之处有：

1）2000~2010 年，三市与城乡建设地类的相关度排在前三位的地类都包括耕地、草地、林地。

2）1990~2010 年，乌兰乌德市与乌兰巴托市城乡建设地类皆有所扩张，林地和草地对于该地类的扩张贡献最大。

3）城乡建设地类的扩张对耕地的占用是 1990~2010 年乌兰乌德市与呼和浩特市耕地流失的首要去向，也是乌兰巴托市 2000~2010 年耕地流失的主要原因。

4）林地与草地的相关度在各地类间相关度的对比中位于前列，即乌兰乌德市与其他两市对比，林地与草地间的相互转换面积与其他地类组合相比占土地总面积的比重较大。

5）1990~2010 年乌兰乌德市的水体/湿地面积略有缩减，林地对该地类的占用比重最大，与乌兰巴托市该地类的转换关系类似。

# 第2章 中国北方及其毗邻地区人居环境考察

中国北方及其毗邻地区人居环境考察范围包括中国北方地区及其毗邻的蒙古、俄罗斯西伯利亚及远东地区。在中国北方考察中，将县（市）的人类居住环境作为考察重点，考察区为黄河沿线及以北地区，从"小到县城，大到城市带"的不同尺度、不同层次考察整个人类聚居环境。

旨在通过科学调查和考察，对中国北方及其毗邻地区人居环境的现状以及时空格局做定性评价，形成全面系统的科学报告，综合分析人居环境的资源承载力、自然环境、社会环境等对人居环境系统的影响，提出人居环境的评价体系和调控对策。特别是通过典型城市及城市群的社会经济、居住方式、能源利用与生活方式的演变，探索人居环境的最佳状态和优化模式。

中国北方及其毗邻地区人居环境考察内容包括人类居住环境的社会系统、居住系统、自然系统和支撑系统。其中，社会系统考察人口特征指标、经济特征指标、文化特征指标、生活特征指标，居住系统考察城镇空间布局指标、建筑经济指标、城镇建筑空间和建筑技术指标，自然系统考察气象指标、生态和环境状况指标，支撑系统考察城镇产业布局、市政基础设施、公共服务设施、生态建设和历史文化遗址等。具体内容以人居环境评价指标体系（表2-1）为基准。

表2-1　人居环境评价指标体系

| 人居环境评价指标体系 | 资源承载力（B1） | 人口（C1） | 人口密度（D1） |
| --- | --- | --- | --- |
| | | | 人口自然增长率（D2） |
| | | 土地资源（C2） | 人均湿地面积（D3） |
| | | | 人均耕地面积（D4） |
| | | 水资源（C3） | 人均水资源量（D5） |
| | | 能源（C4） | 产值能耗（D6） |
| | | | 单位GDP能耗（D7） |
| | 自然环境（B2） | 气候（C5） | 年日照时间（D8） |
| | | | 年降水量（D9） |
| | | | 相对湿度（D10） |
| | | | 年平均气温（D11） |
| | | 生态（C6） | 林木覆盖率（D12） |

| 人居环境评价指标体系 | 社会环境（B3） | 公共服务（C7） | 文化艺术场馆个数（D13） |
|---|---|---|---|
| | | | 人均邮政业务量（D14） |
| | | | 医生数／万人（D15） |
| | | | 公路密度（D16） |
| | | | 人均公共图书馆藏书（D17） |
| | | | 城镇医疗保险覆盖率（D18） |
| | | | 旅客周转量（D19） |
| | | 经济（C8） | 房价收入比（D20） |
| | | | GDP 增长率（D21） |
| | | | 人均 GDP（D22） |
| | | | 居民消费水平（D23） |
| | | | 人均可支配收入（D24） |
| | | | 人均消费品零售额（D25） |
| | | 生活居住（C9） | 人均住房面积（D26） |
| | | | 互联网入户率（D27） |
| | | | 市区人口密度（D28） |
| | | | 家庭文化娱乐教育服务支出（D29） |
| | | 环境（C10） | 饮水水质达标率（D30） |
| | | | 污水无害化（D31） |

**（1）考察依据**

由于人居环境专题考察内容涉及的专业领域广泛，本次考察采用抽样调查与文献调查相结合的方法，对人居环境的人口特征、经济特征各项考察内容主要借助统计资料等文献，对文化特征和生活特征的考察采用直接观察法、采访法和问卷法相结合，并以文献资料作为补充。为了规范考察内容，选择了我国现有与人居环境相关的法律法规作为考察规范。具体规范如下。

1）城市规划调查参考《城市居住区规划设计规范》（GB 50180—93）和《城市规划基本术语标准》（GBT 50280—98）；

2）大气考察方法参考《生态系统大气环境观测规范》；

3）对固体废弃物污染物的考察参考各类固体废物污染物测定的国家标准：GB/T 15555-1—1995、GB/T 15555-12—1995；

4）水体环境考察方法参考《水环境监测规范》（SL 219—98）和《水质 采样技术指导（征求意见稿)》；

5）环境噪声考察方法参考《声学 环境噪声测量方法》（GB/T 3222—94）；

6）城市绿地考察方法参考《城市绿地分类标准》（CJJT 85—2002）、《城市绿化条例》、《公园设计规范》（CJJ 48—92）、《风景名胜区规划规范》（GB 50298—1999）、《城市绿地分类标准》（CJJT 85—2002）、《城市道路绿化规划与设计规范》（CJJ 75—9）和《城市容貌标准》（CJT 12—1999）；

7）城市气候考察方法参考《地面气象观测规范》；

8）给排水考察方法参考《城市给水工程规划规范》（GB 50282—98）、《城市排水工程规划规范》（GB 50318—2000）、《污水再生利用工程设计规范》（GB 50335—2002）和《城市居民生活用水量标准》（GBT 50331—2002）；

9）交通系统考察方法参考《城市道路设计规范》（CJJ 37—90）和《城市道路管理条例》；

10）医疗卫生系统考察方法参考《环境卫生术语标准》（CJJ 65—95）和《城市容貌标准》（CJT 12—1999）；

11）文化系统考察方法参考《风景名胜区规划规范》（GB 50298—1999）、《公园设计规范》（CJJ 48—92）和《中华人民共和国文物保护法》；

12）能源系统考察方法参考《城市电力规划规范》（GB 50293—1999）。

**（2）考察数据的确定**

针对评价指标体系所要求的基础数据，着重收集的基础资料有：①考察区经济生产状况本底数据，包括 GDP，以农业、服务业为主的各产业产值，固定资产投资额，储蓄额等；②考察区人口发展状况本底数据，包括人口数量、结构、就业、迁移情况等；③考察区社会福利状况数据，包括城乡居民人居收入、城乡居民消费、城乡社会生活、社会保障、教育、医疗卫生、公共服务水平等；④考察区人居基本状况数据，包括建筑式样、基础设施建设、居民生活习惯、城乡犯罪率、交通条件等；⑤考察区人居环境的自然系统数据，包括城乡生态系统结构、城乡森林覆盖率、自然灾害、气候条件等。

# 2.1　中国北方人居环境考察

2008～2011 年共组织中国北方人居环境考察 8 次，调查了 143 个县（市）的人居环境基础数据。

## 2.1.1　黄河沿线考察

2008 年，重点对黄河沿线开展了人居环境调查与考察，以西安为界，分黄河南线和黄河北线。

黄河北线考察路线见图 2-1。

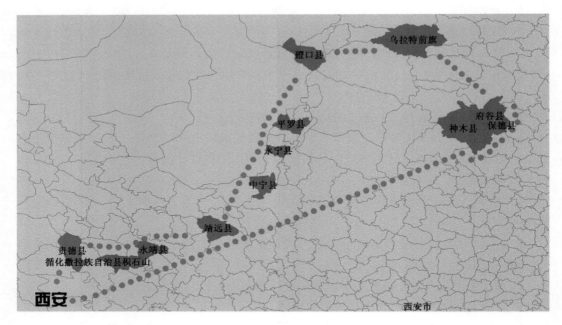

图 2-1　黄河北线考察路线

黄河南线考察路线见图 2-2。

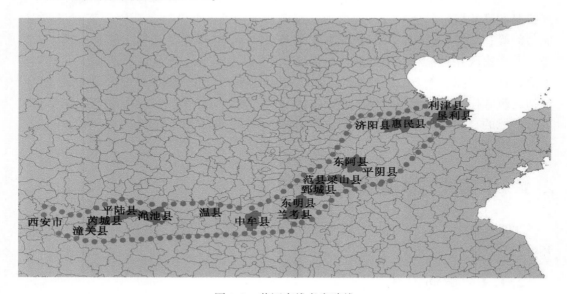

图 2-2　黄河南线考察路线

## 2.1.2　内蒙古及东北地区南部考察

2009 年 1~2 月，对内蒙古及东北地区南部开展了人居环境调查与考察，重点是气候、能源利用及环境影响，考察路线见图 2-3。

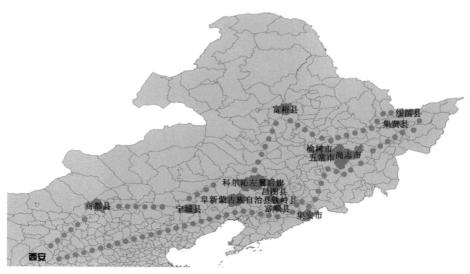

图 2-3　内蒙古及东北地区南部考察路线

## 2.1.3　黄河沿线补充考察

2009 年 7 月，对黄河沿线开展了人居环境调查与考察的部分补充调查，考察路线见图 2-4。

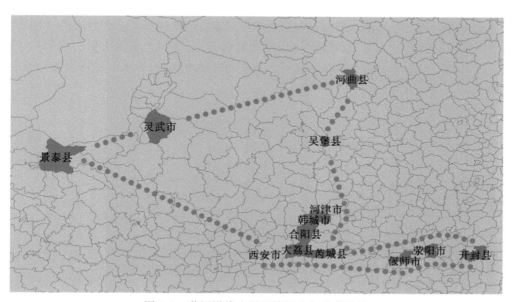

图 2-4　黄河沿线人居环境调查与考察路线

## 2.1.4 内蒙古及东北地区北部考察

2009 年 8 月，对内蒙古及东北地区北部开展了人居环境调查与考察的部分补充调查，考察路线见图 2-5。

图 2-5 内蒙古及东北地区北部人居环境调查与考察路线

## 2.1.5 城市群考察

人居环境调查与考察应以城市群为重点考察对象，因此选择了三个城市群（图 2-6 ～图 2-8）作为我们的考察对象，即黄河三角洲城市群、关中–天水城市群、沈阳–大连城市群。2010 年 7 ～ 8 月和 2011 年 7 ～ 8 月，我们组织人员对三个城市群所有城市进行了补充调查。

图 2-6 关中–天水城市群

图 2-7　黄河三角洲城市群

图 2-8　沈阳-大连城市群

## 2.2　俄罗斯贝加尔湖地区人居环境考察

2011 年 9 月，研究人员对俄罗斯贝加尔湖地区开展了中国北方毗邻地区人居环境科学考察，考察范围是贝加尔湖东侧的布里亚特共和国（以乌兰乌德为主）和西侧的伊尔库茨克市（图2-9）。

图2-9　俄罗斯人居环境考察线路、地点示意图

## 2.2.1　俄罗斯贝加尔湖地区人居环境考察内容

根据俄罗斯贝加尔湖地区人居环境特点，考察内容侧重以下几个方面：

1）建筑艺术及人居环境：通过对俄罗斯布里亚特共和国（以乌兰乌德为主）和伊尔库茨克市的人居环境的考察（图2-10～图2-14），对该地的人居环境特点有了直观的感受，并获得大量一手信息。

图2-10　安加拉河流经伊尔库茨克市区（李志刚摄）

图 2-11 乌兰乌德市中心的住宅建筑（李志刚摄）

图 2-12 俯瞰乌兰乌德市列宁广场（李志刚摄）

图 2-13　乌兰乌德市区民族博物馆，圆木木屋建筑用材情况（李志刚摄）

图 2-14　布里亚特共和国贝加尔湖沿岸 Kabangsk 小镇一角（李志刚摄）

2）图文资料与数据的收集：考察注重获得宝贵数据和图文资料，收集的资料涉及考察区资源、环境、人口、经济、社会、建筑、艺术、住房、规划、统计数据诸方面，为人居环境综合研究提供了基础素材（图 2-15 ~ 图 2-17）。

图 2-15　伊尔库茨克 Taltsy 木屋博物馆一角（李志刚摄）

图 2-16　乌兰乌德市中心的布里亚特共和国大剧院（李志刚摄）

图 2-17 布里亚特共和国贝加尔湖畔 Istomino 村景观一角（李志刚摄）

3）人居环境状况的入户调查：中方考察专家在俄方专家的陪同下对乌兰乌德市城乡典型居住环境进行了入户调查、访问。

4）搭建合作桥梁：中方考察专家着重访问了一些重要机构和人员，初步搭建了中俄贝加尔湖地区人居环境考察研究的联系桥梁。

## 2.2.2 俄罗斯布里亚特共和国与伊尔库茨克州人居环境特点

1）通过对布里亚特共和国和伊尔库茨克州的国内人口迁移研究，发现该地区人口迁出多于迁入，与国际上人口迁入多于迁出的趋势相反；另外，布里亚特共和国和伊尔库茨克州的人口增长率缓慢下降，进而影响城市化率稳定或缓慢降低。

2）考察研究表明，布里亚特共和国住房发展的时空特点为：人均居住面积增长快，但城乡发展不平衡；房屋建设和总成交量持续上升；民营开发已上升成为住宅增长的主角；住房水平呈现一定的空间分布特征。其中，住房水平空间分布特征表现在：巴尔古津、比丘拉、吉达、吉任加、奥卡等地区人均住房使用面积不足 $16m^2$，巴温特、北贝加尔斯克市、扎伊格拉耶沃、卡班斯克、北贝加尔地区、通卡等地区人均超过 $20m^2$，叶拉夫宁斯基、扎卡缅斯克、伊沃尔金斯克、穆霍尔希比里、色楞格、塔尔巴哈、霍林斯克、乌兰乌德市等地区人均 $17 \sim 20m^2$。总体来看，南部色楞格河沿岸、西伯利亚大铁路沿线及俄蒙铁路沿线一带靠近首府乌兰乌德市的各区人均住房使用面积较为适中（$17 \sim 20m^2$）；南部边境各区、中偏北巴尔古津河沿线，居住水平较低；北部、东北部的居住水平较高。形成居住水平差异的原因很复杂，从空间变化来看，地理区位、森林（木材）分布、人口密度、经济水平等，是影响布里亚特共和国居住水平空间分异的主要因素。贝加尔湖地区住宅投入持续增长，将成为推动人居环境发展的主要因素（图 2-18 ～图 2-27）。

图 2-18　伊尔库茨克 Taltsy 木屋博物馆的覆土木屋，可增强屋内保暖（李志刚摄）

图 2-19　伊尔库茨克 Taltsy 木屋博物馆，木屋空悬于地面，以保持干燥（李志刚摄）

图 2-20  乌兰乌德市区一角（李志刚摄）

图 2-21  乌兰乌德市区一角之城市景观及局部楼房建设场地（李志刚摄）

图 2-22　伊尔库茨克市著名的卡尔·马克思历史文化商业大街（李志刚摄）

图 2-23　布里亚特共和国贝加尔湖畔 Istomino 村景观（李志刚摄）

图 2-24　乌兰乌德城市住宅区院落景观（李志刚摄）

图 2-25　乌兰乌德城市边缘区居住景观（李志刚摄）

图 2-26　乌兰乌德城郊有代表性的居民普通夏屋（李志刚摄）

图 2-27　伊尔库茨克的住宅建设开发（李志刚摄）

3）俄罗斯贝加尔湖地区基础设施、社会设施及文化状况的地域特点与时空格局主要表现为：贝加尔湖地区道路交通设施相对滞后；布里亚特共和国公用设施集中分布于首府乌兰乌德；贝加尔湖地区学前教育机构数量减少，但容纳儿童人数上升；高等教育机构较为齐备；贝加尔湖地区每万人口医疗床位数下降，但门诊机构和医生数增加。

4）俄罗斯贝加尔湖地区环境与生态的时空格局上，伊尔库茨克州森林覆盖率高，生态状况良好，但污水排放量最大，以固定污染源为主，外贝加尔边疆区污水排放量呈上升趋势；布里亚特共和国流动污染源比重略高；基本属还原型污染。

5）考察加强了中俄两国的国际合作与学术交流。

## 2.3　蒙古乌兰巴托市人居环境考察

2011 年 10 月，对蒙古首都乌兰巴托的人居环境状况进行了考察，考察重点是城市发展以及城市人居环境状况。

作为东北亚重要的发展中国家以及中国的近邻，蒙古曾经在历史上与中国有非常密切的关系。即使到了近现代，蒙古也因为曾经与中国相似的政治体制、社会结构以及意识形态和中国的经济社会发展走过相似的道路。

在蒙古实现所谓的民主化之后，其发展方向与意识形态走上了与中国不同的发展道路，但是同样面临着许多经济快速增长的发展中国家面临的同样的问题，如环境、资源、经济发展与社会公平等问题。随着城市进程的加快，蒙古唯一可以称得上都市的乌兰巴托，同样面临着与中国北方很多发展中的城市同样的问题，特别是城市人居环境问题。

在乌兰巴托，人口中有很多牧区来的新移民，他们居住在城市周边的帐篷村中，从事建筑行业以及城市中需要技术含量和教育程度比较低的职业。由于缺乏基础设施以及公共服务设施的配套，如住房、学校、医疗以及社会福利，帐篷村中面临许多社会问题。这是乌兰巴托市政府以及相关科研机构共同关注的问题。

另外，蒙古与中国黑龙江、内蒙古接壤，与客体考察的内蒙古与黑龙江一部分地区有着相似的地理环境与资源环境，其人居环境的很多方面有相似性，资源结构也相似。

**（1）Belle Vista 小区测绘**

该小区占地大约 1km²，面积不大，紧邻 Tuul 河湿地，是开发完成的高档住宅。

小区中有联排屋 16 户，公寓和叠拼别墅（图 2-28）56 户。有地下车库，为双车道。虽然小区容积率较小，但是绿化并不完善。绿地面积并不很大，其中有儿童游乐设施。

**（2）蒙古包居住区测绘**

2011 年 10 月，在乌兰巴托市郊北部，对位于苏赫巴托尔区的一个社区，靠近 Dambadarjalim 修道院的居民区测绘。

该小区是较为典型的位于城乡结合部的由帐篷村过渡到板房社区的案例。这样的小区在城市的近郊分布很广，这些小区的公共服务设施和基础设施较为完善，有水电、污水管道、网络，也有幼儿园、学校、医院、商店和类似街道办事处的社区管理机构，如图 2-29 所示。很多的政府工作人员和科研机构人员也居住在这样的社区中。

图 2-28 叠拼别墅立面

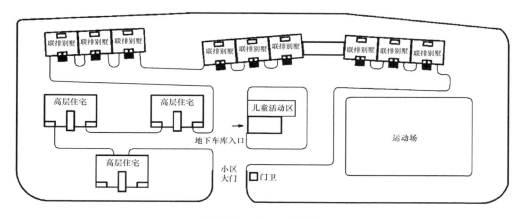

图 2-29 小区平面布局

我们入户调查的对象是一个名叫 Irtoya 的厨师，会说韩语，与丈夫和两个孩子住在一起。

在社区中，每一户人家由木板围成的院子大约是 10m×30m，院子的尽头是一层的砖房，面积约 50m²，包括起居室、卧室、厨房和卫生间，有些院子里还保留有蒙古包。

　　根据调查，这样的城市住宅多为政府批地，居民圈起来后在院子里自建房屋（图2-30）。因此，房屋的风格和大小均有很大差别。为了解决居住建筑不足的问题，有关部门采取鼓励居民自建住房的方式加以解决。从房屋自建手册看到，作为修建房屋的指导性手册，这类书籍提供的房屋样式多为木质，较为容易施工，建筑样式多为欧式，以俄罗斯式为主。

图2-30　自建住宅立面

　　（3）青年大街35号20世纪70年代后期单元楼测绘
　　乌兰巴托青年大街64号附近多层居民小区是一个拥有4座居民楼的社区，修建于20世纪70年代。该小区平面和主体、建筑测绘图如图2-31～图2-34所示。

图2-31　独立别墅立面

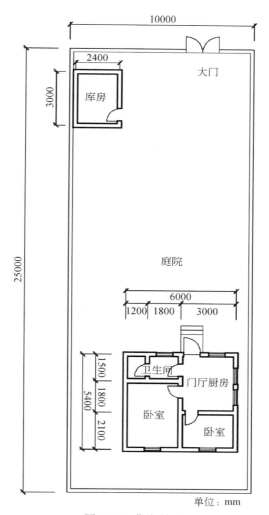

单位：mm

图 2-32　住宅平面

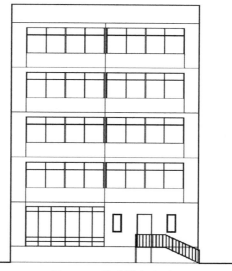

图 2-33　单元楼东立面

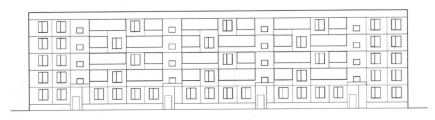

图 2-34　单元楼北立面

　　该小区位于乌兰巴托学校区之中，周围有数座大中小学，包括蒙古国立大学地理与地质学院、乌兰巴托科技大学以及雅思学校和一所小学。周围有较为齐全的配套设施，交通也很便利，楼下就有公交车站，有数路公交车在此经过。

　　该小区虽然建设时间较早，定时绿化与居民生活便利设施较为齐全。由于日照间距较大，楼与楼之间的空地很宽阔，周围社区公共活动空间设有篮球场、儿童娱乐场以及健身广场，如图 2-35 所示。绿化以草坪为主，树木很少。小区停车场设置较多。居民区由于和学校小区混杂一处，环境较为嘈杂，特别是 7：00～9：00、17：00～18：00，学生流很大。

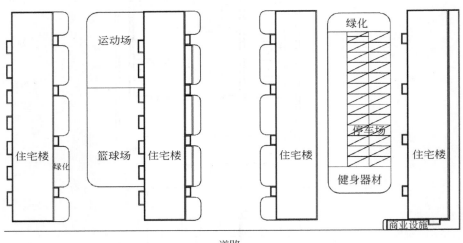

图 2-35　住宅小区平面

## 2.4　中国北方及其毗邻地区人居环境考察数据获取

　　通过中国北方选定区域的调查与考察，对中国黄河沿线 ［33 个县（市）］，三个城市群 ［黄河三角洲高效生态经济区城市群 15 个县（市）、关中–天水经济区 48 个县（市）、辽宁沈阳经济区–大连经济带城市群 27 个县（市）］，内蒙古、黑龙江 ［20 个县（市）］ 共计 143 个县（市）获得的基础数据全部电子化，包括各县（市）

统计资料（年鉴）、城市规划、生态规划、调查与测量数据等，见附录中国调研资料清单。

对境外俄罗斯贝加尔湖地区、蒙古乌兰巴托市资料进行了部分整理和翻译，收集调查数据 21GB，资料（包括复印材料）322 本。

本次考察建立了 7 个中国北方人居环境调查数据集，完成了数据文档建立和北方人居–东北亚考察基础数据元数据采集，提交数据量：5.1 GB。

# 第3章      中国北方人居环境适应性分析

2008～2011 年，对中国黄河沿线 ［33 个县（市）］，三个城市群 ［黄河三角洲高效生态经济区城市群 15 个县（市）、关中–天水经济区 48 个县（市）、辽宁沈阳经济区–大连经济带城市群 27 个县（市）］，内蒙古、黑龙江 ［20 个县（市）］ 共计 143 个县（市）进行了人居环境综合调查与考察，重点就俄罗斯贝加尔湖附近的城市伊尔库茨克、乌兰乌德以及蒙古的乌兰巴托的人居环境，包括建筑与城市形态进行了初步调查，就中国北方民居的环境适应性（主要是气候适应性）进行了较为详细的梳理和分析，同时就中国北方 1990～2010 年城镇化过程中城镇体系规划对环境适应性的考虑进行了评价。在对中国北方民居的环境适应性以及城镇规划体系的环境适应性指出初步分析的基础上，选取典型民居类型与城镇发展形态，与俄罗斯西伯利亚、蒙古的城市形态进行了比较研究。

## 3.1   城镇化背景下的中国北方民居环境适应性

1978～2007 年，随着中国经济社会的迅速发展以及人民生活水平的提高，城镇化步伐不断加快。目前，我国的城镇化水平已经超过 50%，虽然与工业化国家 70% 的城镇化水平还差 20%。但是未来的二三十年中，城镇化将构成我国经济长期持续快速增长的动力。

我国城镇化从 1949 年中华人民共和国成立以来开始，到现在已有 60 多年历史了。新中国成立初期，我国城镇人口仅为 5765 万人，城市化水平仅为 10.6%，到 1999 年，我国城镇人口已达到 38 898 万人，城镇化水平为 30.89%，2011 年，我国城镇人口达到 6.91 亿，城镇化率达到 51.27%。"十二五"期间，中国将进入城镇化与城市发展双重转型的新阶段，预计城镇化率年均提高 0.8～1.0 个百分点，到 2015 年达到 52% 左右，到 2030 年达到 63% 左右[①]。可以说，我国城镇化水平有了一个很大提高，已进入城镇化快速发展阶段。

### 3.1.1   城镇住宅建设发展史

回顾中国城镇住宅建设发展史，在"文化大革命"之前，中国的城镇化水平非常低，城镇中年竣工住宅面积 2000 万 m² 左右，80 年代之后，年竣工住宅面积已经突破

---

① 潘家华，等. 2010. 城市蓝皮书：中国城市发展报告 No. 3. 北京：社会科学文献出版社.

1 亿 m²,90 年代开始，更达到 2 亿 m²。现在每年的住宅竣工面积 2.4 亿~3 亿 m²。到 1997 年，已经建成城镇住宅 35 亿 m²。近年来，在全国 400 多个城市中新建了试点小区，兴建小康住宅，逐步提高了住宅质量，加大了科技含量，改善小区的建筑环境，使城镇的住宅建设上了新台阶。

由于住宅建筑与设计属于应用学科，必须遵守国家颁布的有关技术规范与政策。我国目前有关住宅建筑的技术法规主要有：《住宅设计规范》、《城市居住区规划设计规范》、《建筑设计防火规范》、《高层民用建筑设计防火规范》等，也包括节约用地、节约能源以及节约建筑材料等的相关技术规定和政策。

## 3.1.2　城镇住宅类型

城镇化的主要标志之一是城镇住宅所占的比例，国家针对城市住宅设计，有相应的设计规范。由于城市地少人多，要充分节约土地，我国现阶段的城镇住宅是以多层住宅为主，在大城市中有条件的地方，适当修建中高层和高层住宅，在小城镇和农村，则以低层住宅为主。

## 3.1.3　城镇居住区规划原则

我国城镇居住区规划原则中对建筑的环境适应性有很多规划，涉及城镇化进程中中国北方城镇建设的主要有以下几点，这也是中国目前普遍适用的原则。

### （1）住宅用地的条件

城市住宅用地的地形、地貌、地物等自然环境条件和当地的用地紧张状况以及对住宅层数与密度的要求、住宅选型，主要指平面形状、形体和户型、当地住宅朝向、日照间距标准要求和不同使用者的需要等自然环境因素与客观条件及要求，对住宅建筑的布置方式、组团间的组合方式和大小空间、层次的组织创作都有密切的关系，且互相制约，在规划设计中必须综合考虑。

### （2）住宅建筑间距

住宅建筑间距分正面间距和侧面间距两个方面。泛称的住宅间距，系指正面间距。决定住宅建筑间距的因素很多，根据我国所处地理位置与气候状况，以及我国居住区规划实践，绝大多数地区只要满足日照要求，其他要求基本都能达到，但是在纬度低于 25°N 的地区，则将通风、视线干扰等问题作为主要因素。因此，在中国北方，确定住宅建筑间距，仍以满足日照要求为基础，综合考虑采光、通风、消防、管线埋设和视觉卫生与空间环境等要求为原则。

住宅建筑侧面间距，除考虑日照因素外，通风、采光、消防，特别是视觉卫生以及管线埋设等要求往往是主要的影响因素。许多城市都按照自己的情况做了一些规定，但规定的标准和要求差距很大。如高层塔式住宅，其侧面有窗且往往具有正面的功能，故视觉卫生因素所要求的间距比消防要求的最小间距 13m 大得多。北方城市对视觉卫生问题较注重，一般不小于 20m。

### （3）住宅建筑日照标准

在住宅建筑规范中，决定居住区住宅建筑日照标准的主要因素：一是所处地理纬度及其气候特征；二是所处城市的规模大小。我国地域广大，南北方纬度差超过50°，同一日照标准的正午影长率相差3~4倍之多，所以在高纬度的北方地区，日照间距要比纬度低的南方地区大得多，达到日照标准的难度也就大得多。

大城市人口集中，城市用地紧张。由此，同一地理纬度的同一日照标准，小城市能达到的中等城市不一定能达到，中等城市能达到的大城市可能很难达到。在25°N及以南地区如昆明、南宁等城市，现行住宅日照间距已达到或接近冬至日日照1h的标准；30°N上下、长江沿岸一带第Ⅱ、Ⅲ建筑气候区的南京、杭州、常州、武汉、沙市、重庆等城市的现行日照间距则仅接近大寒日日照1h；而40°N以上、第Ⅰ建筑气候区的长春、沈阳、哈尔滨、牡丹江、齐齐哈尔、佳木斯等城市的现行住宅间距则连大寒日日照1h也未能达到。

随着日照标准日的改变，有效日照时间带也由冬至日的9：00~15：00一档，相应增加大寒日的8：00~16：00一档。有效日照时间带系根据日照强度与日照环境效果所确定。实际观察表明，在同样的环境下大寒日8：00的阳光强度、环境效果与冬至日9：00相接近。故此，凡以大寒日为日照标准日，有效日照时间带均采用8：00~16：00；以冬至日为标准日，有效日照时间带均采用9：00~15：00。

有效日照时间带在国际上也不统一，一般均与日照标准日相对应，如苏联1963年颁布实施的《日照卫生标准》规定以雨水日为日照标准日，有效日照时间带为7：00~17：00，目前俄罗斯联邦的国家大多沿袭了苏联的建筑规范体系；日本的北海道则采用9：00~15：00，其他地区采用8：00~16：00。

事实上，许多国家也都按其国情采用不同的日照标准日：俄罗斯58°N以北的北部地区以4月5日（清明日）为日照标准日（清明日日照3h），48°N~58°N中部地区以春分日（3月21日）、秋分日（9月23日）为标准日，48°N以南的南部地区采用雨水日（2月19日）为标准日；德国的标准日相当于雨水日；其他欧洲国家和美国采用的标准日为3月1日（低于雨水日，高于春分日、秋分日）。

### （4）住宅建筑密度

住宅建筑净密度越大，即住宅建筑基底占地面积的比例越高，空地率就越低，绿化环境质量也相应降低。所以，密度指标是决定居住区居住密度和居住环境质量的重要因素。决定住宅建筑净密度的主要因素是层数和决定建筑日照间距的地理纬度与建筑气候区划。图3-1为多层住宅楼间距。

住宅建筑面积净密度决定居住区居住密度，由于居住区用地中住宅用地具有一定的比例，因而在一定的住宅用地上，住宅建筑面积净密度高，该居住区的居住密度相应也高。

目前，住宅建筑面积净密度最大值的确定依据：一是不同层数住宅在不同建筑气候区所能达到的最大值；二是考虑居住区基本环境质量要求。虽然住宅建筑面积净密度并不能全面地反映居住区综合环境状况，但却直接反映住宅用地上的环境容量中的建筑量和人口量。显然，住宅建筑面积净密度过大，就是住宅用地上的环境容量过大，即建房过多、住人过挤，就会影响居住区环境质量——包括空间环境效果和生态环境状况。

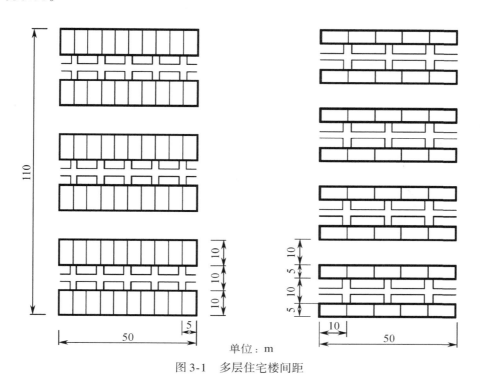

单位：m

图 3-1　多层住宅楼间距

## 3.1.4　中国北方城镇民居建筑的环境适应性特征

按照我国《民用建筑热工设计规范》（GB50176）规定，长年最冷月平均温度低于或等于 0℃、高于 –10℃ 的地区称为寒冷地区（Ⅱ区）。我国有 1/2 的区域属于严寒和寒冷地区，除山东和河南个别地区以外，大都处于这个区域，整个地区热工分布如表 3-1 所示。

我国寒冷地区城镇住宅设计在满足一般居住建筑设计原理的同时，还要满足采暖设计和建筑节能设计的要求。目前的城镇住宅设计主要在以下方面体现其环境适应性特征。

**（1）建筑选址**

因为北方冬季冷气流和河谷的冷风河流在地形低洼处形成冷气流集聚现象，造成对建筑物的局部降温，使位于洼地的建筑保持室温所消耗的能量增加，因此，北方城镇建筑多不选址在山谷、洼地和沟底。新规划中的居住区多选址在向阳避风的地段，争取日照和利用太阳能。

我国传统上北方民居中"坐北朝南"就是最佳的朝向，城市住宅也是一样，可以使建筑的外围护结构和居室内得到更多的太阳辐射。

表3-1 住宅建筑热工分区

| 分区名称 | 热工分区名称 | 研究范围涉及省份 | 经度研究范围 | 纬度研究范围 | 气候区概况 | 所属热工分区一级区划区指标 主要指标 | 辅助指标 | 各级辖行政区范围 | 所属热工分区 一级区划指标 1月平均气温 | 二级区划分区 冻土性质 | 建筑基本要求 分区总要求 | 二级分区要求 |
|---|---|---|---|---|---|---|---|---|---|---|---|---|
| I 严寒地区 | I A | 内蒙古自治区、黑龙江省 | 120°E~124°E | 50°N~53°N | 该区冬季漫长严寒,夏季短促凉爽,西部偏干燥,东部偏干湿润;气温年较差很大;冰冻期长,冻土层深,积雪厚;太阳辐射量大,日照丰富;冬季寒,多大风 | 1月平均气温≤-10℃,7月平均气温≤25℃,7月平均相对湿度≥50% | 年降水量200~800mm,年日平均气温≤5℃的日数≥145d | 黑龙江、吉林全境;辽宁大部;内蒙古中部、北部及陕西、山西、河北北部的部分地区 | ≤-28℃ | 永冻土 | 1. 建筑物必须满足冬季防寒、保温、防冻等要求,夏季可不考虑防热; 2. 设计和构造处理应使建筑物防御冬季日照和防御寒风的要求,建筑物应取减少外露面积,加强冬季密闭性,合理利用太阳能等节能措施;结构上应考虑气温年较差大及大风的不利影响;屋面构造应考虑冬季积雪及冻融危害;施工应考虑严寒的特点,采取相应措施 | 应着重考虑冻土对建筑物地基和地下管道的影响,防止冻土融化塌陷及冻胀的危害; |
| | I B | 内蒙古自治区、黑龙江省 | 114°E~131°E | 41.5°N~52°N | | | | | -28~-22℃ | 岛状冻土 | | 1. 应着重考虑冻土对建筑物地基和地下管道的融化塌陷及冻胀的危害; 2. 该分区西部,建筑物应注意防冰雹和防风沙 |
| | I C | 内蒙古自治区、河北省、吉林省、黑龙江省 | 113°E~135°E | 41.2°N~48.5°N | | | | | -22~-16℃ | 季节冻土 | | 该分区西部,建筑物尚应注意防冰雹和防风沙 |
| | I D | 内蒙古自治区、陕西省、山西省、河北省、辽宁省、吉林省 | 117.5°E~126°E | 38.2°N~45.5°N | | | | | -16~-10℃ | 季节冻土 | | 该分区西部,建筑物尚应注意防冰雹和防风沙 |

续表

| 分区名称 | 热工分区名称 | 研究范围内省份 | 经度研究范围 | 纬度研究范围 | 气候区概况 | 主要指标 | 辅助指标 | 各区辖行政区范围 | 一级区划指标 7月平均气温 | 一级区划指标 7月平均气温日较差 | 分区总要求 | 二级分区要求 |
|---|---|---|---|---|---|---|---|---|---|---|---|---|
| Ⅱ | 寒冷地区 | ⅡA：陕西省、山西省、北京市、河南省、河北省、山东省、辽宁省 | 106.5°E～124.4°E | 33.6°N～41.3°N | 该区冬季较干燥，平原地区长且寒冷，夏季较热；高原地区夏季凉爽，降水量相对集中；气温年较差大，日照较丰富，春、秋季短促，气温变化剧烈，春季雨雪稀少，多大风风沙天气，夏秋多冰雹和雷暴 | 1月平均气温-10～0℃，7月平均气温18～28℃ | 年日平均气温≥25℃的日数<80d，年日平均气温≤5℃的日数90～145 | 天津、山东、宁夏全境；北京、河北、山西大部；陕西、辽宁南部；甘肃中东部以及河南、安徽、江苏北部的部分地区 | >25℃ | <10℃ | 1. 建筑物应满足冬季防寒、保温、防冻等要求，夏季部分地区应兼顾防热；2. 总体规划、单体设计和构造处理应满足冬季日照并防御寒风的要求，主要房间宜避西晒，应注意防暴雨，建筑物应采取减少外露面积，加强冬季密闭性且兼顾夏季通风利用太阳能等节能措施；结构上应考虑气温年较差大、多大风的影响；建筑物宜防冰冻、防雷；施工应考虑冬季寒冷期较长和夏季多暴雨的特点 | 建筑物尚应考虑防热、防潮、防暴雨，沿海地带尚应注意防盐雾侵蚀 |
| | | ⅡB：甘肃省、宁夏省、陕西省、山西省、河北省 | 101.6°E～115.5°E | 34°N～40.8°N | | | | | ≤25℃ | ≥10℃ | | 建筑物可不考虑夏季防热 |

续表

| 分区名称 | 热工分区名称 | 研究范围内省份 | 经度研究范围 | 纬度研究范围 | 气候区概况 | 建筑气候特征和建筑基本要求 | | | | | 建筑基本要求 | | |
|---|---|---|---|---|---|---|---|---|---|---|---|---|---|
| | | | | | | 所属热工分区一级区划指标 | | 所属行政辖区范围 | 所属热工分区一级区划指标 | | 分区总要求 | 二级分区要求 |
| | | | | | | 主要指标 | 辅助指标 | 各区辖行政区范围 | 7月平均气温 | 1月平均气温 | | |
| VIA | | 青海省 | 90°E~104°E | 33°N~39.8°N | 该区长冬无夏,气候寒冷干燥,南部气温较高,降水较多,比较湿润,气温年较差小而日较差大;空气偏低,气压稀薄,透明度高,日照丰富,太阳辐射强烈,冬季多大风;西南部冻土深,积雪较厚,气候垂直变化明显 | 7月平均气温<18℃,1月平均气温-22~0℃ | 年日平均气温≤5℃的日数90~285d | 青海全境,西藏大部,四川西部,甘肃西南部,新疆南部部分地区 | ≥10℃ | ≤-10℃ | 1. 建筑物应充分满足防寒、保温、防冻的要求,夏天不需考虑防热;2. 总体规划、单体设计和构造处理应注意防寒风与风沙;建筑物应采取减少外露面积,加强密闭性,充分利用太阳能等节能措施,结构上应注意大风的不利作用,地基及地下管道应考虑冻土的影响,施工上应注意冬季严寒的特点 | 注意冻土对建筑物地基及地下管道的影响,并应特别注意防风沙 |
| VI 严寒地区 | | | | | | | | | | | | |
| VIB | | 青海省 | 90°E~100.8°E | 31°N~36°N | | | | | <10℃ | ≤-10℃ | | 注意冻土对建筑物地基及地下管道的影响,并应特别注意防风沙 |

（2）楼群布局

为了多争取日照，北方民居建筑群在布局时，多采用错位布置，将点式住宅布置在较好的朝向上（图 3-2），板式建筑布置在其后，利用空隙争取日照。

在较为寒冷的东北和华北地区，常见南北向与东西向建筑围合成封闭或者半封闭的周边式。这种布局可以扩大南北向住宅的间距，减少日照遮挡，对节能、节地均有利。

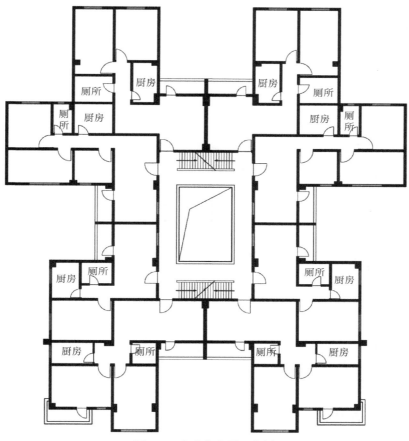

图 3-2　点式住宅平面布局

在北方城市中，冬季主要受来自西北的寒流影响，因此设计多采用进错布局，使建筑物的间距控制在合理范围之内。

（3）住宅套型

寒冷地区城市住宅一般每户都有一间朝向最好、面积较大的空间作为起居室，同时卧室也有较大的面积和较好的朝向，以满足冬季户外活动较少的特点。

由于冬季室内外温差较大，人们在进出需要更换衣服，一般每户都有一个 $1 \sim 5m^2$ 的门厅。

在很多城镇的新建住宅中，都采用了大开间结构，将楼梯间、厨房、卫生间等开间相对固定，形成住宅的不变部位，其余功能用房均包含在大小不等的大开间内，由住户自行分隔。

（4）住宅面积

大部分城镇住宅结构是以二室二厅、三室一厅和三室二厅为主，其中以三室二厅最多，部分经济欠发达地区存在二室一厅。住房面积 70~140m²，小户型 70~90m²，中等户型 100~120m²，大户型 120~140m²。其中以中等户型 100~120m² 居多。

旧住宅和新建的经济适用房多为 70~90m²，二室一厅或二室二厅；三室一厅或三室二厅的户型面积多为 100~120m²，是最主要的户型；大户型主要有四室二厅、四室一厅等，面积多在 120m² 以上。

在中等发达的城镇，住宅建筑以 5~6 层为最多，部分县（市）存在低层住宅。

（5）节能措施

中国北方城镇住宅多采用集中采暖方式，为了减少传统采暖方式带来的环境污染，充分利用供热设备，多数城镇大都采用城市热力网供热。本次考察的大部分县（市）的小区都有太阳能热水器，而且很多小区普及程度很高。

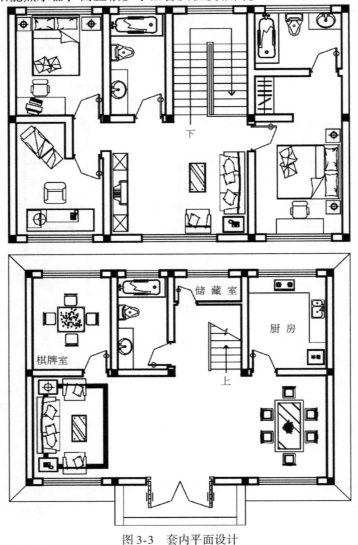

图 3-3　套内平面设计

在北方城市住宅建筑中，在保证日照、采光、通风、景观等要求之下，窗户的面积尽可能地缩小，并提高窗户的气密性，提高窗户本身的保湿性能，以便减少窗户本身传热量。图 3-3 是套内平面设计。

在很多城镇新建住宅中，都采用了新型墙体材料、新型楼地面屋顶保温材料以及节能门窗以便形成高效、节能、经济的围护体系，实现节能要求。

### （6）居住区环境

随着人们生活水平的提高，对居住小区的环境提出了更高的要求。规划中对居住区的环境规划越来越受到重视。在调查研究的县级市住宅小区中，大部分居住区绿地率基本在 20% ~ 30%，也都有较为完善的环境建设，如平整的草坪、几个不同境界的次要景象围绕着主要景象，主次分明，景色多变的园林景观等，更多的普通居民小区不可缺少的是健身器材，供居民锻炼身体。

## 3.2　中国北方城镇规划体系的环境适应性

居住区规划布局的目的是要求将规划构思及规划因子如住宅、公建、道路和绿地等，通过不同的规划手法和处理方式，将其全面、系统地组织、安排、落实到规划范围内的恰当位置，使居住区成为有机整体，为居民创造良好的居住生活环境。

建筑设计和群体布置多样化是近年来居住区规划设计的重要内容。在所调研的城镇居住小区以及取得的城镇规划中，都比较强调在体现地方特色和建筑物本身的个性的同时，提高居住建筑的环境适应性，如对建筑单体的选用，南北通透的同时兼顾封闭性；对群体的布置，南敞北闭，以利太阳照射升温和防止北面风沙的侵袭。

本次考察调研了中国北方的 143 个县（市），获取了这 143 个县（市）的城市建设总体规划或生态建设规划。这些县（市）的总体规划基本上是 2008 年之后新做的，属于中长期规划，有些规划编制时间为 2004 年。所有的规划中都将突出城市特色、生态建设，以及文化遗产保护放在突出的位置。我们以城镇规划体系中的环境适应性为切入点，对照课题制定的指标体系，重点对这些城镇规划中所涉及的环境适应性部分进行了分析与总结。

### 3.2.1　资源环境的承载力规划

随着城市化水平的提升，节约集约利用潜力，差别化确定不同地区城市建设空间人均合理需求标准，确定各级各类城市建设空间总体需求规模和节约集约利用程度，为科学推进区域城市化建设提供基础依据，是城镇规划中必不可少的内容。

我们分析获得的城镇规划文本可以发现，规划文本中都将城市的规模进行了重点规划。根据空间合理需求规模＝城市总人口×人均用地空间标准；区域城市建设空间承载力＝城市建设空间实际规模/城市建设空间合理需求规模这样的组合模式，按城镇产业布局将所调研的城镇进行了分类（表3-2）。共有 57 个县（市），其中，黑龙江2个，内蒙古 3 个，陕西 25 个，甘肃 5 个，山东 13 个，青海 1 个，吉林 1 个，辽宁 7 个。

### 3.2.2　生态建设规划

在所有城镇规划中，都强调了生态规划。以表 3-2 的 53 个城镇规划为例，虽然所有

表 3-2　城镇产业布局

| 省级行政区 | 县市 | (当前)主导型产业 | (当前)农业细分 | (当前)工业细分 | (当前)服务业细分 | (将来)主导型产业 | (将来)农业细分 | (将来)工业细分 | (将来)服务业细分 |
|---|---|---|---|---|---|---|---|---|---|
| 黑龙江 | 1. 集贤县 | 农业+工业+服务业 | 传统作物 | 加工+矿产 | 商业+旅游业 | 农业+工业+服务业 | 传统+经济作物 | 加工 | 商业+旅游业 |
| | 2. 五常市 | 农业+工业+服务业 | 传统作物 | 加工 | 旅游业 | 农业+工业+服务业 | 经济作物 | 加工 | 商业+旅游业 |
| 内蒙古 | 1. 林西县 | 农业 | 其他 | 加工 | 商业+旅游业 | 农业 | 经济作物 | 加工 | 商业+旅游业 |
| | 2. 宁城县 | 工业 | 传统作物 | 加工+矿产 | 旅游业 | 工业 | 传统+经济作物 | 加工+矿产 | 旅游业 |
| | 3. 四子王旗 | 农业+工业+服务业 | 经济作物 | 加工 | 商业 | 农业 | 经济作物 | 其他 | 旅游业 |
| 陕西 | 1. 蓝田 | 农业+工业+服务业 | 传统作物 | 加工 | 商业+旅游业 | 农业+工业+服务业 | 传统作物 | 其他 | 商业 |
| | 2. 周至 | 工业 | 经济作物 | 矿产 | 商业+旅游业 | 服务业 | 传统作物 | | 商业 |
| | 3. 户县 | | | | | 工业 | | 加工 | |
| | 4. 高陵 | 工业 | 经济作物 | 加工 | | 农业+工业 | 传统+经济作物 | 加工 | |
| | 5. 宜君县 | 农业+工业+服务业 | 经济作物 | 加工+矿产 | 商业+旅游业 | 工业 | 传统作物 | 加工+矿产 | 商业+旅游业 |
| | 6. 三原县 | 农业+工业+服务业 | 传统作物 | 加工 | 商业 | 农业+工业+服务业 | 传统作物 | 加工 | 旅游业 |
| | 7. 泾阳县 | 农业+工业+服务业 | 其他 | 加工 | 旅游业 | 农业+工业+服务业 | 其他 | 加工 | 旅游业 |
| | 8. 乾县 | 农业+工业+服务业 | 传统+经济作物 | 加工 | 旅游业 | 工业+服务业 | 传统+经济作物 | 加工 | 旅游业 |
| | 9. 礼泉县 | 农业+工业+服务业 | 传统+经济作物 | 其他 | 旅游业 | 农业+工业+服务业 | 传统+经济作物 | 加工 | 旅游业 |
| | 10. 永寿县 | 农业+工业+服务业 | 经济作物 | 加工 | 旅游业 | 农业+服务业 | 经济作物 | 加工 | 商业+旅游业 |
| | 11. 长武县 | 工业 | 经济作物 | 矿产 | 旅游业 | 农业+工业 | | 加工 | 旅游业 |
| | 12. 旬邑县 | 农业 | 传统+经济作物 | 加工+矿产 | | 农业+工业 | 经济作物 | 加工+矿产 | |
| | 13. 淳化县 | 服务业 | | | 商业+旅游业 | 农业+服务业 | 经济作物 | | 商业 |
| | 14. 合阳县 | 工业+服务业 | | 矿产 | 商业+旅游业 | 农业+工业+服务业 | 经济作物 | 矿产 | 旅游业 |
| | 15. 蒲城县 | 农业+工业+服务业 | 传统+经济作物 | 加工 | 商业+旅游业 | 农业+工业+服务业 | 传统+经济作物 | 加工 | 旅游业 |
| | 16. 富平 | 农业+工业+服务业 | 经济作物 | 矿产 | 商业+旅游业 | 农业+工业 | 其他 | 加工 | 其他 |
| | 17. 岐山 | 工业+服务业 | 传统作物 | 加工 | 商业+旅游业 | 工业+服务业 | | 加工 | 旅游业 |
| | 18. 眉县 | 工业 | | 加工 | 商业+旅游业 | 工业 | | 加工 | 旅游业 |
| | 19. 陇县 | 农业+工业+服务业 | 传统+经济作物 | 加工+矿产 | 商业+旅游业 | 农业+工业+服务业 | 传统+经济作物 | 加工+矿产 | 商业+旅游业 |
| | 20. 千阳县 | 农业+工业+服务业 | 传统作物 | 矿产 | 旅游业 | 农业+工业+服务业 | 传统+经济作物 | 加工 | 商业+旅游业 |
| | 21. 麟游县 | 农业+工业 | 传统作物 | 矿产 | 旅游业 | 农业+工业 | | 加工 | 旅游业 |
| | 22. 凤县 | 工业 | 经济作物 | 其他 | 商业+旅游业 | 工业+服务业 | 传统+经济作物 | 加工 | 商业+旅游业 |
| | 23. 太白县 | 农业+工业+服务业 | 传统作物 | 加工 | 商业 | 农业 | 经济作物 | 加工 | 商业+旅游业 |
| | 24. 洛南 | 农业+工业 | 传统作物 | 矿产 | 商业 | 农业 | 传统作物 | 加工 | 商业+旅游业 |
| | 25. 柞水 | 工业+服务业 | | 矿产 | 旅游业 | 农业+工业+服务业 | 经济作物 | 矿产 | 旅游业 |

续表

| 省级行政区 | 县市 | (当前)主导型产业 | (当前)农业细分 | (当前)工业细分 | (当前)服务业细分 | (将来)主导型产业 | (将来)农业细分 | (将来)工业细分 | (将来)服务业细分 |
|---|---|---|---|---|---|---|---|---|---|
| 甘肃 | 1. 清水县 | 农业+工业+服务业 | 经济作物 | 矿产 | 旅游业 | 农业+服务业 | 经济作物 | | 旅游业 |
| | 2. 秦安县 | 农业+工业+服务业 | 其他 | 加工 | 旅游业 | 农业+工业+服务业 | 其他 | 加工 | 旅游业 |
| | 3. 甘谷县 | 农业+工业+服务业 | 传统+经济作物 | 加工+矿产 | 商业 | 农业+工业+服务业 | 经济作物 | 加工+矿产 | 商业+旅游业 |
| | 4. 张家川县 | 服务业 | | | 商业 | 工业 | | 加工+矿产 | 其他 |
| | 5. 积石山县 | 服务业 | | | 其他 | 服务业 | | 加工 | 商业+旅游业 |
| 山东 | 1. 莱州市 | 工业 | 传统作物 | 加工+矿产 | 商业 | 工业+服务业 | 传统+经济作物 | 加工 | 商业+旅游业 |
| | 2. 寿光市 | 工业+服务业 | | 加工 | 商业 | 农业+服务业 | 经济作物 | 矿产 | 商业 |
| | 3. 昌邑市 | 工业 | | 加工 | | 工业+服务业 | | 加工 | 其他 |
| | 4. 乐陵市 | 工业+服务业 | 经济作物 | 加工 | 商业 | 工业 | 经济作物 | 加工 | 商业+旅游业 |
| | 5. 高青县 | 工业 | | 加工 | | 工业 | | 加工 | |
| | 6. 广饶县 | 工业 | | 加工 | | 工业 | | 其他 | |
| | 7. 庆云县 | 工业+服务业 | | 矿产 | 旅游业 | 工业 | | 加工 | |
| | 8. 惠民县 | 农业+工业+服务业 | 传统+经济作物 | 其他 | 商业+旅游业 | 工业 | | 其他 | |
| | 9. 阳信县 | 工业+服务业 | | 加工 | 商业 | 工业 | | 加工+矿产 | 商业+旅游业 |
| | 10. 无棣县 | 工业 | | 加工+矿产 | | 工业+服务业 | | 加工+矿产 | 商业+旅游业 |
| | 11. 沾化县 | 农业+工业+服务业 | 经济作物 | 矿产 | 商业 | 工业 | | 矿产 | 旅游业 |
| | 12. 博兴县 | 工业 | | 加工+矿产 | | 工业+服务业 | | 其他 | 商业+旅游业 |
| | 13. 邹平县 | 工业 | | 其他 | | 农业+工业 | 经济作物 | 其他 | 商业+旅游业 |
| 青海 | 1. 循化县 | 农业+工业+服务业 | 传统作物 | 加工 | 旅游业 | 服务业 | | | 旅游业 |
| 吉林 | 1. 榆树市 | 农业+工业+服务业 | 经济作物 | 加工 | 商业 | 服务业 | | | 商业 |
| 辽宁 | 1. 本溪市 | 工业 | | 加工+矿产 | 商业 | 工业+服务业 | | 加工 | 商业+旅游业 |
| | 2. 瓦房店市 | 工业 | | 加工 | | 工业+服务业 | | 加工 | 旅游业 |
| | 3. 庄河市 | 工业 | | 加工 | | 工业+服务业 | | 加工 | 商业+旅游业 |
| | 4. 海城市 | 工业+服务业 | | 加工 | 商业+旅游业 | 工业+服务业 | | 加工 | 商业+旅游业 |
| | 5. 大石桥市 | 工业 | | 加工+矿产 | | 工业 | | 加工+矿产 | 旅游业 |
| | 6. 长海县 | 农业 | 传统作物 | | | 农业+服务业 | 传统+经济作物 | | 旅游业 |
| | 7. 辽阳县 | 工业 | 传统+经济作物 | 其他 | 商业 | 工业 | | 其他 | 商业+旅游业 |

城镇目前的主导产业都是以传统农业为主，将来的主要产业都倾向于发展现代农业与服务业、旅游产业以及商业。这样的趋势导致生态建设规划的比重加大，对人居环境的适应程度提高。

分析城镇规划我们还可以发现，在强调生态建设的同时，对文化遗产的保护以及旅游景点的开发成为规划的重点。城镇规划越来越重视文化遗产对旅游开发的带动作用，因此，生态建设，特别是文化遗产景区和自然风景区的生态建设成为了城镇规划中最突出的部分。

但是我们也必须指出，规划中的生态建设较少涉及对乡村风貌的保护，而是更强调加快城镇化建设的步伐。这在某种程度上，城镇化建设已经成为了保持乡村风貌最大障碍。

### 3.2.3　综合防灾规划

随着城市化的进程的加快，城市人口密度的不断提高以及建筑的聚集，城市成为了各种灾害发生后造成人员与财产损失最严重的地方。

虽然多部规划法中对城市的防洪规划、防火规划、城市减灾规划和人防规划都做出比较具体的规定，但是在城镇规划的综合防灾规划中，强调最多的是地震、火灾、水灾等自然灾害，对城镇化进程中容易发生的灾害，以及涉及人居环境质量的问题，还没有引起足够的重视，并在规划措施中得以体现，具体表现为：

第一，城市化的人口聚集地在突发地质灾害中的应急避险与疏散详细规划；

第二，城市建筑环境中的风环境、光环境；

第三，高层建筑的消防措施。

## 3.3　中国北方城镇与毗邻地区城镇的环境适应性比较

### 3.3.1　俄罗斯贝加尔湖地区城市形态特征

伊尔库茨克是俄罗斯东西伯利亚唯一的大工业城市，是东西伯利亚第二大城市，位于贝加尔湖南端，安加拉河与伊尔库茨克河的交汇处。人口约80万，属大陆性气候，严寒期长。由于受贝加尔湖调节，这里1月平均气温为−15℃，夏天7月平均气温为19℃，是避暑的好地方。安加拉河贯穿市区，有大桥连通在贝加尔湖的东南端。安加拉河从贝加尔湖流出后，形成一个大的湖湾，号称伊尔库茨克海，风景宜人。

全城被三条河流分为4个区：安加河右岸为市中心，左岸为工业区，伊尔库特河左岸为水利枢纽区，乌沙柯夫河左岸为重型机械厂区。

伊尔库茨克市拥有大约1300处历史建筑文明遗产。其中，501处为国家级或州级文物遗产，受到国家的保护。在西伯利亚地区的各个城市中伊尔库茨克拥有的古建筑物数量是最多的，并且还有着独特的石质装饰。在伊尔库茨克，木质房屋街区也被完整地保存下来。距伊尔库茨克市47km处的安加尔河高岸上有一个独特的地方——露天博物馆。这座塔尔茨木质民族建筑博物馆中集中了40多座建筑古迹，讲述着17～20世纪贝加尔湖沿岸人民的日常和文化生活特点。这里真正的农民宅院都带有木房、宽敞的庭院和仓房。

## 3.3.2　蒙古乌兰巴托城市形态特征

### 3.3.2.1　概况

乌兰巴托位于蒙古高原中部肯特山主脉南端的图拉河上游河谷地带，海拔 1350m，南北群山连绵，东西是广阔的草原，与中央省、肯特省、色楞格省相连。图拉河从乌兰巴托市南面的博格多山脚由东向西缓流。色勒博河由北向南将乌兰巴托市分为河东、河西两部分，城市面积 4704km²，城市最初是沿着色勒博河发展的，后来城市才逐渐向南发展，并跨过图拉河。

图拉河北岸的市区分为 3 个台地：第一台地海拔 1880m，宽 2700m；第二台地海拔 1290m，宽 2300m；第三台地海拔 1300m。平均海拔 1351m。乌兰巴托市中心在第二台地上。

乌兰巴托市东西长，南北窄，面积 47.04 万 hm²，相当于全国土地面积的 3%。总面积的 69% 为牧区，5.5% 为市区，1.1% 为道路，23.5% 为森林和旷野区，0.9% 为湖泊和河流。

乌兰巴托常住人口已经达到 100 万，集中了全国约 1/2 的人口。其中，70% 的人口是年轻人，年龄在 35 岁以下，可以称得上是世界上人口最年轻的城市。

乌兰巴托居住着许多民族。其中，哈拉哈人占 88%，哈萨克人占 2%，杜尔伯特人占 1.5%。此外，还有布里亚特、达里岗嘎、乌梁海、扎格钦、达尔哈德、图尔古特、乌格勒德、乌干图等民族。除了哈萨克族外，其余的民族都属于蒙古人种，其祖先属于蒙古族的不同部落。

目前，随着城市化进程的加快，乌兰巴托人口中有很多牧区来的新移民，他们居住在城市周边的帐篷村中，从事建筑行业以及城市中需要技术含量和教育程度比较低的职业。由于缺乏基础设施以及公共服务设施的配套，如住房、学校、医疗以及社会福利，帐篷村中面临许多社会问题。这是乌兰巴托市政府以及相关科研机构共同关注的问题。

### 3.3.2.2　城市沿革

乌兰巴托始建于 1639 年，即清朝崇德四年，初称"乌尔格"，蒙语为"宫殿"之意，为喀尔喀蒙古活佛哲布尊丹巴呼图克图一世的驻锡地。乾隆四十三年（1778 年），哲布尊丹巴在其驻地设立城防，取名"库伦"，意为栅栏围起来的草场，也有说是蒙古语"大寺院"之意。目前乌兰巴托的几个重要寺院，如广惠寺、兴仁寺、甘丹寺，都与哲布尊丹巴活佛有关。在清代，库伦属于乌里雅苏台将军辖区，为土谢图汗部中旗驻地。直到清末和民国初年，清政府依然在唐努乌梁海驻军，这里曾经正式归属清朝，是清政府的"飞地"。1921 年，这里在苏联的怂恿下宣布独立。

1924 年，在苏联的策动下，蒙古人民革命党推翻了蒙古王公和活佛的统治，脱离中华民国，建立蒙古人民共和国。蒙古人民共和国成立后，改库伦为乌兰巴托，并定为首都，意思是"红色英雄城"。

乌兰巴托作为蒙古最大的城市和首都，也是蒙古唯一可以称得上都市的地方，城市建设始于 20 世纪 20 年代之后。20 世纪初的城市地图表明，在城市发展初期，城市中仅有几处藏传佛教寺院和宫殿为固定建筑，如冬宫、广惠寺、兴仁寺、甘丹寺等，其余均为流动性的帐篷聚落。

乌兰巴托第一座近代意义上的城市公共建筑是建于 1896 年的俄国公使馆，位于现在乌兰巴托中央火车站附近，随后是博格汗的俄国风格的冬宫以及俄商人住宅。

可以说，乌兰巴托的城市建设开始于 1921 年，在一个短期时间内发展非常迅速，主要是由于得到了俄罗斯的帮助。1937～1947 年，很多新的现代建筑形式得以成型，例如，乌兰巴托的饭店、医院、公寓和中心综合医院建筑等。但是，这时候仍然没有本土建筑师和外国专家来帮助新项目的设计、施工、建筑材料的准备和建筑教育等。

1946 年以来，铁路建筑、电信设施、发电厂、大学和剧院陆续建造起来。这些建筑的规划较为粗放，部分建筑不能满足国家当时的需要。由于这些建筑的预算很紧，工期也很短。建筑质量以及设计风格完全体现苏联时期公共建筑和住宅建筑的特征，即建筑物普遍缺乏细部表现和线脚装饰，反映的是革命之后大规模建设时期不重视规划设计，不重视个体风格，也不表现地域特征的社会主义建筑特征。这在其现存的居住建筑中依然有所体现。

1940 年年末，蒙古首批受到专业培训的干部和工程技术人员从俄罗斯归来，试图开始在首都发展新的建筑形式，并适当地结合了本土的习俗和传统，主要表现在对公共建筑屋面造型的考虑，如采用与帐篷屋顶相似的圆形以及建筑物色彩的选择。直到1970 年，蒙古的建筑师依然主要在俄罗斯受训。之后，他们开始在保加利亚、德国、捷克、罗马尼亚和匈牙利这些东欧社会主义国家学习。蒙古第一批国家级建筑师是于1970 年年底毕业的，直到 20 世纪 90 年代，蒙古的公共建筑和民居建筑依然受到社会主义建筑的深刻影响。

在蒙古国家博物馆（也称蒙古革命博物馆）中，除了有一层是成吉思汗的展厅，整个顶层都是有关蒙古 1989 年革命的介绍，也就是蒙古引进西方民主制度的过程。

### 3.3.2.3　城市空间布局特点

由于乌兰巴托南北两面是连绵起伏的群山，图拉河从城南的博格多山脚下自东向西缓缓流过，东西两面为较广阔的草原，也就决定了城市发展的走向。城市的主要交通通道，如火车，也是贯穿全境的唯一快速轨道交通；贯穿城市的主要大街——和平大街以及两条辅助道路，也是沿着铁路线发展，均位于色勒博河的北岸。

据说乌兰巴托现有六个火力发电厂，而且其中的三个热电厂都处于城市的西南部，电力供应应该比较充足，适合新城的建设。虽然该市的城市中心和周边都在进行大规模建设，由于城市位于河流谷地，受到地形限制，城市目前计划向西发展，而且城市的国际机场也在城市的西边。似乎在机场一线，正在进行类似国内高新开发区的建设，因为基础设施建设如道路的施工和住宅小区的开发正在快速进行中。在离机场不远处，还有该国新近投入使用的国家体育场馆，也可以证明城市西延的动向。

城市行政中心：乌兰巴托是蒙古最大的城市和政治、经济、文化、教育以及交通中心。城市主要街区坐落在色勒博河北岸，这里也是城市的行政、商业与文化区。城市的中心广场——苏赫巴托尔广场周边分布蒙古议会大楼、总统府、国家银行、国家剧院和音乐厅以及证券交易所等重要政府机构和公共建筑。目前城市的中心商业区大约都集中在苏赫巴托尔广场 3km 范围内，有较为高档的酒店和商店、购物中心、银行等。据说为了缓解城市拥堵状况，乌兰巴托市已经规划将在城市以西 50km 处兴建新的城市行政中心，以缓解城市交通压力，并带动区域发展。

市区南面有被蒙古人称为圣山的赞山，山顶有蒙古人民革命纪念碑，是全城的制高点，在这里可以俯瞰全市。赞山之下辟有一个新建的佛佗公园，中间新建有以铜鎏金的释迦牟尼佛立像，可以看做是该市一个新的地标性建筑，也说明佛教在民主运动之后的复兴。

虽然这里是乌兰巴托市政府规划的自然生态保护区，但是目前周边的房地产开发非常热闹，山脚下的河流两岸均建成有数量不等的高档别墅住宅区，还有正在修建的很多住宅项目。理论上讲，这些建筑都建在自然保护区的建筑控制范围之内，应当属于违建。因为住宅项目可能不属于统一规划，不属于同一开发商，建筑风格不一，色彩不统一。由于这些住宅的建设，沿河景观得不到有效利用，对今后城市景观带的规划显然不利，对该区域天际线的构成也将造成较大负面影响。

据了解，这样在保护区里乱搭乱建的现象目前在该市较为普遍，据说是官员贪腐的结果。也说明该地相关的法律和法规不健全，可能是发展中的经济体在城市发展的高潮期共同存在的问题。

该城市基础设施建设还处于较为幼稚的阶段，管网还没有进入地下阶段，商业设施较不发达，高档商业主要集中分布在市中心方圆 3km 范围之内，在城市西边较为密集的住宅区中，也有较为完善的商业配套，如超市、酒店、电影院等。

城市交通：蒙古境内唯一的铁路东西贯穿城市，中心火车站位于老城中心位置（图3-4），连接中俄铁路，在蒙古境内北至苏赫巴托尔，南抵中国内蒙古自治区的二连浩特市。乌兰巴托铁路局统管蒙古全国的铁路及国际联运，承担着全国货运周转量的 80%和客运周转量的近 50%。从乌兰巴托向南北延伸的铁路干线，是连接中、蒙、俄三国并继续延伸的亚欧"大陆桥"的重要组成部分。

在火车站以北，应该是最早修建的贯穿城市东西的和平大街，起点是西起名称为"龙"的国内汽车总站，东到名称为"巴彦祖尔"的国内快速汽车总站。该条大街所经过的地方两侧是人口密集的住宅区以及商业贸易和行政区。在火车站北面的一片三层楼的住宅区，显然是铁路职工住宅。

乌兰巴托成吉思汗国际机场位于城市西部，是全国最大的唯一国际航空港，位于该市西南 14km 处，有定期航班通往北京、莫斯科、伊尔库茨克、首尔、大阪、法兰克福、伊斯坦布尔等地，也有通往全国各省会的航班。

城市中心建有环线，以及两条东西干道。由于城市沿河谷东西狭长发展，交通压力

图 3-4　乌兰巴托火车站（李天摄）

很大，堵塞非常严重。城市公共交通不甚发达，公共汽车线路并不很多，而且多集中在市中心。在我们下榻的酒店旁边，有一个公共汽车站点，那里建有一个候车的站房，应该是在严冬季节供乘客等车时躲避风寒的。站房外观朴素，砖砌，中间有一扇门，分左右两部分，室内面积大约 20 m²。该站点并没有显示公交线路的站牌，但我们经过观察，发现这个公交车站停靠的公共汽车主要有三路，每路车的发车间隔大概为 6min。从人流量估计，该市的交通早高峰从 7：00 就开始，9：00 才舒缓；晚高峰从 17：00 开始，19：00 才舒缓。因为这里是乌兰巴托的教育区，集中了很多中小学校和大学，乘客以学生居多。据观察，在城市的核心地带，比如百货大楼旁边的公共汽车站，就没有这样的室内候车站房，而是一个室外候车亭，外观比较美观，与国内中等城市公交站无异。

　　该市的正规出租车很少，最常见的是"999 公司"。这个城市的出租车营运与俄罗斯的方式相同，需要打电话叫出租车，但是人们日常行为是在街上随手拦出租，最常见的情况是街上行驶的任何一辆私家车都可以充当出租车，价钱由双方协商决定。

　　由于公共交通不发达，私家车可以随便载客营运，造成该市私家车保有量很大，据估计目前全市有 20 万辆机动车。路上行驶的车辆型号和车型以及制造年代非常繁多，而且左舵车和右舵车均有，并且多是二手车，车辆的来源地多为日本和韩国。在城市中心区以外，就分布着很多二手汽车市场，广告的宣传力度很大。在距离城市中心稍远的郊区，才可以看见汽车专卖店，也多为日本汽车品牌。

　　虽然城市交通标志和标线不够显著，交通信号灯系统智能化程度较差，驾驶者的安全意识比较薄弱，但是行人比较遵守交通规则。整个城市似乎从 7：00 开始，就一直处于交通高峰状态，一直到 21：00 之后。周末两天交通压力稍有缓解。或许因为堵车是家常便饭，司机都比较有耐心，等待中很少有争吵现象，但是轻微交通事故非常之多。

教育资源分布：乌兰巴托的教育资源比较丰富，全国 8 所高等院校中的 7 所均分布在城市中心区，还有中等专科学校、职业技术学校和十年制中学。据统计，乌兰巴托人平均每四人中有一人在上学接受教育。

蒙古最著名的大学国立大学的多个学院分散在老城区的中心，在中国大使馆附近的青年路附近便是较大的教育区，是国立大学的地理与地质学院所在地。这个学院只有一幢教学楼，有 2 幢学生宿舍楼。

在同一区域内，还分布着科技大学以及一些培训学院，比如雅思学校，还有中小学。乌兰巴托市政府正在规划在城市周边兴建大学城，将位于城市中心的学校集中迁移到郊区，带动区域经济发展。

### 3.3.2.4　城市建筑

城市建筑风格分期：乌兰巴托的城市建筑建设可以说是从 20 世纪初开始的，在此之前无所谓公共建筑与永久性民居，只有少量的宗教建筑，其建筑风格以汉式为主，兼具蒙古与藏式建筑风格。最初的寺院是蒙古包寺院，而居住建筑也依然是被称为"吉尔"的蒙古包。从 20 世纪初的城市地图上可以看出，稀少的居民区是由蒙古包构成的帐篷村。每一户蒙古包外围都有栅栏，为一个长方形单位，很像是联排的平房民居。如果按照乌兰巴托城市发展历史划分，可以将乌兰巴托城市的建筑风格划分为以下几个时期。

**（1）推翻王公革命之前（1921 年前）**

从古代到中世纪，蒙古建筑一直受到了印度、中国、中国西藏地区和俄罗斯的影响。12～14 世纪，随着蒙元帝国版图的扩张，蒙古建筑就开始吸收被征服国家的建筑特点。在 1921 年之前，蒙古还是一个游牧和分散的国家，现存乌兰巴托的建筑，特别是藏传佛教寺庙和基督教堂，都具有军事和防守的结构特征。在那一时期，寺庙和教堂开始发展其混合式的风格，带有浓重的中国内地和西藏地区的影响，典型的汉地建筑是哲布尊丹巴活佛驻锡地广惠寺、兴仁寺，藏式建筑的代表是乌兰巴托的甘丹寺以及丹巴大吉林寺。

在这个时期，乌兰巴托还无所谓公共建筑与民居建筑风格。

**（2）社会主义时期（1921～1990 年）**

蒙古的现代建筑是在乌兰巴托兴起的，其广义的现代建筑开始于 1921 年革命以后。在苏联的积极帮助下，蒙古建筑在一个短期时间内密集发展起来。1937～1947 年，很多新的现代建筑形式得以成型。例如，苏联帮助设计了乌兰巴托的饭店、公寓和中心综合医院等。但是在相当长的一段时间里，没有本土建筑师和其他国家的设计师来帮助新项目的设计、施工、建筑材料的准备和建筑教育的开展等。

1940 年年末，蒙古首批受到培训的干部从俄罗斯归来后，乌兰巴托开始发展结合了本土的习俗和传统的新建筑形式。1946 年以后，乌兰巴托的铁路建筑、电信设施、发电厂、大学和剧院陆续建造起来。但是，这些建筑的规划较为粗放，很多建筑不能满足国家当时的需要。加上这些建筑的预算很紧，工期也很短，建筑质量不高，艺术价值欠缺，风格样式依然摆脱不了苏联建筑的影响。反映在公共建筑上，是苏联社会主义风格的柱式和线脚，而民居建筑则为火柴盒或者是兵营式的三层砖房，立面简洁，少有装饰和变化，少有线脚，开窗很小。直到 20 世纪 70 年代，蒙古的建筑师依然主要在苏联接受教育。之后，也有建筑系学生开始在保加利亚、东德、捷克、罗马尼亚和匈牙利等这些东欧的社会主义国家学习。蒙古本国的第一批建筑师直到 70 年代末才毕业。在此之前，苏联现代建筑的社会主义风格一直主宰蒙古建筑，使其本土建筑风格几乎没有得到任何发展的机会。

### （3）市场经济时期

反映在城市建筑上，一些建筑设计机构如中央建筑设计院成立，还有建筑师和专业团体成立了自己的工作室或设计公司，西方和日本、韩国的设计师也积极进入开拓乌兰巴托建筑市场。

1990 年之后，蒙古出现了有组织的建筑设计以及私人建筑公司，促进了新技术的应用与转化，并改进了规划系统体制使其增加了灵活性。在这个时期，私人住宅、超市、商务中心和银行、办公楼纷纷建造起来。

但是需要指出的是，由于私有化进程快速，人们观念与城市规划设计理念的滞后，乌兰巴托并没有一个与其城市建设速度相适应的城市总体规划，使其城市显得杂乱无章，建筑风格不统一，城市特色也不突出，整体是一个初级城市的印象。

乌兰巴托城市中心是 20 世纪 40～50 年代由苏联规划设计的，在公共建筑与住宅、学校以及公共设施的建造上在很长一段时间内受苏联建筑设计理念的影响，与中国 50 年代的情况很相似，只不过持续的时间更长。在苏赫巴托尔广场附近的重要建筑物，如国家剧院、外交部、蒙古国立大学等，均采用苏联式古典主义建筑形式，其色彩和里面的细部装饰上，则有些民族风格的装饰元素。

需要指出的是，突出城市的优美轮廓线，所营建的高楼在顶部多加上了钟楼、墩柱，立面也做了不少的凹进和凸出的垂直体量划分，造成了由虚假的装饰造成的空间浪费。这种建筑形式在中国 20 世纪 50 年代的公共建筑上也有所表现。但在乌兰巴托现有的公共建筑上并不突出。多数的办公建筑和学校建筑非常实用，空间的利用十分到位。

对于环境的适应性方面，早期的城市建筑，无论是公共建筑还是住宅，多在设计上考虑了保温和防风，如在入口处设双层门，某些旧式建筑还设木质遮窗板（这里也是装饰重点之一，效仿苏联同时期建筑），房屋的开窗较小。但是在国际化风格的新式办公建筑和住宅建筑中，已经很少采用双层门。在公共建筑中，窗户与墙面的面积比已经大幅度提高，窗户的面积已经较大，依然采用双层玻璃，可以开启的窗扇依然较小。

1）城市广场。以苏赫巴托尔广场为中心，周围是苏联风格的住宅区与政府办公建筑、证券公司大楼和银行、剧场等。到了最近，有些高层建筑的底层经过改建，开发成为小门面房的商业建筑。虽然作为商业与经济中心，乌兰巴托的银行分布很广泛，也有多家国有和私人银行，但是很少有外国银行。最多的银行网点是"汗"银行和乌兰巴托银行。

苏赫巴托尔广场（图 3-5）面积为 31 068m²，广场的北面是城市主干道和平大街，广场中间的雕像是苏赫巴托尔骑马像。在广场北侧是蒙古议会大厦，台阶上是成吉思汗的坐像。每逢有青年男女结婚，新婚夫妇都会在亲友的陪伴之下到成吉思汗坐像前献花。

图 3-5　苏赫巴托尔广场（李天摄）

2）博物馆建筑。乌兰巴托有几座关于蒙古历史与文化的博物馆，其中自然历史博物馆中展出的是出土在蒙古境内的恐龙化石以及动物标本等，是少年儿童常去的教育基地。

蒙古国家博物馆是一座四层长方形建筑，立面装饰纹饰具有蒙古民族特色，其中展出的是从史前时期到蒙古帝国，直到现在的藏品。该博物馆中非常有价值的是位于二层的唐朝开元年间唐明皇与东突厥国所立的"阙特勤碑"。碑文是由突厥文和汉文构成，但是国内历史学家经过解读，认为其突厥文与唐明皇所撰写的碑文内容完全不一致。汉文所反映的内容是唐朝与突厥的友好往来关系，而突厥文则记述了特勤对其死去的兄弟的怀念。

哲布尊丹巴喇嘛博物馆是一座由佛教寺院兴仁寺改建而成的博物馆，其中的展品为蒙古藏传佛教宗教艺术品，如佛像、唐卡、绘画和纺织品等。建筑风格为纯粹的汉式，与内蒙古的汉式藏传佛教寺院做法相似。在所有展品中，最珍贵的有 17 世纪时的哲布尊丹巴喇嘛的雕像以及著名的蒙古绘画作品"蒙古的一天"。其中，雕塑作品多来自西藏。

乌兰巴托还有一座木制玩具博物馆，展出的都是木制的传统益智玩具。从这些玩具的图片看，完全是中国传统的益智玩具，如七巧板、孔明锁、华容道、九连环等。

3）商业建筑。乌兰巴托的商业建筑，如银行、证券交易所等，苏赫巴托尔广场周围的社会主义时期建筑都效法苏联的建筑样式，台基、大柱廊、重檐以及窗楣装饰是常出现的，如蒙古国家银行、歌剧院、国家百货商店等地标性建筑。

进入自由资本主义时期之后，国际化风格的建筑很快出现在苏联风格的建筑中间，并成为乌兰巴托新的地标建筑，其中有不少为私人银行和购物中心以及星级酒店，如帆船大厦。与先前商业、公共建筑的苏联化不同，这些新的地标建筑在初期追求国际风格，在近年来逐渐开始寻找本民族的文化元素加以利用，如离成吉思汗机场不远处新建成一年的乌兰巴托体育中心，就是一座类似蒙古包的新建筑。

乌兰巴托现有几处大型的购物中心，最古老的百货商场是乌兰巴托国立百货大楼，其地位类似中国的王府井百货大楼，建筑样式也与王府井百货大楼相似，是蒙古计划经济时代商业建筑的地标。该大楼修建于1953年，已经有60多年的历史。但是该大楼从建筑风格来看，应该是20世纪50年代末期的苏联建筑风格。

目前蒙古最时尚的购物中心是乌兰巴托购物中心，是一座国际风格的大厦，里面有国际著名奢侈品品牌驻店。另一个奢侈品购物中心是乌兰巴托最早的五星级酒店乌兰巴托酒店的底层，国际一线奢侈品牌的广告在这里都可以看见。

4）宗教建筑。乌兰巴托大部分居民信仰藏传佛教以及与藏传佛教融合的原始宗教萨满教，但是也有少数居民信奉基督教和东正教，城市中可以看见教堂的尖顶和十字架，但是数量并不多。在城市中心有一新建的耶稣会基督教堂，内部为新式格局，参加仪式的多为年轻人，这里也是蒙古与美国民间交流的文化中心，提供免费英语学习课程。据了解，乌兰巴托很少有穆斯林，也没有清真寺和穆斯林居住的社区。

由于清朝政府对外蒙古的安抚政策，乌兰巴托在清朝一直是藏传佛教格鲁派四大活佛系统之一哲布尊丹巴的驻锡地，清朝政府在这里修建了众多寺院，在鼎盛时期，蒙古全境有超过1000所佛教寺院。但是1937之前修建的寺院保留至今的，只有位于苏赫巴托尔区的Dambadarjaalin，该寺院建于1765年。建于1778的Dashchoilin蒙古包寺院，建于1838年甘丹寺的大金瓦殿，建于1841年的兴仁寺（也称Tsogchin Dugan，即夏宫），修建于1893年、位于博格汗冬宫之内的Erdem Itgemjit［汉语称为广惠寺（图3-6）］等与哲布尊丹巴活佛有关的寺院多为汉式风格建筑，更倾向于与内蒙古的席力图召等昭庙建筑风格，但是蒙古依然将其归为寺中风格：汉式、汉藏结合式、藏蒙结合式以及藏式。在建筑装饰的细部上，虽然有蒙古纹饰特点，但是建筑的做法，与中国内地的山西建筑风格相似。

事实上，藏传佛教最初进入蒙古时，有很多寺院都是蒙古包，而后修建成了蒙古包式的寺院，有六角或者十二角形，屋顶是金字塔形的，再后来寺院变成方形平面，屋顶演变成盝顶。

由于20世纪初期以及中期共产党对宗教信仰的压制，很多藏传佛教寺院遭到了破坏，信众失去了礼拜的场所。但是，依然有很少一部分具有重要意义的寺庙在中国政府的强烈要求下，作为文物保护单位转变了其使用功能，成为了艺术博物馆而得以保存，如兴仁寺和广惠寺。到了自由资本主义时期，人们的信仰自由得到了一定程度的保证，很多已经处于废弃的寺院重新得到了修复，又开始接纳僧人和信众。

图 3-6  乌兰巴托广惠寺（李天摄）

值得一提的是，早在 1960 年，中方就对冬宫和夏宫两处古建进行了维修。建在博格汗冬宫里的广惠寺近些年在联合国遗产保护基金的协调下，又一次得到了整修。整修工程是由西安古建建筑研究院承担的。

在乌兰巴托，还常见基督教堂，有较为传统的木制俄罗斯风格教堂，也有砖石结构的一层教堂，还有几处新式教堂，如位于城市"黑市广场"旁边的一座耶稣教堂，从其建筑风格上，很难判断是一座宗教建筑，更像一座办公建筑。但是其立面设计突出了十字架的宗教元素，其内部的设计已经采用了报告厅的讲台式，而不是传统教堂的中舱加两个侧舱的样式。此外，这个教堂的组织结构也与传统教会不同，更像一个文化协会，反映了蒙古在民主化进程中的宗教世俗化已经较为深入。

### 3.3.2.5  城市风貌

乌兰巴托呈现非常典型的草原城市风貌，登上赞山，为纪念二战时牺牲的苏联红军而竖立的纪念碑，这里是俯瞰城市的最佳角度（图 3-7）。从这里可以看见 Tuul 河，在中国也称为老哈河，自东向西从山脚下穿过。这是乌兰巴托最大的河流，也是蒙古境内最大的河流，河流将城市分成南北两个部分，河流的北岸开发较早，已经高楼林立，城市的主要广场、公共建筑和地标性建筑都在备案，南岸则正处于待开发区。

从高处俯瞰全城，还可以看见一些已经结冰的季节性河流的印记。城市的植被较少，在进入初冬之后，显得有些肃杀。

在城市不远处已经是土黄色的戈壁，没有植被和生命的迹象。只有河流所过之处，山脚下才有蒙古包组合而成的聚落，据说山脚下在夏天的时候会建有蒙古包营地，供游客度假休闲之用。

　　与很多发展中的城市一样，乌兰巴托也在经历快速的大规模建设，这个城市像一个巨大的工地，建筑机械设备和高耸入云的塔吊随处可见，高层建筑正在改变这城市原本由起伏的山峦构成的天际线。

　　由于城市缺乏整体规划，整个城市的开发和建设显得没有章法和长远计划，区块的划分也不鲜明，城市的功能区分不显著，使得整个城市缺乏独特之处。

图 3-7　城市鸟瞰（李天摄）

　　城市绿地与公园：由于乌兰巴托地处干旱与半干旱地区，大陆性气候，年平均降水量很少，而且集中在夏季，使得城市内的植被很不茂盛，绿地覆盖率也不高。进入秋冬季节，绿地已经枯黄，景观效果不明显。

　　整个城市规划的最大的一片城市绿地是国家文化与休闲公园，位于中心，色勒博河北岸，属于老城区一部分。整个公园属于城市的商业圈，周边有国家百货大楼、婚礼殿堂、乔金喇嘛寺（兴仁寺），以及乌兰巴托的星级酒店巴彦格勒酒店等，国家美术馆以及乌兰巴托蔬菜市场和购物中心也在周围。整个公园占地 1km$^2$ 左右，主体部分是一个儿童公园，其中有较为常见的儿童娱乐设施，如摩天轮、海盗船、滑梯等。公园要收费，并不免费向公众开放，但是门票价格不高，约合人民币 5 元。

　　乌兰巴托其他集中设置的绿地公园很少见，多零星分布在城市的各个角落，面积不等，如酒店的草坪以及居民区中间的活动空间等。乌兰巴托城市绿地的草坪草种可能不是特别选择过的抗寒品种，在深秋季节没有一点绿的迹象，当然也没有发现草坪在冬季依然维护的工作。

　　城市绿化与行道树：由于地理环境与气候限制，乌兰巴托城市绿化的方式以草坪为主，树木很少，树木的品种也比较单一，为蒙古常见的落叶乔木，树木不高大，也不粗壮。

城市的绿化带与道路主干道的机动车隔离带合二为一，在城市主要道路上设置的隔离带较宽，大约有 20m，其中铺设草坪，在一定范围内作为城市绿地景观，其中多点缀凉亭和少量座椅，供市民休闲。凉亭的建筑风格为日本式，因为每段绿化带都有类似鸟居的牌坊，其凉亭的色彩和顶部做法与特点也与日本凉亭相仿。

城市雕塑：乌兰巴托的城市雕塑突出草原城市特色与蒙古马背民族的特色，雕塑多为骑马和射箭人物，但是很少有动物雕塑。

城市雕塑的材质有石雕，但多数为金属雕像，雕像的设置位置多在绿化带上和城市广场上，如最大的城市雕塑是位于苏赫巴托尔广场中央的骑马人像，较为新建的大雕像还有位于赞山脚下的大佛立像，以及市场街的城市徽标，还有蒙古包样式与汉式大鼎结合的雕塑。

城市雕塑小品风格多具象写实作品，抽象主义与现代主义雕塑作品很少。

城市色彩：乌兰巴托市缺乏整体城市特色，表现在城市色彩上是杂乱无章，缺少规划，但是偏好鲜艳的色彩，这与国家戈壁草原较为单调的色彩有关。主要的城市色彩可以归纳为金色、土黄色、红色、绿色和蓝色。这些颜色也是蒙古民族传统色彩，与该民族的尚色习俗相同。

金色：金色是高贵的颜色，也是皇家采用的色彩。在乌兰巴托，只有重要的公共建筑有可能采用金色的屋顶或者金色的立柱，或是在局部点缀金色，如国家文化宫，其檐部用金色条带，是蒙古风格的体现。图 3-8 为金色的国家剧院。

图 3-8　金色的国家剧院（李天摄）

土黄色：土黄色是乌兰巴托众多公共建筑的主要色彩，如蒙古科学院大楼、国家银行、中心火车站、国家邮局等。黄色因为其庄重的色彩象征成为公共建筑的首选，也是较为适合当地气候环境的建筑颜色。

红色：受到苏联建筑色彩的影响，早期由苏联专家设计的公共建筑，如国家剧院、儿童电影院、马戏团等建筑多采用了红色，甚至是粉红色，在蒙古高原湛蓝的晴空下，建筑与环境也没有显得过于突兀，由于其建筑的功能与用途，红色作为点缀也使得城市广场显得活泼。

绿色：绿色也是俄罗斯建筑喜欢采用的颜色，大概蒙古人也较为喜好草原的绿色，希望在城市中多保留短暂的草原景色，绿色是居住建筑多采用的颜色。在城市中心主要道路两边修建于 20 世纪 50 ~ 70 年代的苏联式三层居民楼，外墙多粉刷成淡绿色，或者在房檐等部位点缀绿色，使得建筑摆脱单一的色彩和里面缺少线脚和变化的欠缺。在城市中最著名的一幢绿色居住建筑是博格汗冬宫，一座纯粹的俄罗斯风格的二层小楼，修建于 20 世纪初。

蓝色：蓝色是蒙古民族传统色彩，特别表现在重要建筑的屋顶，因为蒙古人崇拜的天空是蓝色的，因此，新建的蒙古政府大楼用了蓝色的玻璃屋顶象征蓝天。国家马戏团蒙古包式的屋顶也是蓝色的。在使用玻璃幕墙的新建筑中，蓝色也是主要选择的颜色，如乌兰巴托的新地标建筑帆船大厦，就是较为突出的蓝色玻璃大厦。需要指出的是，蓝色的玻璃屋顶和幕墙并不十分常见，因为城市的风沙较大，清洁并不容易，城市并不过多使用玻璃幕墙。

装饰母题：蒙古族的建筑以及日常装饰纹饰十分丰富，有些是本民族的独有装饰图案和色彩，更多的是民族融合的产物。建筑装饰图案可以多出现在建筑物的屋檐部分以及窗户的窗沿，甚至山墙位置，这种现象在民居装饰上较为突出，应该是其民族居住传统决定的，从蒙古包的装饰演变而来。

蒙古包的装饰重点位置在门、窗、屋顶，这些部位转化在永久性建筑物上，也是这些建筑的重要装饰部位。建筑的主要装饰图案按照公共建筑、民居建筑、宗教建筑花纹，有如下主要装饰母题：

公共建筑装饰母题：乌兰巴托的公共建筑，特别是政府办公建筑上常见的装饰母题是传统的蒙古图案，如火焰纹、盘长纹以及团花。

居住建筑装饰母题：蒙古包等居住建筑装饰的传统图案遗址也多为盘长纹，也出现万字纹和回纹、云纹装饰，还有部分绘画，装饰比较灵活。

宗教建筑装饰母题：传统的藏传佛教寺院装饰多采用龙纹、云纹等传统汉式装饰以及吉祥八宝以图案的藏式建筑装饰。

# 3.4 中国北方地区县域生态规划对比及其影响因素分析

## 3.4.1 县域生态规划理论研究

### 3.4.1.1 生态规划理论

**(1) 生态规划简介**

生态规划一开始仅仅被定义为是土地利用规划。《自然界的设计》中指出，"生态规划是在认为有利于利用的全部或多数因子的集合，并在没有任何有害的情况或多数无害的条件下，对土地的某种可能用途，确定其最适宜的地区。利用生态学理论制定的符合生态学要求的土地利用规划，称为生态规划。"

随着生态学的迅速发展，生态规划渗入社会经济的各个领域。我国目前所进行的生态示范建设中所说的生态规划已不仅仅限于土地利用等方面，而已渗入经济、社会、人口、资源、环境等诸方面，与国民经济发展和生态环境保护、资源合理开发利用紧密结合起来。

生态规划基本上可理解为：根据生态学和城乡规划原理，应用系统科学、环境科学等多学科手段，根据经济、社会、自然等方面的信息，从宏观、综合的角度，综合地、长远地评价、规划和协调人与自然资源开发、利用和转化的关系，确定资源开发利用与保护的生态适宜度，探讨改善系统结构与功能的生态建设对策，促进社会经济可持续发展的一种区域发展规划。

生态规划参与国家和区域发展战略中长期发展规划的研究和决策，并提出合理开发战略和开发层次，以及相应的土地及资源利用、生态建设和环境保护措施。其目的是从整体效益上，使人口、经济、资源、环境关系相协调，并创造一个人类得以舒适和谐的生活与工作环境。

（2）**生态规划与环境保护规划的区别**

生态规划具有明确的整体性特点，不仅有生态环境的建设目标，而且有明确的经济、社会目标。环境保护规划则是一个多层次、多时段的有关环境方面的专项规划的总称，重点在于防治环境污染，保护生态平衡，主要内容为水、大气、固体废弃物等环境污染物的治理和合理排放规划。它是生态规划中所涉及的重点内容之一，是生态规划的一个部分，但并不完全具备生态规划的特点。

（3）**生态规划的内涵和原则**

生态规划是具有可持续发展内涵的一种规划方法。联合国人与生物圈计划报告指出："生态城（乡）规划就是要从自然生态和社会心理两方面去创造一种能充分融合技术和自然人类活动的最佳环境，诱发人创造精神和生产力，提供高的物质文化生活水平。"因此，生态规划的科学内涵强调规划的能动性、协调性、整体性和层次性，其目标是追求社会的文明、经济的高效、生态环境的和谐。

首先，强调发展的高效而不是高速，一个资源潜力未充分利用的高速发展的经济体不是生态经济体。相反，一个地区的经济发展的绝对指标虽不高，但若已达到地尽其力，物尽其用，人尽其能，则应是一种接近生态目标的发展。

其次，强调自然的和谐而不是平衡。人在改造自然的过程中，总是要不断地破坏自然，建设自然。不平衡是绝对的，平衡是相对的。生态规划的目标就是要追求总体关系的和谐和系统功能的协调。

最后，强调社会的开放而不是封闭。生态规划并不反对投入，相反，它要动员自身的竞争活力去争取尽可能多的有效投入。但却不依赖投入，强调系统的应变能力和多样性，即在外部环境变动的情况下仍能健康地发展，能有多重的发展机会和有效的替代资源。

通常来说，良好的生态规划应遵循以下原则进行：

1）系统优化及功能高效原则：追求生态效益、社会效益、经济效益的整体最大化。

2）和谐共生原则：保持整体与部分各阶层、各要素以及周边环境之间的相互协调、有序和动态平衡。

3）生态平衡原则：注重水域环境、土地环境、空气环境、人口容量、社会发展程度、园林绿地覆盖等各要素的总体平衡，合理规划城市承载力，安排产业结合和布局、城市园林植被系统的结构和布置以及城市生态功能分区。

4）区位差别原则：在充分研究区位和城市生态要素的作用现状、问题及发展走向的基础上，综合考虑区域规划、城市建设规划的要求以及城市现状，充分利用环境污染自净力，搞好生态功能分区。

5）保留多样性原则：任何一个系统中的子系统间总存在着互惠互利的共生关系，多样性意味着抵抗能力和系统的健康。因此要避免对自然系统和景观的破坏，尽量减少水泥、沥青封闭地面，保护城市中的动、植物区域，为自然保护区预留足够的土地，保留大的、尚未分割的开敞空间；对特殊的生境条件加以保护。在生态规划过程中，要将城市生态系统置于整个生物圈范畴内进行规划，建立市区和郊区的复合生态系统，保护城区及周边的各种生物。

6）预留承载力原则：在以自然资源承载能力和生态适宜度为依据的条件下，积极寻求最佳的发展强度。任何空间、资源规划均有一个"度"，要考虑"最适"和"阈限"。在规划过程中，首先应该树立正确的城市发展价值观，保证城市对生态系统的索取和废物的排放限制在生态系统的承载力范围以内，使城市的发展强度与城市的发展能力相适应，从而保障人与自然的和谐关系。

7）预防和保护并进原则：对于已经存在的生态问题，我们一定要采取合理的措施，积极应对；对于还未表现症状的生态问题，要有所预见。目前我国推行的环境影响评价制度（EIA），从根本上讲就是可持续性生态规划的一部分。任何一项工程实施前必须经过环境影响评价，预见其建成后对社会、经济、生态环境的效益程度，从而提出一些合理化的建议。

### 3.4.1.2 县域生态规划理论

#### (1) 县域生态规划的定义

所谓县域生态规划，就是指根据生态规划的思想和理念，在县一级的城市范围内所编制的发展规划。由于编制县域生态规划的目的都是为了进行生态县（包括县级市）建设，因此，有些地方直接称之为生态县规划。

对生态县规划的认识一直存在争议。有的观点是将生态县进行片面化和简单化理解，认为所谓生态县等"生态城市"仅仅是绿化覆盖率高、环保工作做得好、环境清洁优美的花园式城市；有的人则认为生态县等"生态城市"太过完美和理论化，声称"生态城市"仅仅是人们的一种想象，是类似人间仙境的虚幻情景，因此只能作为一种学术思想进行探讨而不具有实际的可操作性。

然而，随着县（市）建设的发展，有学者从分析城市的生态系统着手，提出只要实现县（市）整体系统（包括人口、资源、社会、环境等各个方面）良好、高效、和谐运转，就是生态县（市）。这种观点既反映现状，兼顾了县（市）的各种生态因子，又有一个明确的指标，还有其深刻的理论背景，因此目前这个观点已经为大多数人所接受。这也是我国目前生态县建设的指导理论。

（2）**县域生态规划的作用**

从 2000 多年前建制到现在，县一级始终是我国最基本的行政和经济单元。《史记》上说："郡县治，天下无不治。"全国县域内国土面积有 896 万多平方千米，超过全国国土总面积的 93%；人口总数达到 9.35 亿，占全国总人口的 73%。县域规划是全国、省域、市域和县域规划四个层次中的最基本层次。在各种规划中，县域规划具有"承上启下"的特殊意义。一方面，要承接上一层次规划的要求，并对其进行深化、细化及落实；另一方面，要有效地指导下一层次规划的编制，使其作为县域内重点乡镇发展规划、村庄发展规划等的依据。因此，做好县域生态规划建设具有重要的意义。

1）可以保护自然生态、改善人居环境。通过生态县建设，确定资源开发利用的生态适宜度，使发展的规模与地域空间的生态环境和资源供给相适应；通过划定生态保护区、开发建设控制区、引导开发建设区，将自然保护区、风景名胜区和河、湖湿地与特色农业生态园区等进行空间整合，形成覆盖全县域的生态空间安全格局，完善其生态服务功能，最大限度地支持与保障全县经济、社会、环境的可持续发展与生态县建设。

2）可以调整经济结构，建立完善的循环经济体系。生态规划是以保护生态和最有效地利用资源为特征的，其发展有利于产业结构向科技含量高、经济效益好的结构转变，促进经济结构向生态化转型，快速提升产业结构和经济运行质量。

3）可以推进生态文化体系建设，实现和谐社会的建立。生态文化是物质文明与精神文明在自然与社会生态关系上的具体表现，是生态建设作用力的源泉；有助于建立公众自觉、积极参与生态城市建设的机制和觉悟；不断提高人民精神与物质生活水准，特别是环境觉悟；促进城乡居民传统生产、生活方式及价值观念向环境友好、资源高效、系统和谐、社会融洽的生态文化转型。

4）可以提升县（市）的综合竞争力。伴随工业化和城市化进程加快以及人口不断增加，县域资源及生态环境也将面临紧张的态势。最为突出的问题首先是资源利用和产业增长方式，使可利用水、土资源剩余容量逐渐紧张。建设用地增长迅速，生态绿地急剧减少，生态系统服务功能不断下降。这些生态环境问题的解决，仍采用"头疼医头、脚疼医脚"的思路很难遏制不断恶化的趋势。生态县的规划与建设，可以统筹自然−社会−经济系统，是提升竞争力的重要举措。

5）可以促进县（市）实现可持续发展。通过生态县的规划与建设，用生态理念促进经济的生态转型，加大环境治理和生态保护与建设力度，从建立以循环经济为核心的生态经济体系入手，正确处理经济发展与资源开发、生态保护的关系，在保护中开发，在开发中保护，推动被动的环境应对和消极保护向主动调整经济增长方式的方向转变，实现区域"社会、经济、生态环境整体效益最优"，是各个县（市）实现可持续发展的创新途径。

（3）**县域生态规划的方法和内容**

作为县一级的生态规划，县域生态规划方法既具有生态规划的一般特征，又具有与省、市、乡镇生态规划不同的地方，其应该遵循的操作方法有：

1）恰当的规划定位。生态县规划的功能定位、涉及领域和规划内容的设置是与县（市）的地位相适应的。首先，规划要突出生态主线，即使是分析经济、社会发展，也应从与生态相关的角度来分析；其次，要突出政府规划的特点，重点解决政府职能范围应该做的工作；再次，必须根据生态县建设的要求，确定规划重点领域；最后，规划要有重点和针对性。因此，在有限的规划期、有限的政策资源条件下，要立足于县（市）发展实际，突出重点，分步实施，提高针对性。

2）战略性与可操作性相结合。规划编制中应将战略性与可操作性相结合，将宏观区域与城市可持续发展战略与生态县建设的具体实践相结合，吸纳国内先进经验与高青县实际情况相结合，具体指导生态县创建。

3）控制与引导并重。生态县规划无疑是一个统领性的总体部署，在规划编制中应充分利用市场机制与政府宏观调控相结合，政府引导与全社会的共同参与相结合，调动全社会各方面的积极性与创造性，建立畅通的多元化投融资机制和运行有效的生态环境保护补偿机制。

4）协调性和实体性相结合。生态县规划的编制过程中，要注意本规划今后与其他相关规划的关系与协调，衔接现有规划体系，并与现有规划形成互补，而且生态规划的目标、项目与工程、对策与措施、所需资源与资金等需要通过法定规划来落实；另外，作为一个实体规划，将直接指导生态县的实施工作。

5）公开性与动态性相结合。生态县的创建是一个过程，生态县规划的编制与实施也应充分体现动态性原则，包括生态城市内涵不断演进，生态城市不断发展，规划目标与指标的不断修订；同时，规划要采用更加开放的编制方式，与社会各阶层相衔接，广泛听取社会各界意见，提高公众参与度。

根据县域生态规划的概念和特点，完整的生态县规划内容一般包括以下方面：

1）阐明县域生态规划建设基本框架与切入点。通过对县（市）的发展定位、社会经济水平、生态环境现状与问题、资源利用现状特点与问题的准确把握，分析县域生态规划建设的基础、条件及面临的机遇与挑战，明确彰显县域特色、符合县域生态规划建设的基本框架和切入点。

2）现状资料收集和调研。通过实地考察、广泛的资料收集来了解城市的自然地理、资源条件、经济状况、环境状况、基础设施、人口分布、人文特点、城市发展规划等。资料源主要包括：统计部门历年的统计资料，包括经济、社会和环境等方面；有关部门的规划和背景资料，包括区域发展规划、环境规划、土地利用规划、国民经济发展规划等方面；环境监测部门的有关资料和历年的环境质量报告书；专家系统提供的信息资料；为规划编制而专门进行的实地考察、测试所得的资料；周边区域规划资料等。这是进行生态系统规划的基础，资料的收集应秉承详尽与真实的原则。

3）进行城市生态系统评价。在对规划区深入调研之后，结合区域现状，分析环境容量、生态适宜度或可持续发展度，确定城市的发展定位，其指标主要包括：人口限制容量、大气环境容量、水环境容量、生态容量等。主要采用的方法有生态足迹法、环境容载力和可持续发展度评价等，这三个方法分别从资源、环境容量和可持续性的角度出发，各有利弊，也可结合使用。依据评价结果并结合周边城市现状和规划，确定目标城市的发展定位，突出城市特色，增强城市竞争力。

4）明确县域生态规划建设目标及指标体系。借鉴先进的生态县规划和建设的经验，结合各县（市）未来社会经济发展与生态环境演变趋向的分析预测，明确县域生态规划建设的基本思路，以及总体目标、重点领域目标与阶段目标及指标体系。目前生态城市创建的目标指标体系大都采用《生态县、生态市、生态省建设指标（修订稿）》（环发〔2007〕195号），并结合规划城市的自身特色进行选择。

5）确定县域生态规划建设空间的总体构架与生态功能分区。根据县域生态资源优势以及历史文化保护与彰显的要求，明确生态县建设的生态空间总体构架；通过对生态区的敏感性分析、服务功能价值分析来合理分区，确定城乡生态空间整合与生态建设分区，以及各分区应承担的主导生态–经济功能及建设目标与主要任务。

6）明确县域生态规划建设的重点领域与主要任务。从生态产业发展、环境污染控制与治理、生态保护与建设、生态文明与历史文化弘扬等方面，确定县域生态规划建设的重点领域及各领域建设主要任务、目标与方向。

7）生态规划建设和生态对策设计。在明确建设的主要领域和重点任务之后，作为实现规划目标的手段，生态规划建设的主要内容是生态产业建设、社会发展和城市建设规划、自然生态保护与建设等。生态对策是对环境的整治措施，其主要内容是环境污染综合防治、重点项目建设规划等，环境污染综合防治是在生态分析和评价的基础之上对环境现存问题的治理。

8）确定县域生态规划建设重点工程与投资预算。重点项目是为提高城市生态建设水平所提出的具有重要环境效益、经济效益的工程。近期以达到国家生态县考核标准的目标，远期以构建县域生态规划人与自然和谐的生态系统健康为目标，合理安排生态建设重大工程与分期实施方案。

9）提出县域生态规划能力建设与保障体系。提出生态县能力建设与保障措施，为县域生态规划建设提供科学指导和决策依据。保障措施是城市生态规划建设得以全面开展的重要保障，尤其对于县（市）来说，经济、社会、法律基础相对薄弱，各项保障措施的现行建设在生态城市规划中具有深远意义，是生态规划中一项不可或缺的内容。

## 3.4.2　县域生态规划指标体系研究

### 3.4.2.1　指标体系的研究价值

生态规划中的"生态"不是狭义的生物学概念，而是具有社会、经济、自然协调发展的内涵。然而这一内涵包含的因子极多，要对其进行评价，尤其是要具体衡量某一城市是否是生态城市时，就必须构建生态规划的指标体系。

生态规划的指标体系，一方面可帮助决策者和普通市民了解城市生态环境建设的总体情况；另一方面可监测生态环境建设不同方面的动向，反映成绩与缺陷，便于找出存在的问题，以利于未来某时段生态城市建设的开展以及国民经济及社会发展规划的制定。可以说，一个城市的生态规划指标体系反映了该城市生态规划的全貌。因此，以生态规划指标体系为切入点对生态规划进行对比研究是必要而且合适的。

### 3.4.2.2 指标体系现状及国家标准

自环境保护部在全国开展生态创建工作以来，已有 500 多个县（市）开展县（市）范围的建设，因此也带动了生态规划指标体系研究的蓬勃发展。

卡塔琳娜·舒伯格和谭英等（2009）以河北曹妃甸为例，建立了如图 3-9 所示的生态城整体目标体系，由内到外分为环境因素、各功能子系统、制度体系三个层次，具体包括人口密度、非机动车出行率、雨水收集率等 141 个指标。

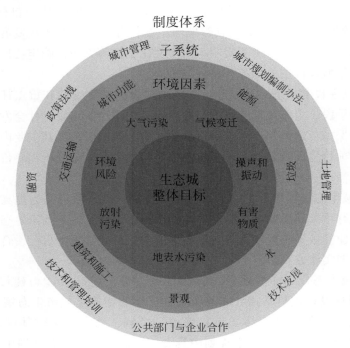

图 3-9　曹妃甸生态城整体目标体系

王如松等（1991）在对江苏大丰县进行生态规划研究的基础上制订了生态县的评价指标，包含三层内容：一是空余生态位的利用程度；二是发展目标的接近程度；三是发展过程的健康程度。

卞有生与何军（2003）在总结国内外相关研究的基础上，结合区域可持续发展的建设标准，提出了生态省、生态市及生态县的考核指标。

魏秀芬（2005）提出了适合于评价县级建设全面小康社会的指标体系，包括经济发展水平、社会发展水平、农民生活水平、政治文明水平、文化发展水平、可持续发展水平六大类指标。

宋永昌等（1999）基于对城市生态系统的分析，从城市生态系统的结构、功能和协调度三方面建立的生态城市指标体系。图 3-10 是从结构、功能、协调度三方面建立的指标体系。

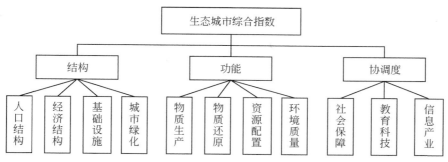

图 3-10　生态城市综合指数指标体系

与通过结构、功能、协调度三方面建立指标体系相比，目前对生态城市指标体系的研究，主要是通过对城市的经济、社会、自然各子系统的分析，将指标体系分为经济生态指标、社会生态指标和自然生态指标，这类指标体系较为常见，也更为大多数人所采用。

由于我国现阶段的生态规划建设是在各地政府管辖范围内，以省、市、县环境保护部门为主导，协调各部门参与进行的统一规划设计。国家环保主管部门根据当前生态县建设工作需要达到的目标，结合经济学、社会学、生态学以及城市规划建设思想等跨学科理论就现代化生态城市建设标准进行了研究，制订了一套实用的标准体系，借以科学地评价生态城市建设状况。在国家环境保护总局 2003 年制定的《生态县、生态市、生态省建设指标（试行)》中，生态县建设指标也主要由经济发展、环境保护和社会进步三部分构成。

针对 2003 年以来的指标体系使用情况，环保部门对其进行了一定的修改。目前生态县建设指标体系大都采用最新的《生态县、生态市、生态省建设指标（修订稿)》（环发［2007］195 号），如表 3-3 所示。同时，国家还允许各县（市）可以结合自身的实际情况在此基础上进行适当增补。

表 3-3　生态县建设指标

| 指标类型 | 序号 | 名称 | 单位 | 指标 | 说明 |
|---|---|---|---|---|---|
| 经济发展 | 1 | 农民年人均纯收入 | 元/人 | | 约束性指标 |
| | | 经济发达地区 | | | |
| | | 县级市（区） | | ≥8000 | |
| | | 县 | | ≥6000 | |
| | | 经济欠发达地区 | | | |
| | | 县级市（区） | | ≥6000 | |
| | | 县 | | ≥4500 | |
| | 2 | 单位 GDP 能耗 | t 标煤/万元 | ≤0.9 | 约束性指标 |
| | 3 | 单位工业增加值新鲜水耗 | m³/万元 | ≤20 | 约束性指标 |
| | | 农业灌溉水有效利用系数 | | ≥0.55 | |
| | 4 | 主要农产品中有机、绿色及无公害产品种植面积的比重 | % | ≥60 | 参考性指标 |

续表

| 指标类型 | 序号 | 名称 | 单位 | 指标 | 说明 |
|---|---|---|---|---|---|
| 生态环境保护 | 5 | 森林覆盖率 | % | | 约束性指标 |
| | | 山区 | | ≥75 | |
| | | 丘陵区 | | ≥45 | |
| | | 平原地区 | | ≥18 | |
| | | 高寒区或草原区林草覆盖率 | | ≥90 | |
| | 6 | 受保护地区占国土面积比例 | % | | 约束性指标 |
| | | 山区及丘陵区 | | ≥20 | |
| | | 平原地区 | | ≥15 | |
| | 7 | 空气环境质量 | | 达到功能区标准 | 约束性指标 |
| | 8 | 水环境质量 | | 达到功能区标准，且省控以上断面过境河流水质不降低 | 约束性指标 |
| | | 近岸海域水环境质量 | | | |
| 生态环境保护 | 9 | 噪声环境质量 | | 达到功能区标准 | 约束性指标 |
| | 10 | 主要污染物排放强度 | kg/万元（GDP） | | 约束性指标 |
| | | 化学需氧量（COD） | | <3.5 | |
| | | 二氧化硫（SO$_2$） | | <4.5 且不超过国家总量控制指标 | |
| | 11 | 城镇污水集中处理率 | % | ≥80 | 约束性指标 |
| | | 工业用水重复率 | | ≥80 | |
| | 12 | 城镇生活垃圾无害化处理率 | % | ≥90 | 约束性指标 |
| | | 工业固体废物处置利用率 | | ≥90 且无危险废物排放 | |
| | 13 | 城镇人均公共绿地面积 | m$^2$ | ≥12 | 约束性指标 |
| | 14 | 农村生活用能中清洁能源所占比例 | % | ≥50 | |
| | 15 | 秸秆综合利用率 | % | ≥95 | 参考性指标 |
| | 16 | 规模化畜禽养殖场粪便综合利用率 | % | ≥95 | |
| | 17 | 化肥施用强度（折纯） | kg/hm$^2$ | <250 | 参考性指标 |
| | 18 | 集中式饮用水源水质达标率 | % | 100 | 约束性指标 |
| | | 村镇饮用水卫生合格率 | | | 参考性指标 |
| | 19 | 农村卫生厕所普及率 | % | ≥95 | 约束性指标 |
| | 20 | 环境保护投资占GDP的比重 | % | ≥3.5 | 参考性指标 |
| 社会进步 | 21 | 人口自然增长率 | ‰ | 符合国家或当地政策 | 约束性指标 |
| | 22 | 公众对环境的满意率 | % | >95 | 参考性指标 |

在整个生态县建设指标体系中，分为3类22项，分别是：

1）经济发展类：共有4项指标，约占总指标数的18.2%，其中有3项为约束性指标。

2）生态环境保护类：共有 16 项指标，约占总指标数的 72.7%，其中有 12 项为约束性指标。

3）社会进步类：共有 2 项指标，约占总指标数的 9.1%，其中有 1 项为约束性指标。

### 3.4.2.3　不同县（市）指标体系的差异比较

#### （1）研究对象的选取

目前中国北方各县（市）的生态规划建设情况与全国总体情况类似，在建设的数量和质量上，东中西部发展尚不平衡，建设水平和质量差异较大；生态建设示范区工作缺乏系统宣传，存在认识上的差异；在建设工作中还没有真正统筹各领域的协调发展，缺乏总体谋划，缺少地方特色。

按照国家统计局对我国东中西部的划分方法，中国北方东部地区包括北京、天津、河北、山东、辽宁，该地区雄踞大陆，面临海洋，地势平缓，有良好的农业生成条件，水产品、石油、铁矿、盐等资源丰富，由于开发历史悠久，地理位置优越，劳动者的文化素质较高，技术力量较强，工农业基础雄厚，在整个经济发展中发挥着龙头作用；中部地区包括山西、河南、吉林、黑龙江四省，该地区位于内陆，北有高原，南有丘陵，众多平原分布其中，属粮食生产基地，能源和各种金属、非金属矿产资源丰富，工业基础较好，地理上承东启西；西部地区包括内蒙古、陕西、甘肃、宁夏、青海等，该地区幅员辽阔，地势较高，地形复杂，高原、盆地、沙漠、草原相间，大部分地区高寒、缺水，不利于农作物生长。因开发历史较晚，经济发展和技术管理水平与东、中部差距较大，但国土面积大，矿产资源丰富，具有很大的开发潜力。

为了较为精确地描述不同地区生态规划发展的差异，本节从中国北方地区的东部和中西部地区选取了 20 个县（包括县级市）进行定量分析。其中，东部地区 13 个，中西部地区 7 个，如表 3-4 所示。这些县（包括县级市）广泛分布于山东、辽宁、吉林、黑龙江、山西、河南、内蒙古等省（自治区）。既有全国经济百强县，又有国家级贫困县；既有平原县，又有海岛县和山区县，能够较为全面地描述整个中国北方不同区域生态规划的建设状况。

表 3-4　研究选取的县（市）

| 地区 | 县（市）名称 | 数量 |
| --- | --- | --- |
| 东部地区 | 辽阳县、庄河市、沾化县、莱州市、梁山县、海城市、广饶县、高青县、寿光市、辽中县、惠民县、普兰店市、长海县 | 13 |
| 中西部地区 | 范县、尚志市、孙吴县、集安市、榆树市、芮城县、宁城县 | 7 |

#### （2）指标数量的差异比较

在各个县（市）的生态规划指标体系中，所选取的指标数量参差不齐，如表 3-5 所示。

**表 3-5　各县（市）生态规划指标数量**

(a)　东部地区

| 县（市）名称 | 指标数量/个 | 县（市）名称 | 指标数量/个 |
| --- | --- | --- | --- |
| 长海县 | 21 | 梁山县 | 36 |
| 高青县 | 22 | 沾化县 | 47 |
| 辽中县 | 22 | 莱州市 | 50 |
| 普兰店市 | 22 | 寿光市 | 50 |
| 庄河市 | 22 | 惠民县 | 54 |
| 辽阳县 | 27 | 广饶县 | 55 |
| 海城市 | 36 | | |

(b)　中西部地区

| 县（市）名称 | 指标数量/个 |
| --- | --- |
| 宁城县 | 25 |
| 范县 | 26 |
| 榆树市 | 26 |
| 尚志市 | 36 |
| 孙吴县 | 36 |
| 芮城县 | 43 |
| 集安市 | 50 |

根据表 3-5 可以清楚地得出中国北方地区不同县（市）生态规划指标数量的特点：

1）从总体看，绝大多数县（市）选择的指标数都大于或等于环保部门规定的指标数量 22 个，只有长海县指标数 21 个低于这项标准，占所有县（市）的 5%。其中，高青县、辽中县、普兰店市和庄河市 4 个县（市）的指标数量与标准完全一致，占所有县（市）的 20%；有 15 个县（市）超过了规定的标准，比例为 75%。各个县（市）选择的指标数量差距很大，指标数最少的为 21 个，指标数最多的达到了 55 个，最大值与最小值之间整整相差 34 个；整个北方地区 20 个县（市）的平均指标数量为 35.35 个，约为国家标准的 1.61 倍。

2）从东部地区来看，13 个县（市）的平均指标数量为 35.77 个，约为国家标准的 1.63 倍，略大于整个北方地区的平均指标数量，但同时指标数量最多和最少的县（市）都出现在该地区，最大值为最小值的 2.62 倍。这说明从指标数量上来看，该地区生态规划建设的平均水平在北方地区居于前列，但两极分化十分严重，如图 3-11 所示。

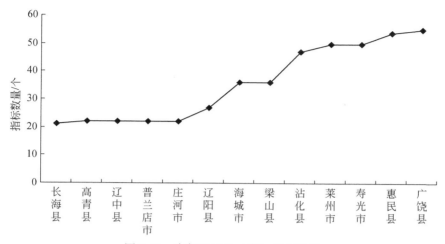

图 3-11　东部地区县（市）指标数量

3）从中西部地区来看，7 个县（市）的平均指标数量为 34.57 个，略低于整个北方地区的平均指标数量，约为国家标准的 1.57 倍；指标最多的集安市为 50 个，是指标数量最少的宁城县的 2 倍，两极分化现象比东部地区略好。说明从指标数量来看，该地区生态规划建设尽管总体水平较为落后，但是各县（市）状况差距较小，如图 3-12 所示。

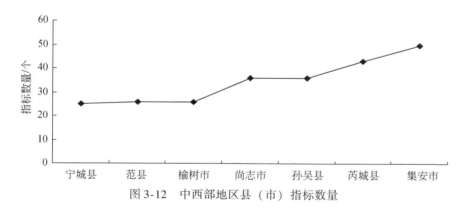

图 3-12　中西部地区县（市）指标数量

**（3）指标数量差异的原因**

从上面的比较可以看出，无论是整个北方地区，还是在东中西部各个区域之间，各县（市）选取的指标数量都差别较大，造成这一现象的原因主要有以下几个。

1）编制依据不同。由于曾经先后制定过两个版本的生态规划指标体系，分别是《生态县、生态市、生态省建设指标（试行）》（环发［2003］91 号）和《生态县、生态市、生态省建设指标（修订稿）》（环发［2007］195 号），两个指标体系分别为 36 个和 22 个。因此，在生态规划的编制过程中，由于编制的时间不同而采用不同的指标体系，必然会导致指标数量的基础性差异。

2）所属行政区域不同。因为生态县建设规划必须受其上级省市的相关文件制约，其在选择指标的时候必然要遵循该省市的相关规定。例如，在与国家规定的指标完全一致的4个县（市）中，就有辽中县、普兰店市和庄河市3个县（市）属于辽宁省管辖。这是由于辽宁省在开展生态省建设的过程中，要求省内各县（市）遵照国家规定的22个指标进行规划；而黑龙江省和山东省部分地级市则采用了2003年公布的36个指标的试行版指标体系，因此黑龙江省的尚志市、孙吴县和山东省的梁山县指标数便为36个。

　　3）各县（市）的实际状况不同。无论国家还是各个省市，都允许其下辖的各个县（市）结合自身的实际情况在规定的指标基础上进行适当调整。由于各个县（市）所处的地理位置、经济实力、优势因素和薄弱环节各不相同，规划需要考虑的重点也不相同，因此有时候尽管同属一个省，但是各县（市）的指标数量也会不同。如辽宁省的长海县，尽管其他兄弟县（市）大多为22个指标，但因其为海岛县，岛上并没有发展农业和种植业，并不生产农产品，因此在确定指标体系的时候便将经济发展类中的第四个指标"主要农产品中有机、绿色及无公害产品种植面积的比重"去掉，导致其只有21个指标；山东省寿光市由于以外向型经济为主，因此在其指标体系中增加了"外贸依存度"和"外资依存度"等特色指标；位于胜利油田腹地的广饶县，根据其实际情况增加了"石油化工业在规模以上工业中的比例""环保产业及相关产业比重""城镇生命线系统完好率""绿色社区数"等30几个指标，使总指标数以55个。

　　沾化县以自然–社会–经济复合系统为对象，对沾化县复合生态系统进行分析，找出制约社会经济可持续发展的关键因素，确定生态环境保护与建设的目标，具体分为生态农业到生态文化六大方面，并最终确定了47个指标。其技术路线如图3-13所示。

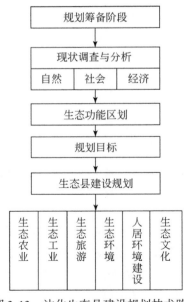

图3-13　沾化生态县建设规划技术路线

　　高青县则是从经济发展、社会进步、环境改善三个系统出发，根据创建国家生态县指标现状值进行分析，并且基于近年来各项事业发展趋势，在综合考虑高青县现有各项规划以及目前县政府重点发展领域的基础上，对国家生态县指标体系进行可达性评估，并在此基础上确立了自己的指标。如图 3-14 所示。

　　4）其他原因导致不同。在指标体系的选择过程中需要遵循的原则主要有综合性原则、科学性原则、全面性原则、层次性原则、区域代表性原则、可操作性原则等。由于城市生态系统是由许多因子组成的，其中有些因子可以定量，并且容易定量，而有些因子难以定量，或难以取得定量数据，因此对指标的确定只能根据上述原则从统计数据中加以选择。加上各地区统计数据的种类、数量、口径不尽相同，就不可避免地使指标的选择存在着巨大差异。随着对城市生态系统研究的发展和日益深入以及统计资料的不断完备，相信生态规划的指标体系可以不断地被修改和补充。

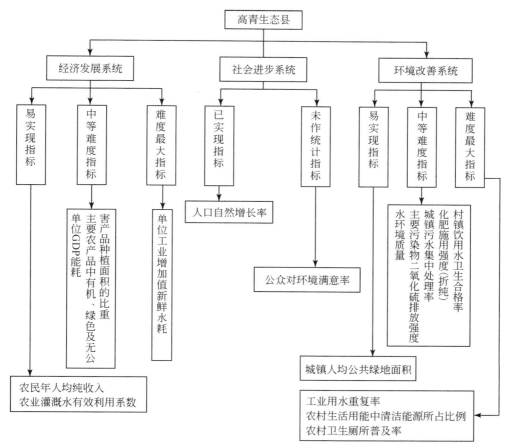

图 3-14　高青生态县建设规划指标评估

### 3.4.3　不同县（市）生态规划效果的差异比较

　　对生态规划指标体系的比较包括两大部分：一部分是指标数量的比较，另一部分是指标值的比较。由于指标值的大小反映了该规划想达到的目标和效果，因此，可以通过将各县（市）的生态规划指标值与国家规定的标准值进行比较，分析各个县（市）的生态规划效果。

### 3.4.3.1 基于门槛理论的生态规划效果比较

从环保部门制定的指标体系可以看出，判断一个城市是否成为生态县（市），需要从经济、生态和社会三个方面设计指标体系来衡量，我们将生态规划中每个指标的国家标准值作为衡量该指标是否达到生态县（市）标准的门槛，一旦规划值达到或超过标准值，就认为其迈过了这一门槛，而暂不考虑其超过标准值多少；一旦规划值小于标准值，就算其距离标准值已经非常接近，也认为其没能达到这一门槛。参考《全国生态县、生态市创建工作考核方案（试行）》（环办［2005］137号）对指标体系进行打分，每个达到标准的指标计2分，未达到标准的指标计0分。

**（1）东部地区得分情况**

下面将按22个指标的顺序逐一对13个东部地区县（市）进行打分。

1）农民年人均纯收入。该指标是指乡镇辖区内农村常住居民家庭总收入中，扣除从事生产和非生产经营费用支出、缴纳税款、上交承包集体任务金额以后剩余的，可直接用于进行生产性、非生产性建设投资、生活消费和积蓄的那一部分收入。从未来的发展考虑，考核标准取经济发达地区县级市标准8000元/人。各县（市）得分情况如表3-6所示。

**表3-6 农民年人均纯收入得分（东部）**

| 县（市）名称 | 指标值（元/人） | 考核标准 | 得分 |
|---|---|---|---|
| 长海县 | 28 966 | | 2 |
| 高青县 | 10 000 | | 2 |
| 辽中县 | 15 000 | | 2 |
| 普兰店市 | 14 000 | ≥8 000 | 2 |
| 庄河市 | 18 629 | | 2 |
| 辽阳县 | 7 676 | | 0 |
| 海城市 | 7 973 | | 0 |
| 梁山县 | 4 200 | | 0 |
| 沾化县 | 15 105 | | 2 |
| 莱州市 | 11 000 | | 2 |
| 寿光市 | 9 000 | ≥8 000 | 2 |
| 惠民县 | 4 600 | | 0 |
| 广饶县 | 11 900 | | 2 |
| 平均值 | 12 157.62 | | 2 |

2）单位GDP能耗。该指标是指万元国内生产总值的耗能量，各县（市）得分情况如表3-7所示。

表3-7 单位GDP耗得分（东部）

| 县（市）名称 | 指标值/（t标煤/万元） | 考核标准 | 得分 |
|---|---|---|---|
| 长海县 | 0.09 | | 2 |
| 高青县 | 0.9 | | 2 |
| 辽中县 | 0.8 | | 2 |
| 普兰店市 | 0.7 | | 2 |
| 庄河市 | 0.25 | | 2 |
| 辽阳县 | 0.9 | | 2 |
| 海城市 | 1.2 | ≤0.9 | 0 |
| 梁山县 | 1.2 | | 0 |
| 沾化县 | 0.8 | | 2 |
| 莱州市 | 0.47 | | 2 |
| 寿光市 | 0.9 | | 2 |
| 惠民县 | 1.4 | | 0 |
| 广饶县 | 1.2 | | 0 |
| 平均值 | 0.83 | | 2 |

3）单位工业增加值新鲜水耗。该指标是指报告期内企业厂区内用于生产和生活的新鲜水量，它等于企业从城市自来水取用的水量和企业自备水用量之和。工业增加值指全部企业工业增加值，不限于规模以上企业工业增加值。各县（市）得分情况如表3-8所示。

表3-8 单位工业增加值新鲜水耗得分（东部）

| 县（市）名称 | 指标值/（m³/万元） | 考核标准 | 得分 |
|---|---|---|---|
| 长海县 | 0.8 | | 2 |
| 高青县 | 20 | | 2 |
| 辽中县 | 10 | | 2 |
| 普兰店市 | 1 | | 2 |
| 庄河市 | 4.6 | | 2 |
| 辽阳县 | 35 | | 0 |
| 海城市 | 20 | ≤20 | 2 |
| 梁山县 | 21.33 | | 0 |
| 沾化县 | 20 | | 2 |
| 莱州市 | 16 | | 2 |
| 寿光市 | 16 | | 2 |
| 惠民县 | 37.33 | | 0 |
| 广饶县 | 12.16 | | 2 |
| 平均值 | 16.48 | | 2 |

4）主要农产品中有机、绿色及无公害产品种植面积的比重。该指标是指有机、绿

色及无公害产品种植面积与农作物播种总面积的比例。有机、绿色及无公害产品种植面积不能重复统计。各县（市）得分情况如表 3-9 所示。

表 3-9 主要农产品中有机、绿色及无公害产品种植面积的比重得分（东部）

| 县（市）名称 | 指标值/% | 考核标准 | 得分 |
|---|---|---|---|
| 长海县 | | | 0 |
| 高青县 | 60 | | 2 |
| 辽中县 | 80 | | 2 |
| 普兰店市 | 50 | | 0 |
| 庄河市 | 90 | | 2 |
| 辽阳县 | 50 | | 0 |
| 海城市 | 25 | ≥60 | 0 |
| 梁山县 | 18 | | 0 |
| 沾化县 | 18 | | 0 |
| 莱州市 | 20 | | 0 |
| 寿光市 | 17 | | 0 |
| 惠民县 | 20 | | 0 |
| 广饶县 | 30 | | 0 |
| 平均值 | 36.77 | | 0 |

5）森林覆盖率。该指标是指森林面积占土地面积的比例，考核标准取丘陵区的森林覆盖率。各县（市）得分情况如表 3-10 所示。

表 3-10 森林覆盖率得分（东部）

| 县（市）名称 | 指标值/% | 考核标准 | 得分 |
|---|---|---|---|
| 长海县 | 43.4 | | 0 |
| 高青县 | 30 | | 0 |
| 辽中县 | 20 | | 0 |
| 普兰店市 | 48.6 | | 2 |
| 庄河市 | 45 | | 2 |
| 辽阳县 | 47 | | 2 |
| 海城市 | 45 | ≥45 | 2 |
| 梁山县 | 25 | | 0 |
| 沾化县 | 30 | | 0 |
| 莱州市 | 32 | | 0 |
| 寿光市 | 22 | | 0 |
| 惠民县 | 21 | | 0 |
| 广饶县 | 25 | | 0 |
| 平均值 | 31.08 | | 0 |

6）受保护地区占国土面积比例。该指标是指辖区内各类（级）自然保护区、风景名胜区、森林公园、地质公园、生态功能保护区、水源保护区、封山育林地等面积占全

部陆地（湿地）面积的百分比。各县（市）得分情况如表 3-11 所示。

表 3-11　受保护地区占国土面积比例得分（东部）

| 县（市）名称 | 指标值/% | 考核标准 | 得分 |
|---|---|---|---|
| 长海县 | 100 | | 2 |
| 高青县 | 15 | | 0 |
| 辽中县 | 23 | | 2 |
| 普兰店市 | 20 | | 2 |
| 庄河市 | 3 | | 0 |
| 辽阳县 | 14.6 | | 0 |
| 海城市 | 33.26 | ≥20 | 2 |
| 梁山县 | 20 | | 2 |
| 沾化县 | 15 | | 0 |
| 莱州市 | 17.2 | | 0 |
| 寿光市 | 15 | | 0 |
| 惠民县 | 15 | | 0 |
| 广饶县 | 60 | | 2 |
| 平均值 | 27.00 | | 2 |

7）空气环境质量。该指标是指辖区空气环境质量达到国家有关功能区标准要求。各县（市）达到一类标准，记为 100 分；达到二类标准，记为 80 分。考核标准设为 80 分。各县（市）得分情况如表 3-12 所示。

表 3-12　空气环境质量得分（东部）

| 县（市）名称 | 指标值/分 | 考核标准 | 得分 |
|---|---|---|---|
| 长海县 | 80 | | 2 |
| 高青县 | 80 | | 2 |
| 辽中县 | 80 | | 2 |
| 普兰店市 | 80 | | 2 |
| 庄河市 | 80 | | 2 |
| 辽阳县 | 80 | | 2 |
| 海城市 | 80 | | 2 |
| 梁山县 | 80 | ≥80 | 2 |
| 沾化县 | 85 | | 2 |
| 莱州市 | 80 | | 2 |
| 寿光市 | 80 | | 2 |
| 惠民县 | 80 | | 2 |
| 广饶县 | 80 | | 2 |
| 平均值 | 80.38 | | 2 |

8）水环境质量。该指标是指按规划的功能区要求达到相应的国家水环境或海水环境质量标准。各县（市）达到I类标准，记为 100 分；达到II类标准，记为 80 分；以此类推，劣V类水体记为 0 分。考核标准设为 80 分。各县（市）得分情况如表 3-13 所示。

表 3-13　水环境质量得分（东部）

| 县（市）名称 | 指标值/分 | 考核标准 | 得分 |
|---|---|---|---|
| 长海县 | 80 | | 2 |
| 高青县 | 80 | | 2 |
| 辽中县 | 60 | | 0 |
| 普兰店市 | 80 | | 2 |
| 庄河市 | 80 | | 2 |
| 辽阳县 | 80 | | 2 |
| 海城市 | 100 | ≥80 | 2 |
| 梁山县 | 90 | | 2 |
| 沾化县 | 95 | | 2 |
| 莱州市 | 70 | | 0 |
| 寿光市 | 60 | | 0 |
| 惠民县 | 40 | | 0 |
| 广饶县 | 40 | | 0 |

9）噪声环境质量。该指标是指城市区域按规划的功能区要求达到相应的国家声环境质量标准。各县（市）的指标值为其达标覆盖范围，考核标准设为80%。各县（市）得分情况如表3-14所示。

表 3-14　噪声环境质量得分（东部）

| 县（市）名称 | 指标值/% | 考核标准 | 得分 |
|---|---|---|---|
| 长海县 | 60 | | 0 |
| 高青县 | 80 | | 2 |
| 辽中县 | 80 | | 2 |
| 普兰店市 | 90 | | 2 |
| 庄河市 | 80 | | 2 |
| 辽阳县 | 80 | | 2 |
| 海城市 | 80 | | 2 |
| 梁山县 | 98 | ≥80 | 2 |
| 沾化县 | 80 | | 2 |
| 莱州市 | 77.8 | | 0 |
| 寿光市 | 80 | | 2 |
| 惠民县 | 90 | | 2 |
| 广饶县 | 100 | | 2 |
| 平均值 | 82.75 | | 2 |

10）主要污染物化学需氧量排放强度。该指标是指单位 GDP 所产生的主要污染物数量。各县（市）得分情况如表3-15所示。

表 3-15　主要污染物化学需氧量排放强度得分（东部）

| 县（市）名称 | 指标值/［kg/万元（GDP）］ | 考核标准 | 得分 |
|---|---|---|---|
| 长海县 | 0.9 | | 2 |
| 高青县 | 2.62 | | 2 |
| 辽中县 | 3 | | 2 |
| 普兰店市 | 1 | | 2 |
| 庄河市 | 0.4 | <3.5 | 2 |
| 辽阳县 | 3.4 | | 2 |
| 海城市 | 4.44 | | 0 |
| 梁山县 | 3.4 | | 2 |
| 沾化县 | 4.3 | | 0 |
| 莱州市 | 2.9 | | 2 |
| 寿光市 | 4.5 | | 0 |
| 惠民县 | 1.34 | <3.5 | 2 |
| 广饶县 | 1.9 | | 2 |
| 平均值 | 2.62 | | 2 |

　　11）城镇污水集中处理率/工业用水重复率。城镇污水集中处理率指城市及乡镇建成区内经过污水处理厂二级或二级以上处理，且达到排放标准的生活污水量与城镇建成区生活污水排放总量的百分比。工业用水重复率指工业重复用水量占工业用水总量的比值。各县（市）的指标值和考核标准均取这两个指标的平均值。各县（市）得分情况如表 3-16 所示。

表 3-16　城镇污水集中处理率/工业用水重复率得分（东部）

| 县（市）名称 | 指标值/% | 考核标准 | 得分 |
|---|---|---|---|
| 长海县 | 58 | | 0 |
| 高青县 | 82.5 | | 2 |
| 辽中县 | 90 | | 2 |
| 普兰店市 | 92.5 | | 2 |
| 庄河市 | 92.5 | | 2 |
| 辽阳县 | 80 | | 2 |
| 海城市 | 60 | | 0 |
| 梁山县 | 80 | ≥80 | 2 |
| 沾化县 | 54 | | 0 |
| 莱州市 | 82.5 | | 2 |
| 寿光市 | 38.5 | | 0 |
| 惠民县 | 55 | | 0 |
| 广饶县 | 62.5 | | 0 |
| 平均值 | 71.38 | | 0 |

12）城镇生活垃圾无害化处理率/工业固体废物处置利用率。城镇生活垃圾无害化处理率指城市及建制镇生活垃圾资源化量占垃圾清运量的比值。工业固体废物处置利用率指工业固体废物处置及综合利用量占工业固体废物产生量的比值。各县（市）的指标值和考核标准均取这两个指标的平均值。各县（市）得分情况如表3-17所示。

表3-17　城镇生活垃圾无害化处理率/工业固体废物处置利用率得分（东部）

| 县（市）名称 | 指标值/% | 考核标准 | 得分 |
|---|---|---|---|
| 长海县 | 81.5 | | 0 |
| 高青县 | 100 | | 2 |
| 辽中县 | 85 | | 0 |
| 普兰店市 | 88 | | 0 |
| 庄河市 | 100 | | 2 |
| 辽阳县 | 90 | | 2 |
| 海城市 | 99 | ≥90 | 2 |
| 梁山县 | 85 | | 0 |
| 沾化县 | 97.5 | | 2 |
| 莱州市 | 95 | | 2 |
| 寿光市 | 85 | | 0 |
| 惠民县 | 82.5 | | 0 |
| 广饶县 | 100 | | 2 |
| 平均值 | 91.42 | | 2 |

13）城镇人均公共绿地面积。该指标是指城镇公共绿地面积的人均占有量。公共绿地包括公共人工绿地，天然绿地，机关、企事业单位绿地。各县（市）得分情况如表3-18所示。

表3-18　城镇人均公共绿地面积得分（东部）

| 县（市）名称 | 指标值/m² | 考核标准 | 得分 |
|---|---|---|---|
| 长海县 | 14 | | 2 |
| 高青县 | 12 | | 2 |
| 辽中县 | 15 | | 2 |
| 普兰店市 | 11.5 | | 0 |
| 庄河市 | 12 | | 2 |
| 辽阳县 | 10 | | 0 |
| 海城市 | 12 | ≥12 | 2 |
| 梁山县 | 11 | | 0 |
| 沾化县 | 12 | | 2 |
| 莱州市 | 20 | | 2 |
| 寿光市 | 12 | | 2 |
| 惠民县 | 11 | | 0 |
| 广饶县 | 14 | | 2 |
| 平均值 | 12.81 | | 2 |

14）农村生活用能中清洁能源所占比例。该指标是指农村用于生活的全部能源中清洁能源所占的比例。清洁能源是指环境污染物和温室气体零排放或者低排放的一次能源，主要包括天然气、核电、水电及其他新能源和可再生能源等。各县（市）得分情况如表 3-19 所示。

表 3-19　农村生活用能中清洁能源所占比例得分（东部）

| 县（市）名称 | 指标值/% | 考核标准 | 得分 |
|---|---|---|---|
| 长海县 | 90 | | 2 |
| 高青县 | 50 | | 2 |
| 辽中县 | 65 | | 2 |
| 普兰店市 | 50 | | 2 |
| 庄河市 | 90 | | 2 |
| 辽阳县 | 50 | | 2 |
| 海城市 | 30 | ≥50 | 0 |
| 梁山县 | 25 | | 0 |
| 沾化县 | 28 | | 0 |
| 莱州市 | 35 | | 0 |
| 寿光市 | 20 | | 0 |
| 惠民县 | 25 | | 0 |
| 广饶县 | 35 | | 0 |
| 平均值 | 45.62 | | 0 |

15）秸秆综合利用率。该指标是指综合利用的秸秆数量占秸秆总量的比例。秸秆综合利用包括秸秆气化、饲料，秸秆还田、编织、燃料等。各县（市）得分情况如表 3-20 所示。

表 3-20　秸秆综合利用率得分（东部）

| 县（市）名称 | 指标值/% | 考核标准 | 得分 |
|---|---|---|---|
| 长海县 | 95 | | 2 |
| 高青县 | 95 | | 2 |
| 辽中县 | 100 | | 2 |
| 普兰店市 | 95 | | 2 |
| 庄河市 | 95 | | 2 |
| 辽阳县 | 95 | | 2 |
| 海城市 | 100 | ≥95 | 2 |
| 梁山县 | 100 | | 2 |
| 沾化县 | 95 | | 2 |
| 莱州市 | 100 | | 2 |
| 寿光市 | 100 | | 2 |
| 惠民县 | 90 | | 0 |
| 广饶县 | 100 | | 2 |
| 平均值 | 96.92 | | 2 |

16）规模化畜禽养殖场粪便综合利用率。该指标是指集约化、规模化畜禽养殖场通过还田、沼气、堆肥、培养料等方式利用的畜禽粪便量与畜禽粪便产生总量的比例。各县（市）得分情况如表3-21所示。

表3-21　规模化畜禽养殖场粪便综合利用率得分（东部）

| 县（市）名称 | 指标值/% | 考核标准 | 得分 |
| --- | --- | --- | --- |
| 长海县 | 98 | | 2 |
| 高青县 | 100 | | 2 |
| 辽中县 | 100 | | 2 |
| 普兰店市 | 100 | | 2 |
| 庄河市 | 95 | | 2 |
| 辽阳县 | 95 | | 2 |
| 海城市 | 100 | ≥95 | 2 |
| 梁山县 | 100 | | 2 |
| 沾化县 | 90 | | 0 |
| 莱州市 | 100 | | 2 |
| 寿光市 | 85 | | 0 |
| 惠民县 | 90 | | 0 |
| 广饶县 | 98 | | 2 |
| 平均值 | 96.23 | | 2 |

17）化肥施用强度（折纯）。该指标是指本年内单位面积耕地实际用于农业生产的化肥数量。化肥施用量要求按折纯量计算。折纯量是指将氮肥、磷肥、钾肥分别按含氮、含五氧化二磷、含氧化钾的成分进行折算后的数量。复合肥按其所含主要成分折算。各县（市）得分情况如表3-22所示。

表3-22　化肥施用强度（折纯）得分（东部）

| 县（市）名称 | 指标值/（kg/hm²） | 考核标准 | 得分 |
| --- | --- | --- | --- |
| 长海县 | 200 | | 2 |
| 高青县 | 240 | | 2 |
| 辽中县 | 200 | | 2 |
| 普兰店市 | 250 | | 0 |
| 庄河市 | 250 | | 0 |
| 辽阳县 | 248 | <250 | 2 |
| 海城市 | 248 | | 2 |
| 梁山县 | 270 | | 0 |
| 沾化县 | 250 | | 0 |
| 莱州市 | 250 | | 0 |
| 寿光市 | 300 | | 0 |
| 惠民县 | 280 | <250 | 0 |
| 广饶县 | 250 | | 0 |
| 平均值 | 248.92 | | 2 |

18）集中式饮用水源水质达标率/村镇饮用水卫生合格率。集中式饮用水源水质达标率指城镇集中饮用水水源地，其地表水水源水质达到《地表水环境质量标准》（GB 3838—2002）Ⅲ类标准和地下水水源水质达到《地下水质量标准》（GB/T 14848—1993）Ⅲ类标准的水量占取水总量的百分比。村镇饮用水卫生合格率指以自来水厂或手压井形式取得饮用水的农村人口占农村总人口的百分率。各县（市）的指标值和考核标准均取这两个指标的平均值。各县（市）得分情况如表 3-23 所示。

**表 3-23　集中式饮用水源水质达标率/村镇饮用水卫生合格率得分（东部）**

| 县（市）名称 | 指标值/% | 考核标准 | 得分 |
|---|---|---|---|
| 长海县 | 100 | | 2 |
| 高青县 | 100 | | 2 |
| 辽中县 | 100 | | 2 |
| 普兰店市 | 100 | | 2 |
| 庄河市 | 100 | | 2 |
| 辽阳县 | 100 | 100 | 2 |
| 海城市 | 100 | | 2 |
| 梁山县 | 100 | | 2 |
| 沾化县 | 100 | | 2 |
| 莱州市 | 100 | | 2 |
| 寿光市 | 100 | | 2 |
| 惠民县 | 92.5 | | 0 |
| 广饶县 | 100 | | 2 |
| 平均值 | 99.42 | | 0 |

19）农村卫生厕所普及率。该指标是指使用卫生厕所的农户数占农户总户数的比例。卫生厕所标准执行《农村户厕卫生标准》（GB19379—2003）。各县（市）得分情况如表 3-24 所示。

**表 3-24　农村卫生厕所普及率得分（东部）**

| 县（市）名称 | 指标值/% | 考核标准 | 得分 |
|---|---|---|---|
| 长海县 | 95 | | 2 |
| 高青县 | 95 | | 2 |
| 辽中县 | 98 | | 2 |
| 普兰店市 | 99 | | 2 |
| 庄河市 | 95 | | 2 |
| 辽阳县 | 95 | | 2 |
| 海城市 | 100 | | 2 |
| 梁山县 | 99 | ≥95 | 2 |
| 沾化县 | 90 | | 0 |
| 莱州市 | 100 | | 2 |
| 寿光市 | 60 | | 0 |
| 惠民县 | 90 | | 0 |
| 广饶县 | 100 | | 2 |
| 平均值 | 93.54 | | 0 |

20）环境保护投资占 GDP 的比重。该指标是指用于环境污染防治、生态环境保护和建设投资占当年国内生产总值（GDP）的比例。各县（市）得分情况如表 3-25 所示。

表 3-25　环境保护投资占 GDP 的比重得分（东部）

| 县（市）名称 | 指标值/% | 考核标准 | 得分 |
|---|---|---|---|
| 长海县 | 3 | | 0 |
| 高青县 | 3.5 | | 2 |
| 辽中县 | 4 | | 2 |
| 普兰店市 | 3.5 | | 2 |
| 庄河市 | 3.7 | | 2 |
| 辽阳县 | 3.5 | | 2 |
| 海城市 | 1.6 | ≥3.5 | 0 |
| 梁山县 | 2.6 | | 0 |
| 沾化县 | 2.2 | | 0 |
| 莱州市 | 2 | | 0 |
| 寿光市 | 2.5 | | 0 |
| 惠民县 | 3 | | 0 |
| 广饶县 | 3.8 | | 2 |
| 平均值 | 2.99 | | 0 |

21）人口自然增长率。该指示是指在一定时期内（通常为一年）人口净增加数（出生人数减死亡人数）与该时期内平均人数（或期中人数）之比，采用千分率表示。考核标准选择中国人口自然增长率 10‰。各县（市）得分情况如表 3-26 所示。

表 3-26　人口自然增长率得分（东部）

| 县（市）名称 | 指标值/‰ | 考核标准 | 得分 |
|---|---|---|---|
| 长海县 | 1.89 | | 2 |
| 高青县 | 2.62 | | 2 |
| 辽中县 | 0.6 | | 2 |
| 普兰店市 | 2.31 | | 2 |
| 庄河市 | 1.06 | | 2 |
| 辽阳县 | 0.4 | | 2 |
| 海城市 | 3 | <10 | 2 |
| 梁山县 | 3 | | 2 |
| 沾化县 | 5 | | 2 |
| 莱州市 | 1.88 | | 2 |
| 寿光市 | 3 | | 2 |
| 惠民县 | 4 | | 2 |
| 广饶县 | 2.4 | | 2 |
| 平均值 | 2.40 | | 2 |

22）公众对环境的满意率。该指标是指公众对环境保护工作及环境质量状况的满意程度。各县（市）得分情况如表 3-27 所示。

表 3-27　公众对环境的满意率（东部）

| 县（市）名称 | 指标值/% | 考核标准 | 得分 |
|---|---|---|---|
| 长海县 | 95 | | 0 |
| 高青县 | 95 | | 0 |
| 辽中县 | 100 | | 2 |
| 普兰店市 | 96 | | 2 |
| 庄河市 | 97 | | 2 |
| 辽阳县 | 85 | | 0 |
| 海城市 | 98 | >95 | 2 |
| 梁山县 | 96 | | 2 |
| 沾化县 | 95 | | 0 |
| 莱州市 | 98 | | 2 |
| 寿光市 | 95 | | 0 |
| 惠民县 | 90 | | 0 |
| 广饶县 | 98 | | 2 |
| 平均值 | 95.23 | | 2 |

### （2）中西部地区得分情况

下面将按 22 个指标的顺序逐一对 7 个中西部地区县（市）进行打分。

1）农民年人均纯收入。从未来的发展考虑，考核标准取不发达地区县级市标准 6000 元/人。各县（市）得分情况如表 3-28 所示。

表 3-28　农民年人均纯收入得分（中西部）

| 县（市）名称 | 指标值/（元/人） | 考核标准 | 得分 |
|---|---|---|---|
| 宁城县 | 8 519 | | 2 |
| 范县 | 1 961 | | 0 |
| 榆树市 | 7 500 | | 2 |
| 尚志市 | 6 500 | | 2 |
| 孙吴县 | 3 900 | ≥6 000 | 0 |
| 芮城县 | 5 500 | | 0 |
| 集安市 | 11 235 | | 2 |
| 平均值 | 6 445.00 | | 2 |

2）单位 GDP 能耗。各县（市）得分情况如表 3-29 所示。

表 3-29 单位 GDP 能耗得分（中西部）

| 县（市）名称 | 指标值/（t 标煤/万元） | 考核标准 | 得分 |
|---|---|---|---|
| 宁城县 | 0.9 | | 2 |
| 范县 | 1.6 | | 0 |
| 榆树市 | 0.8224 | | 2 |
| 尚志市 | 1.2 | ≤0.9 | 0 |
| 孙吴县 | 2.4 | | 0 |
| 芮城县 | 1.1 | | 0 |
| 集安市 | 1.35 | | 0 |
| 平均值 | 1.34 | | 0 |

3）单位工业增加值新鲜水耗。各县（市）得分情况如表 3-30 所示。

表 3-30 单位工业增加值新鲜水耗得分（中西部）

| 县（市）名称 | 指标值/（m³/万元） | 考核标准 | 得分 |
|---|---|---|---|
| 宁城县 | 18 | | 2 |
| 范县 | 78.67 | | 0 |
| 榆树市 | 40 | | 0 |
| 尚志市 | 20 | ≤20 | 2 |
| 孙吴县 | 30.67 | | 0 |
| 芮城县 | 21 | | 0 |
| 集安市 | 40 | | 0 |
| 平均值 | 35.48 | | 0 |

4）主要农产品中有机、绿色及无公害产品种植面积的比重。各县（市）得分情况如表 3-31 所示。

表 3-31 主要农产品中有机、绿色及无公害产品种植面积的比重得分（中西部）

| 县（市）名称 | 指标值/% | 考核标准 | 得分 |
|---|---|---|---|
| 宁城县 | 60 | | 2 |
| 范县 | 40 | | 0 |
| 榆树市 | 40 | | 0 |
| 尚志市 | 20 | ≥60 | 0 |
| 孙吴县 | 25 | | 0 |
| 芮城县 | 30 | | 0 |
| 集安市 | 30 | | 0 |
| 平均值 | 35.00 | | 0 |

5）森林覆盖率。各县（市）得分情况如表 3-32 所示。

表 3-32　森林覆盖率得分（中西部）

| 县（市）名称 | 指标值/% | 考核标准 | 得分 |
|---|---|---|---|
| 宁城县 | 72 | ≥45 | 2 |
| 范县 | 28 | | 0 |
| 榆树市 | 13 | | 0 |
| 尚志市 | 60 | | 2 |
| 孙吴县 | 66 | | 2 |
| 芮城县 | 50 | | 2 |
| 集安市 | 82.4 | | 2 |
| 平均值 | 53.06 | | 2 |

6）受保护地区占国土面积比例。各县（市）得分情况如表 3-33 所示。

表 3-33　受保护地区占国土面积比例得分（中西部）

| 县（市）名称 | 指标值/% | 考核标准 | 得分 |
|---|---|---|---|
| 宁城县 | 10 | ≥20 | 0 |
| 范县 | 3.3 | | 0 |
| 榆树市 | 12 | | 0 |
| 尚志市 | 15 | | 0 |
| 孙吴县 | 40 | | 2 |
| 芮城县 | 23 | | 2 |
| 集安市 | 21 | | 2 |
| 平均值 | 17.76 | | 0 |

7）空气环境质量。各县（市）得分情况如表 3-34 所示。

表 3-34　空气环境质量得分（中西部）

| 县（市）名称 | 指标值/分 | 考核标准 | 得分 |
|---|---|---|---|
| 宁城县 | 100 | ≥80 | 2 |
| 范县 | 80 | | 2 |
| 榆树市 | 80 | | 2 |
| 尚志市 | 80 | | 2 |
| 孙吴县 | 85 | | 2 |
| 芮城县 | 90 | | 2 |
| 集安市 | 100 | | 2 |
| 平均值 | 87.86 | | 2 |

8）水环境质量。各县（市）得分情况如表 3-35 所示。

表 3-35　水环境质量得分（中西部）

| 县（市）名称 | 指标值/分 | 考核标准 | 得分 |
|---|---|---|---|
| 宁城县 | 100 | | 2 |
| 范县 | 40 | | 0 |
| 榆树市 | 60 | | 0 |
| 尚志市 | 100 | ≥80 | 2 |
| 孙吴县 | 85 | | 2 |
| 芮城县 | 100 | | 2 |
| 集安市 | 100 | | 2 |

9）噪声环境质量。各县（市）得分情况如表 3-36 所示。

表 3-36　噪声环境质量得分（中西部）

| 县（市）名称 | 指标值/% | 考核标准 | 得分 |
|---|---|---|---|
| 宁城县 | 100 | | 2 |
| 范县 | 80 | | 2 |
| 榆树市 | 70 | | 0 |
| 尚志市 | 80 | ≥80 | 2 |
| 孙吴县 | 90 | | 2 |
| 芮城县 | 90 | | 2 |
| 集安市 | 100 | | 2 |
| 平均值 | 87.14 | | 2 |

10）主要污染物化学需氧量排放强度。各县（市）得分情况如表 3-37 所示。

表 3-37　主要污染物化学需氧量排放强度得分（中西部）

| 县（市）名称 | 指标值/（kg/万元 GDP） | 考核标准 | 得分 |
|---|---|---|---|
| 宁城县 | 0.48 | | 2 |
| 范县 | 4.17 | | 0 |
| 榆树市 | 3.87 | | 0 |
| 尚志市 | 1.7 | <3.5 | 2 |
| 孙吴县 | 9.7 | | 0 |
| 芮城县 | 4 | | 0 |
| 集安市 | 2.46 | | 2 |
| 平均值 | 3.77 | | 0 |

11）城镇污水集中处理率/工业用水重复率。各县（市）得分情况如表 3-38 所示。

表 3-38　城镇污水集中处理率/工业用水重复率得分（中西部）

| 县（市）名称 | 指标值/% | 考核标准 | 得分 |
|---|---|---|---|
| 宁城县 | 90 | | 2 |
| 范县 | 55 | | 0 |
| 榆树市 | 80 | | 2 |
| 尚志市 | 50 | ≥80 | 0 |
| 孙吴县 | 55 | | 0 |
| 芮城县 | 60 | | 0 |
| 集安市 | 85 | | 2 |
| 平均值 | 67.86 | | 0 |

12）城镇生活垃圾无害化处理率/工业固体废物处置利用率。各县（市）得分情况如表 3-39 所示。

表 3-39　城镇生活垃圾无害化处理率/工业固体废物处置利用率得分（中西部）

| 县（市）名称 | 指标值/% | 考核标准 | 得分 |
|---|---|---|---|
| 宁城县 | 77.5 | | 0 |
| 范县 | 60 | | 0 |
| 榆树市 | 90 | | 2 |
| 尚志市 | 85 | ≥90 | 0 |
| 孙吴县 | 97.5 | | 2 |
| 芮城县 | 96 | | 2 |
| 集安市 | 77.5 | | 0 |
| 平均值 | 83.36 | | 0 |

13）城镇人均公共绿地面积。各县（市）得分情况如表 3-40 所示。

表 3-40　城镇人均公共绿地面积得分（中西部）

| 县（市）名称 | 指标值/m² | 考核标准 | 得分 |
|---|---|---|---|
| 宁城县 | 5 | | 0 |
| 范县 | 7.1 | | 0 |
| 榆树市 | 12 | | 2 |
| 尚志市 | 12 | | 2 |
| 孙吴县 | 10 | ≥12 | 0 |
| 芮城县 | 15 | | 2 |
| 集安市 | 12 | | 2 |
| 平均值 | 10.44 | | 0 |

14）农村生活用能中清洁能源所占比例。各县（市）得分情况如表 3-41 所示。

表 3-41  农村生活用能中清洁能源所占比例得分（中西部）

| 县（市）名称 | 指标值/% | 考核标准 | 得分 |
|---|---|---|---|
| 宁城县 | 35 | | 0 |
| 范县 | 17.38 | | 0 |
| 榆树市 | 70 | | 2 |
| 尚志市 | 30 | ≥50 | 0 |
| 孙吴县 | 20 | | 0 |
| 芮城县 | 40 | | 0 |
| 集安市 | 80 | | 2 |
| 平均值 | 41.77 | | 0 |

15）秸秆综合利用率。各县（市）得分情况如表 3-42 所示。

表 3-42  秸秆综合利用率得分（中西部）

| 县（市）名称 | 指标值/% | 考核标准 | 得分 |
|---|---|---|---|
| 宁城县 | 90 | | 0 |
| 范县 | 90 | | 0 |
| 榆树市 | 95 | | 2 |
| 尚志市 | 100 | ≥95 | 2 |
| 孙吴县 | 80 | | 0 |
| 芮城县 | 100 | | 2 |
| 集安市 | 95 | | 2 |
| 平均值 | 92.86 | | 0 |

16）规模化畜禽养殖场粪便综合利用率。各县（市）得分情况如表 3-43 所示。

表 3-43  规模化畜禽养殖场粪便综合利用率得分（中西部）

| 县（市）名称 | 指标值/% | 考核标准 | 得分 |
|---|---|---|---|
| 宁城县 | 80 | | 0 |
| 范县 | 85 | | 0 |
| 榆树市 | 80 | | 0 |
| 尚志市 | 90 | ≥95 | 0 |
| 孙吴县 | 80 | | 0 |
| 芮城县 | 98 | | 2 |
| 集安市 | 95 | | 2 |
| 平均值 | 86.86 | | 0 |

17）化肥施用强度（折纯）。各县（市）得分情况如表 3-44 所示。

表 3-44　化肥施用强度（折纯）得分（中西部）

| 县（市）名称 | 指标值/（kg/hm²） | 考核标准 | 得分 |
| --- | --- | --- | --- |
| 宁城县 | 15 | | 2 |
| 范县 | 275 | | 0 |
| 榆树市 | 250 | | 0 |
| 尚志市 | 250 | <250 | 0 |
| 孙吴县 | 200 | | 2 |
| 芮城县 | 200 | | 2 |
| 集安市 | 200 | | 2 |
| 平均值 | 198.57 | | 2 |

18）集中式饮用水源水质达标率/村镇饮用水卫生合格率。各县（市）得分情况如表 3-45 所示。

表 3-45　集中式饮用水源水质达标率/村镇饮用水卫生合格率得分（中西部）

| 县（市）名称 | 指标值/% | 考核标准 | 得分 |
| --- | --- | --- | --- |
| 宁城县 | 82 | | 0 |
| 范县 | 60 | | 0 |
| 榆树市 | 97.5 | | 0 |
| 尚志市 | 100 | 100 | 2 |
| 孙吴县 | 94 | | 0 |
| 芮城县 | 100 | | 2 |
| 集安市 | 97.5 | | 0 |
| 平均值 | 90.14 | | 0 |

19）农村卫生厕所普及率。各县（市）得分情况如表 3-46 所示。

表 3-46　农村卫生厕所普及率得分（中西部）

| 县（市）名称 | 指标值/% | 考核标准 | 得分 |
| --- | --- | --- | --- |
| 宁城县 | 100 | | 2 |
| 范县 | 36 | | 0 |
| 榆树市 | 85.79 | | 0 |
| 尚志市 | 100 | ≥95 | 2 |
| 孙吴县 | 98 | | 2 |
| 芮城县 | 100 | | 2 |
| 集安市 | 77.8 | | 0 |
| 平均值 | 85.37 | | 0 |

20）环境保护投资占 GDP 的比重。各县（市）得分情况如表 3-47 所示。

**表 3-47　环境保护投资占 GDP 的比重得分（中西部）**

| 县（市）名称 | 指标值/% | 考核标准 | 得分 |
|---|---|---|---|
| 宁城县 | 2.9 | | 0 |
| 范县 | 1 | | 0 |
| 榆树市 | 1.594 | | 0 |
| 尚志市 | 1.125 | ≥3.5 | 0 |
| 孙吴县 | 0.5 | | 0 |
| 芮城县 | 3 | | 0 |
| 集安市 | 1.5 | | 0 |
| 平均值 | 1.66 | | 0 |

21）人口自然增长率。各县（市）得分情况如表 3-48 所示。

**表 3-48　人口自然增长率得分（中西部）**

| 县（市）名称 | 指标值/‰ | 考核标准 | 得分 |
|---|---|---|---|
| 宁城县 | 0.39 | | 2 |
| 范县 | 0.45 | | 2 |
| 榆树市 | 2.75 | | 2 |
| 尚志市 | 3.76 | <10 | 2 |
| 孙吴县 | 0.57 | | 2 |
| 芮城县 | 0.3 | | 2 |
| 集安市 | 0.2 | | 2 |
| 平均值 | 1.20 | | 2 |

22）公众对环境的满意率。各县（市）得分情况如表 3-49 所示。

**表 3-49　公众对环境的满意率（中西部）**

| 县（市）名称 | 指标值/% | 考核标准 | 得分 |
|---|---|---|---|
| 宁城县 | 95 | | 0 |
| 范县 | 93 | | 0 |
| 榆树市 | 98 | | 2 |
| 尚志市 | 95 | | 0 |
| 孙吴县 | 90 | >95 | 0 |
| 芮城县 | 100 | | 2 |
| 集安市 | 98 | | 2 |
| 平均值 | 95.57 | | 2 |

**（3）基于门槛理论的得分情况汇总**

将东部地区和中西部地区各县（市）的 22 个指标得分相加，得到各县（市）的原始总分。由于按照该方案进行打分后，满分应该为 44 分（22 个指标，每个指标 2 分），为了方便理解和比较，这里将原始总分转换为百分制总分，然后按各县（市）的百分制总分进行排序。

东部地区 13 个县（市）和中西部地区 7 个县（市）的总分及排名情况分别如表 3-50、表 3-51 所示。

**表 3-50　基于门槛理论的东部地区县（市）考核得分及排名**

| 县（市）名称 | 原始总分 | 百分制总分 | 排名 |
|---|---|---|---|
| 庄河市 | 40 | 90.91 | 1 |
| 高青县 | 38 | 86.36 | 2 |
| 辽中县 | 38 | 86.36 | 2 |
| 普兰店市 | 36 | 81.82 | 4 |
| 辽阳县 | 32 | 72.73 | 5 |
| 长海县 | 30 | 68.18 | 6 |
| 海城市 | 30 | 68.18 | 7 |
| 广饶县 | 30 | 68.18 | 8 |
| 莱州市 | 28 | 63.64 | 9 |
| 梁山县 | 24 | 54.55 | 10 |
| 沾化县 | 22 | 50.00 | 11 |
| 寿光市 | 18 | 40.91 | 12 |
| 惠民县 | 8 | 18.18 | 13 |

**表 3-51　基于门槛理论的中西部地区县（市）考核得分及排名**

| 县（市）名称 | 原始总分 | 百分制总分 | 排名 |
|---|---|---|---|
| 集安市 | 30 | 68.18 | 1 |
| 芮城县 | 28 | 63.64 | 2 |
| 宁城县 | 26 | 59.09 | 3 |
| 尚志市 | 24 | 54.55 | 4 |
| 榆树市 | 20 | 45.45 | 5 |
| 孙吴县 | 18 | 40.91 | 6 |
| 范县 | 6 | 13.64 | 7 |

## 3.4.3.2　基于因子分析法的生态规划效果比较

在 3.4.3.1 节门槛理论指导下，我们根据《全国生态县、生态市创建工作考核方案（试行）》（环办〔2005〕137 号）对各县（市）的指标体系进行打分，但是这个方法存在一定的局限性，即只关注指标值与考核标准相比是大了，还是小了，暂不考虑其大了多少，或者小了多少。例如，在对单位 GDP 能耗这个指标进行打分时，长海县的指标值为 0.09t 标煤/万元，沾化县的指标值为 0.8t 标煤/万元，两个指标值都达到了考核标准（即都小于 0.9t 标煤/万元），因此在此指标上两个县的得分是一样的。但是显然从指标值的数据来看，长海县的单位 GDP 能耗要远远小于沾化县，照理说应该在评价上得到更多的分数。

为了解决这一问题，就需要采用因子分析法对各县（市）的指标值大小进行直接比较分析，然后根据分析结果对 3.4.3.1 节中各县（市）的考核得分进行一定的修正。

**（1）因子分析法简介**

因子分析法是通过研究多个变量相关矩阵的内部依赖关系，将原有多个变量综合成少数几个公共因子，从而简化观测系统，减少变量维数，用少数的变量来解释所研究的复杂问题的分析方法。因子分析并不是对原有变量的简单取舍，而是原有变量重组后的结果，因此既能大大减少参与数据建模的变量个数，又不会造成原有变量信息的大量丢失，并且能够代替原有变量的绝大部分信息。

因子分析法的一般模型如式（3-1）所示：

$$X_i = A_{i1} \times F_1 + A_{i2} \times F_2 + A_{i3} \times F_3 + \cdots + A_{ij} \times F_j + \varepsilon \tag{3-1}$$

式中，$X_i$ 为实测变量；$A_{ij}$ 为第 $i$ 个变量在第 $j$ 个公共因子上的载荷（相关系数），载荷越大，说明第 $i$ 个变量与第 $j$ 个因子的关系越密切；$F_j$ 为公共因子；$\varepsilon$ 为特异因子。

因子分析的步骤一般分为以下四步。

1）检验数据是否适于进行因子分析。由于因子分析的主要任务是将原有变量中的信息重叠部分提取和综合成少数几个具有代表意义的因子变量，进而最终实现减少变量个数的目的。故它要求原始变量之间应存在较强的相关关系，否则，如果原有变量相互独立，不存在信息重叠，那么也就无法进行因子分析。

2）在样本数据的基础上提取和综合因子，如采用基于主成分模型的主成分分析法。

3）进行因子旋转，使一个变量只在尽可能少的因子上有比较高的载荷，能让提取出的因子具有更好的解释性。因为将原有变量综合为少数几个因子后，如果因子的实际含义不清，则极不利于进一步分析。

4）通过各种方法计算各样本在各因子上的得分，作为进一步分析的基础。

本分析借助 SPSS 15.0 软件对统计数据进行处理，利用系统软件计算出各县（市）公共因子指数和综合指数，评分结果更具客观性，并在此基础上对 3.4.3.1 节的考核得分进行修正。和基于门槛理论的考核方法一样，各县（市）的相关数据均来源于其生态规划的中期规划指标值。

**（2）东部地区因子分析过程**

1）数据标准化。将各原始数据标准化，以消除变量间在数量级和量纲上的差别。本文运用 SPSS 15.0 软件自有的数据标准化步骤，将所要处理的原始数据进行了标准化。

2）变量共同度。变量共同度反映了全部公共因子对原有变量解释的程度，是评价变量信息丢失程度的重要指标。初始情况下，原有变量的所有方差都可以被解释，变量的共同度均为 1（原有变量标准化后的方差为 1）。

表 3-52 显示了 22 个变量的共同度数据。可见，大多数变量的共同度都接近或者超

过了 0.8，说明这些变量的绝大部分信息（超过 80%）都可以被解释，原有变量信息丢失较少。因此，本次因子提取的总体效果是理想的。

抽取方式：主成分分析法。

表 3-52  变量共同度（东部）

| 原始变量 | 初始值 | 共同度 |
|---|---|---|
| 农民年人均纯收入 $x_1$ | 1.000 | 0.988 |
| 单位 GDP 能耗 $x_2$ | 1.000 | 0.871 |
| 单位工业增加值新鲜水耗 $x_3$ | 1.000 | 0.805 |
| 主要农产品中有机、绿色及无公害产品种植面积的比重 $x_4$ | 1.000 | 0.914 |
| 森林覆盖率 $x_5$ | 1.000 | 0.763 |
| 受保护地区占国土面积比例 $x_6$ | 1.000 | 0.797 |
| 空气环境质量 $x_7$ | 1.000 | 0.787 |
| 水环境质量 $x_8$ | 1.000 | 0.900 |
| 噪声环境质量 $x_9$ | 1.000 | 0.822 |
| 主要污染物排放强度：化学需氧量 $x_{10}$ | 1.000 | 0.855 |
| 城镇污水集中处理率/工业用水重复率 $x_{11}$ | 1.000 | 0.882 |
| 城镇生活垃圾无害化处理率/工业固体废物处置利用率 $x_{12}$ | 1.000 | 0.602 |
| 城镇人均公共绿地面积 $x_{13}$ | 1.000 | 0.603 |
| 农村生活用能中清洁能源所占比例 $x_{14}$ | 1.000 | 0.962 |
| 秸秆综合利用率 $x_{15}$ | 1.000 | 0.957 |
| 规模化畜禽养殖场粪便综合利用率 $x_{16}$ | 1.000 | 0.965 |
| 化肥施用强度（折纯）$x_{17}$ | 1.000 | 0.754 |
| 集中式饮用水源水质达标率/村镇饮用水卫生合格率 $x_{18}$ | 1.000 | 0.849 |
| 农村卫生厕所普及率 $x_{19}$ | 1.000 | 0.967 |
| 环境保护投资占 GDP 的比重 $x_{20}$ | 1.000 | 0.838 |
| 人口自然增长率 $x_{21}$ | 1.000 | 0.935 |
| 公众对环境的满意率 $x_{22}$ | 1.000 | 0.869 |

3）提取公因子。公因子个数选取的原则是提取特征值大于 1 的前 $n$ 个成分或者方差累计贡献率达到 80% 以上即可。运用 SPSS 15.0 统计软件选用因子分析法得到特征值大于 1 的 6 个因子，如表 3-53 所示，这 6 个因子的累计贡献率达到了 84.929%，说明这 6 个因子提供了原始数据的足够信息，故选取这 6 个因子为公因子，分别记为 $F_1$，$F_2$，$F_3$，$F_4$，$F_5$ 和 $F_6$。

表 3-53　因子分析中方差贡献率表（东部）

| 公因子 | 初始特征向量 | | | 旋转后提取因子的载荷平方和 | | |
|---|---|---|---|---|---|---|
| | 特征值 | 方差贡献率/% | 累积贡献率/% | 特征值 | 方差贡献率/% | 累积贡献率/% |
| $F_1$ | 7.032 | 31.966 | 31.966 | 4.881 | 22.188 | 22.188 |
| $F_2$ | 3.332 | 15.146 | 47.112 | 3.739 | 16.994 | 39.181 |
| $F_3$ | 2.978 | 13.537 | 60.649 | 3.068 | 13.947 | 53.129 |
| $F_4$ | 2.351 | 10.687 | 71.336 | 2.822 | 12.827 | 65.956 |
| $F_5$ | 1.598 | 7.264 | 78.600 | 2.472 | 11.239 | 77.194 |
| $F_6$ | 1.392 | 6.329 | 84.929 | 1.702 | 7.735 | 84.929 |

4）东部县（市）因子分析得分。采用计算因子加权总分的方法进行综合评价，以因子的方差贡献率为权数，得各县（市）的综合得分。各县（市）综合得分和排名如表 3-54 所示。

表 3-54　因子分析得分及排名表（东部）

| 县（市） | $F_1$ | $F_2$ | $F_3$ | $F_4$ | $F_5$ | $F_6$ | 综合得分 | 排名 |
|---|---|---|---|---|---|---|---|---|
| 庄河市 | 0.672 | 2.096 | -0.239 | -0.375 | 0.264 | 0.984 | 0.530 | 1 |
| 长海县 | 2.869 | -0.919 | -0.372 | 0.326 | -0.173 | -0.981 | 0.370 | 2 |
| 辽中县 | 0.197 | 1.158 | 1.232 | 0.076 | -0.596 | -0.633 | 0.310 | 3 |
| 普兰店市 | 0.142 | 0.783 | -0.339 | 0.671 | 0.044 | 0.349 | 0.240 | 4 |
| 莱州市 | -0.013 | -0.563 | 1.307 | 0.549 | 0.193 | -0.323 | 0.150 | 5 |
| 高青县 | -0.330 | 0.692 | -0.177 | 0.333 | 0.227 | 0.503 | 0.130 | 6 |
| 沾化县 | 0.318 | -1.118 | -0.343 | -0.628 | 0.504 | 2.569 | 0.010 | 7 |
| 海城市 | -0.494 | -1.230 | 0.333 | 0.883 | 1.405 | -0.060 | -0.010 | 8 |
| 广饶县 | -0.437 | 0.015 | 1.069 | 0.653 | -1.596 | 0.256 | -0.020 | 9 |
| 辽阳县 | -0.571 | 0.640 | -1.562 | -0.105 | 1.491 | -1.352 | -0.190 | 10 |
| 梁山县 | -1.266 | -0.460 | 0.339 | 0.653 | 0.306 | -0.379 | -0.220 | 11 |
| 寿光市 | -0.326 | -0.421 | 0.741 | -2.974 | 0.020 | -0.708 | -0.470 | 12 |
| 惠民县 | -0.761 | -0.672 | -1.989 | -0.060 | -2.089 | -0.226 | -0.820 | 13 |

（3）中西部地区因子分析过程

1）数据标准化。将各原始数据标准化，以消除变量间在数量级和量纲上的差别。本文运用 SPSS 15.0 软件自有的数据标准化步骤，将所要处理的原始数据进行了标准化。

2）变量共同度。变量共同度反映了全部公共因子对原有变量解释的程度，是评价变量信息丢失程度的重要指标。初始情况下，原有变量的所有方差都可以被解释，变量的共同度均为 1（原有变量标准化后的方差为 1）。

表 3-55 显示了 22 个变量的共同度数据。可见，大多数变量的共同度都接近或者超过了 0.8，说明这些变量的绝大部分信息（超过 80%）都可以被解释，原有变量信息丢

失较少。因此，本次因子提取的总体效果是理想的。

抽取方式：主成分分析法。

表 3-55　变量共同度（中西部）

| 原始变量 | 初始值 | 共同度 |
| --- | --- | --- |
| 农民年人均纯收入 $x_1$ | 1.000 | 0.933 |
| 单位 GDP 能耗 $x_2$ | 1.000 | 0.990 |
| 单位工业增加值新鲜水耗 $x_3$ | 1.000 | 0.946 |
| 主要农产品中有机、绿色及无公害产品种植面积的比重 $x_4$ | 1.000 | 0.939 |
| 森林覆盖率 $x_5$ | 1.000 | 0.827 |
| 受保护地区占国土面积比例 $x_6$ | 1.000 | 0.939 |
| 空气环境质量 $x_7$ | 1.000 | 0.991 |
| 水环境质量 $x_8$ | 1.000 | 0.899 |
| 噪声环境质量 $x_9$ | 1.000 | 0.988 |
| 主要污染物排放强度：化学需氧量 $x_{10}$ | 1.000 | 0.809 |
| 城镇污水集中处理率/工业用水重复率 $x_{11}$ | 1.000 | 0.725 |
| 城镇生活垃圾无害化处理率/工业固体废物处置利用率 $x_{12}$ | 1.000 | 0.879 |
| 城镇人均公共绿地面积 $x_{13}$ | 1.000 | 0.948 |
| 农村生活用能中清洁能源所占比例 $x_{14}$ | 1.000 | 0.819 |
| 秸秆综合利用率 $x_{15}$ | 1.000 | 0.903 |
| 规模化畜禽养殖场粪便综合利用率 $x_{16}$ | 1.000 | 0.902 |
| 化肥施用强度（折纯）$x_{17}$ | 1.000 | 0.975 |
| 集中式饮用水源水质达标率/村镇饮用水卫生合格率 $x_{18}$ | 1.000 | 0.959 |
| 农村卫生厕所普及率 $x_{19}$ | 1.000 | 0.985 |
| 环境保护投资占 GDP 的比重 $x_{20}$ | 1.000 | 0.657 |
| 人口自然增长率 $x_{21}$ | 1.000 | 0.761 |
| 公众对环境的满意率 $x_{22}$ | 1.000 | 0.906 |

3）提取公因子。公因子个数选取的原则是提取特征值大于 1 的前 $n$ 个成分或者方差累计贡献率达到 80% 以上即可。运用 SPSS 15.0 统计软件选用因子分析法得到特征值大于 1 的 4 个因子，如表 3-56 所示，这 4 个因子的累计贡献率达到了 87.183%，说明这 4 个因子提供了原始数据的足够信息，故选取这 4 个因子为公因子，分别记为 $F_1$，$F_2$，$F_3$，$F_4$。

表 3-56  因子分析中方差贡献率表（中西部）

| 公因子 | 初始特征向量 | | | 旋转后提取因子的载荷平方和 | | |
|---|---|---|---|---|---|---|
| | 特征值 | 方差贡献率/% | 累积贡献率/% | 特征值 | 方差贡献率/% | 累积贡献率/% |
| $F_1$ | 7.307 | 33.213 | 33.213 | 5.851 | 26.597 | 26.597 |
| $F_2$ | 5.163 | 23.467 | 56.680 | 5.064 | 23.017 | 49.614 |
| $F_3$ | 4.543 | 20.651 | 77.331 | 4.650 | 21.134 | 70.749 |
| $F_4$ | 2.168 | 9.852 | 87.183 | 3.616 | 16.434 | 87.183 |

4）中西部县（市）因子分析得分。采用计算因子加权总分的方法进行综合评价，以因子的方差贡献率为权数，得各县（市）的综合得分。各县（市）综合得分和排名如表 3-57 所示。

表 3-57  因子分析得分及排名表（中西部）

| 县（市） | $F_1$ | $F_2$ | $F_3$ | $F_4$ | 综合得分 | 排名 |
|---|---|---|---|---|---|---|
| 集安市 | 0.560 | −0.327 | 1.355 | 1.039 | 0.530 | 1 |
| 芮城县 | 0.440 | 0.487 | 0.226 | 1.027 | 0.450 | 2 |
| 尚志市 | 0.759 | 0.234 | 0.906 | −1.858 | 0.140 | 3 |
| 宁城县 | 0.100 | 0.669 | −0.881 | 0.481 | 0.070 | 4 |
| 榆树市 | 0.711 | 0.256 | −1.503 | −0.331 | −0.120 | 5 |
| 孙吴县 | −2.026 | 0.793 | 0.302 | −0.248 | −0.330 | 6 |
| 范县 | −0.544 | −2.112 | −0.406 | −0.111 | −0.730 | 7 |

### 3.4.3.3  生态规划效果综合排名

将各县（市）基于门槛理论的考核得分排名和基于因子分析的得分排名进行加权计算，得出各县（市）的生态规划效果综合排名。由于采用因子分析法是为了对门槛理论的考核得分进行一定修正，因此根据实际情况并参考其他学者的研究成果，将基于门槛理论的考核得分排名权重值取为 0.8，基于因子分析的得分排名权重值取为 0.2。东部和中西部地区各县（市）的生态规划效果综合排名如表 3-58、表 3-59 所示。

表 3-58  东部地区各县（市）生态规划效果综合排名

| 县（市） | 基于门槛理论的考核得分排名 | 考核得分排名权重 | 基于因子分析的得分排名 | 因子分析排名权重 | 计算结果 | 综合排名 |
|---|---|---|---|---|---|---|
| 庄河市 | 1 | 0.8 | 1 | 0.2 | 1 | 1 |
| 辽中县 | 2 | 0.8 | 3 | 0.2 | 2.2 | 2 |

续表

| 县（市） | 基于门槛理论的考核得分排名 | 考核得分排名权重 | 基于因子分析的得分排名 | 因子分析排名权重 | 计算结果 | 综合排名 |
|---|---|---|---|---|---|---|
| 高青县 | 2 | 0.8 | 6 | 0.2 | 2.8 | 3 |
| 普兰店市 | 4 | 0.8 | 4 | 0.2 | 4 | 4 |
| 长海县 | 6 | 0.8 | 2 | 0.2 | 5.2 | 5 |
| 辽阳县 | 5 | 0.8 | 10 | 0.2 | 6 | 6 |
| 海城市 | 7 | 0.8 | 8 | 0.2 | 7.2 | 7 |
| 广饶县 | 8 | 0.8 | 9 | 0.2 | 8.2 | 8 |
| 莱州市 | 9 | 0.8 | 5 | 0.2 | 8.2 | 8 |
| 梁山县 | 10 | 0.8 | 11 | 0.2 | 10.2 | 10 |
| 沾化县 | 11 | 0.8 | 7 | 0.2 | 10.2 | 10 |
| 寿光市 | 12 | 0.8 | 12 | 0.2 | 12 | 12 |
| 惠民县 | 13 | 0.8 | 13 | 0.2 | 13 | 13 |

表 3-59　中西部地区各县（市）生态规划效果综合排名

| 县（市） | 基于门槛理论的考核得分排名 | 考核得分排名权重 | 基于因子分析的得分排名 | 因子分析排名权重 | 计算结果 | 综合排名 |
|---|---|---|---|---|---|---|
| 集安市 | 1 | 0.8 | 1 | 0.2 | 1 | 1 |
| 芮城县 | 2 | 0.8 | 2 | 0.2 | 2 | 2 |
| 宁城县 | 3 | 0.8 | 4 | 0.2 | 3.2 | 3 |
| 尚志市 | 4 | 0.8 | 3 | 0.2 | 3.8 | 4 |
| 榆树市 | 5 | 0.8 | 5 | 0.2 | 5 | 5 |
| 孙吴县 | 6 | 0.8 | 6 | 0.2 | 6 | 6 |
| 范县 | 7 | 0.8 | 7 | 0.2 | 7 | 7 |

　　从表 3-59、表 3-60 的排名可以看出，东部地区生态规划效果最好的是庄河市，最差的是惠民县；中西部地区生态规划效果最好的是集安市，最差的是范县。从各县（市）的考核得分和因子分析得分来看，各县（市）之间的得分差距很大，说明整个北方地区不同县（市）的生态规划效果有很大差异。

　　另外，分别对东部地区和中西部地区各县（市）生态规划指标数量排名、各县（市）生态规划效果综合排名进行相关性分析，如表 3-60、表 3-61 所示。

表 3-60　东部县（市）指标数量与规划效果相关性

| 县（市） | 指标数量 | 指标数量排名 | 规划效果综合排名 | 两份排名的相关系数 |
|---|---|---|---|---|
| 庄河市 | 22 | 9 | 1 | |
| 高青县 | 22 | 9 | 2 | |
| 辽中县 | 22 | 9 | 3 | |
| 普兰店市 | 22 | 9 | 4 | |
| 长海县 | 21 | 13 | 5 | |
| 辽阳县 | 27 | 8 | 6 | |
| 海城市 | 36 | 6 | 7 | −0.550 |
| 广饶县 | 55 | 1 | 8 | |
| 莱州市 | 50 | 3 | 8 | |
| 梁山县 | 36 | 6 | 10 | |
| 沾化县 | 47 | 5 | 10 | |
| 寿光市 | 50 | 3 | 12 | |
| 惠民县 | 54 | 2 | 13 | |

表 3-61　中西部县（市）指标数量与规划效果相关性

| 县（市） | 指标数量 | 指标数量排名 | 规划效果综合排名 | 两份排名的相关系数 |
|---|---|---|---|---|
| 集安市 | 50 | 1 | 1 | |
| 芮城县 | 43 | 2 | 2 | |
| 宁城县 | 25 | 7 | 3 | |
| 尚志市 | 36 | 3 | 4 | 0.450 |
| 榆树市 | 26 | 5 | 5 | |
| 孙吴县 | 36 | 3 | 6 | |
| 范县 | 26 | 5 | 7 | |

表 3-62　相关关系分类

| 协调类型 | 高度相关 | 中度相关 | 低度相关 | 关系极弱，可认为不相关 |
|---|---|---|---|---|
| 相关系数 $|r|$ | $|r| \geq 0.8$ | $0.5 \leq |r| < 0.8$ | $0.3 \leq |r| < 0.5$ | $|r| < 0.3$ |

　　中西部县（市）指标数量与规划效果之间的相关系数为 0.450，对照表 3-62 可知二者之间的相关度较低；东部县（市）指标数量与规划效果之间的相关系数为 −0.550，二者甚至出现了一定程度的负相关关系。综上所述，可以认为整个北方地区县（市）的生态规划效果与生态规划指标数量之间并没有明显的正相关关系，可见并不是指标数量越多，其规划效果就越好。因此在指标数量的选择上不能盲目求全求多，而是应该根

据实际情况来选择合理、适当的指标数量。

## 3.4.4　东部和中西部生态规划差异比较

### 3.4.4.1　不同区域平均值的差异比较

#### （1）总体差异比较

将东部地区 13 个县（市）的 22 个考核指标平均值与中西部地区 7 个县（市）的 22 个考核指标平均值进行对比，如表 3-63 所示，针对东部地区和中西部地区指标平均值，基于门槛理论对其进行考核打分，得分情况如表 3-64 所示（已换算成百分制）。

**表 3-63　东部和中西部指标平均值对比**

| 指标类型 | 序号 | 考核指标名称 | 单位 | 考核标准 | 东部平均值 | 中西部平均值 |
|---|---|---|---|---|---|---|
| 经济发展 | 1 | 农民年人均纯收入<br>经济发达地区<br>经济欠发达地区 | 元/人 | ≥8 000<br>≥6 000 | 12 157.62 | 6 445.00 |
| | 2 | 单位 GDP 能耗 | t 标煤/万元 | ≤0.9 | 0.83 | 1.34 |
| | 3 | 单位工业增加值新鲜水耗 | m³/万元 | ≤20 | 16.48 | 35.48 |
| | 4 | 主要农产品中有机、绿色及无公害产品种植面积的比重 | % | ≥60 | 36.77 | 35.00 |
| 生态环境保护 | 5 | 森林覆盖率 | % | ≥20 | 31.08 | 53.06 |
| | 6 | 受保护地区占国土面积比例 | % | ≥20 | 27.00 | 17.76 |
| | 7 | 空气环境质量 | | 达到功能区标准 | 80.38 | 87.86 |
| | 8 | 水环境质量 | | 达到功能区标准，且省控以上断面过境河流水质不降低 | 73.46 | 83.57 |
| | 9 | 噪声环境质量 | | 达到功能区标准 | 82.75 | 87.14 |
| | 10 | 主要污染物排放强度：化学需氧量 | kg/万元（GDP） | <3.5 | 2.62 | 3.77 |
| | 11 | 城镇污水集中处理率/工业用水重复率 | % | ≥80 | 71.38 | 67.86 |

续表

| 指标类型 | 序号 | 考核指标名称 | 单位 | 考核标准 | 东部平均值 | 中西部平均值 |
|---|---|---|---|---|---|---|
| 生态环境保护 | 12 | 城镇生活垃圾无害化处理率/工业固体废物处置利用率 | % | ≥90 | 91.42 | 83.36 |
| | 13 | 城镇人均公共绿地面积 | m² | ≥12 | 12.81 | 10.44 |
| | 14 | 农村生活用能中清洁能源所占比例 | % | ≥50 | 45.62 | 41.77 |
| | 15 | 秸秆综合利用率 | % | ≥95 | 96.92 | 92.86 |
| | 16 | 规模化畜禽养殖场粪便综合利用率 | % | ≥95 | 96.23 | 86.86 |
| | 17 | 化肥施用强度（折纯） | kg/hm² | <250 | 248.92 | 198.57 |
| | 18 | 集中式饮用水源水质达标率/村镇饮用水卫生合格率 | % | 100 | 99.42 | 90.14 |
| | 19 | 农村卫生厕所普及率 | % | ≥95 | 93.54 | 85.37 |
| | 20 | 环境保护投资占GDP的比重 | % | ≥3.5 | 2.99 | 1.66 |
| 社会进步 | 21 | 人口自然增长率 | ‰ | 符合国家或当地政策 | 2.40 | 1.20 |
| | 22 | 公众对环境的满意率 | % | >95 | 95.23 | 95.57 |

表3-64 东部和中西部指标平均值考核得分对比

| 指标类型 | 东部平均考核得分/分 | 中西部平均考核得分/分 | 东部和中西部得分比值 |
|---|---|---|---|
| 经济发展 | 13.64 | 4.54 | 3.00 |
| 生态环境保护 | 40.91 | 22.73 | 1.80 |
| 社会进步 | 9.09 | 9.09 | 1.00 |
| 总得分 | 63.64 | 36.36 | 1.75 |

通过表3-63、表3-64可以清楚地看出中国北方东部地区和中西部地区生态规划平均水平的差异。

1）从总体看：东部平均得分为63.64分，远大于中西部的平均得分36.36分，前者约为后者的1.75倍，两者的总分差达到27.28分；在22个考核指标中，东部地区平均值有14个指标达到了考核标准，远大于中西部地区的8个指标，前者为后者的1.75倍。综上所述，说明在生态规划的平均水平上，东部区域要高于中西部地区。

2）从三个指标类型上看：经济发展的东部平均得分为 13.64 分，中西部平均得分为 4.54 分，前者约为后者的 3 倍，两者的分差为 9.10 分。由于在总共 22 个指标中，经济发展的指标只有 4 个，因此平均每个经济发展指标贡献了 2.275 分的分差；与此相比，生态环境保护的东部平均得分为 40.91 分，中西部平均得分为 22.73 分，前者约为后者的 1.8 倍，两者的分差为 18.18 分。但由于在总共 22 个指标中，生态环境保护的指标占了 16 个，因此平均每个生态环境保护指标只贡献了 1.136 分的分差。无论从平均得分的倍数还是从每个指标贡献的分差上来看，经济发展类指标都是造成东部和中西部生态规划差异的最重要因素，其次才是生态环境保护类指标，而由于东部和中西部在社会进步上的得分完全一致，因此社会进步类指标的影响最小。

综上所述，造成东部和中西部生态规划差异的因子按重要性排列依次为经济发展因子、生态环境保护因子、社会进步因子。

**（2）协调度差异比较**

生态规划协调度是指生态规划指标体系中的三大因子的协调程度。生态规划是由经济发展、生态环境保护、社会进步这三个因子共同构成的一个动态变化的系统，而协调度常用来衡量因子之间的关联关系和谐一致的程度。生态规划的内涵就是在不超过系统承载力的范围内实现经济–环境–社会的协调发展。这种协调关系在协调度评价中表现为三个因子的评价指数应相互均衡，因子之间越协调，其评价指数就越接近；反之，因子之间越不协调，其评价指数相差就越大。系统协调度的计算方法如式（3-2）、式（3-3）所示：

$$C = 1 - \frac{3S}{U_1 + U_2 + U_3} \tag{3-2}$$

$$S = \sqrt{\frac{1}{3}\left[(U_1 - \overline{U})^2 + (U_2 - \overline{U})^2 + (U_3 - \overline{U})^2\right]} \tag{3-3}$$

式中，$C$ 为生态规划协调度；$S$ 为标准差；$U_1$、$U_2$、$U_3$ 分别为因子评价指标相应指数；$\overline{U}$ 为因子评价指标指数的均值。

根据协调度计算结果可以把发展情况分为 4 个类型：协调、基本协调、弱协调和不协调。协调是指生态规划 3 个因子均衡发展的一致性好，即因子中没有明显的短板，各个因子的评价值相差不大。反之，不协调指因子之间差距明显，最优因子与最差因子之间差值较大。需要注意的是，协调度仅仅是表示因子之间的均衡发展情况，即好的因子与差的因子之间是否产生了明显的差别。即使协调性评价值得分较高的情况出现，也可能是各个因子普遍质量较好或者是普遍较差，所以协调度只是作为生态规划效果综合评价的一个切入点。

依据上述生态规划协调度原理和计算模型，选择表 3-65 东部和中西部各自 3 个因子得分率作为数据，对东部和中西部生态规划协调度进行计算，并依据表 3-66 所示的生态规划协调度分类方法确定其协调类型。

表 3-65　各地区生态规划协调度及类型划分

| 地区 | 因子类别 | 因子得分率<br>（即该因子得分/<br>该因子的总分） | 协调度 C | 协调类型 |
|---|---|---|---|---|
| 东部地区 | 经济发展 | 0.75 | 0.768 | 基本协调 |
|  | 生态环境保护 | 0.56 |  |  |
|  | 社会进步 | 1.00 |  |  |
| 中西部地区 | 经济发展 | 0.25 | 0.347 | 不协调 |
|  | 生态环境保护 | 0.31 |  |  |
|  | 社会进步 | 1.00 |  |  |

表 3-66　协调发展分类

| 分类 | 协调 | 基本协调 | 弱协调 | 不协调 |
|---|---|---|---|---|
| 协调度 C | $0.85 \leqslant C \leqslant 1$ | $0.7 \leqslant C < 0.85$ | $0.5 \leqslant C < 0.7$ | $C < 0.5$ |

由表 3-65 可以看出：

1）东部地区生态规划中，经济发展、生态环境保护和社会进步三个因子的协调度为 0.768，属于基本协调的范畴；而中西部地区生态规划的三个因子协调度仅为 0.347，属于不协调的范畴。

2）因子得分率排名上，东部地区社会进步得分率最高，达到了满分；经济发展居次席，得分为 0.75；排第三的是生态环境保护，得分为 0.56。中西部地区尽管社会进步因子也是满分，与东部地区持平，但是排第二位的生态环境保护因子得分率只有0.31，排第三位的经济发展因子得分率更是只有 0.25，均远远低于东部地区相应因子，这两个因子的得分率太低也是导致中西部地区生态规划不协调的原因。

### 3.4.4.2　不同地区最佳值的差异比较

#### （1）总体差异比较

围绕 22 个考核指标，将东部地区生态规划效果最佳的庄河市和中西部地区生态规划效果最佳的集安市进行对比，如表 3-67 所示。

表 3-67　东部和中西部指标最佳值对比

| 指标类型 | 序号 | 考核指标名称 | 单位 | 考核标准 | 东部最佳值 | 中西部最佳值 |
|---|---|---|---|---|---|---|
| 经济发展 | 1 | 农民年人均纯收入<br>　经济发达地区<br>　经济欠发达地区 | 元/人 | $\geqslant 8\,000$<br>$\geqslant 6\,000$ | 18 629 | 11 235 |
|  | 2 | 单位 GDP 能耗 | t 标煤/万元 | $\leqslant 0.9$ | 0.25 | 1.35 |
|  | 3 | 单位工业增加值新鲜水耗 | m³/万元 | $\leqslant 20$ | 4.6 | 40 |
|  | 4 | 主要农产品中有机、绿色及无公害产品种植面积的比重 | % | $\geqslant 60$ | 90 | 30 |

| 指标类型 | 序号 | 考核指标名称 | 单位 | 考核标准 | 东部最佳值 | 中西部最佳值 |
|---|---|---|---|---|---|---|
| 生态环境保护 | 5 | 森林覆盖率 | % | ≥20 | 45 | 82.4 |
| | 6 | 受保护地区占国土面积比例 | % | ≥20 | 3 | 21 |
| | 7 | 空气环境质量 | | 达到功能区标准 | 80 | 100 |
| | 8 | 水环境质量 | | 达到功能区标准，且省控以上断面过境河流水质不降低 | 80 | 100 |
| | 9 | 噪声环境质量 | | 达到功能区标准 | 80 | 100 |
| | 10 | 主要污染物排放强度：化学需氧量 | kg/万元(GDP) | <3.5 | 0.4 | 2.46 |
| | 11 | 城镇污水集中处理率/工业用水重复率 | % | ≥80 | 92.5 | 85 |
| | 12 | 城镇生活垃圾无害化处理率/工业固体废物处置利用率 | % | ≥90 | 100 | 77.5 |
| | 13 | 城镇人均公共绿地面积 | m² | ≥12 | 12 | 12 |
| | 14 | 农村生活用能中清洁能源所占比例 | % | ≥50 | 90 | 80 |
| | 15 | 秸秆综合利用率 | % | ≥95 | 95 | 95 |
| | 16 | 规模化畜禽养殖场粪便综合利用率 | % | ≥95 | 95 | 95 |
| | 17 | 化肥施用强度（折纯） | kg/hm² | <250 | 250 | 200 |
| | 18 | 集中式饮用水源水质达标率/村镇饮用水卫生合格率 | % | 100 | 100 | 97.5 |
| | 19 | 农村卫生厕所普及率 | % | ≥95 | 95 | 77.8 |
| | 20 | 环境保护投资占 GDP 的比重 | % | ≥3.5 | 3.7 | 1.5 |
| 社会进步 | 21 | 人口自然增长率 | ‰ | 符合国家或当地政策 | 1.06 | 0.2 |
| | 22 | 公众对环境的满意率 | % | >95 | 97 | 98 |

从表 3-67 可以看出：

1）在经济发展的 4 项指标中，东部最佳值均好于中西部最佳值。东部与中西部相比，农民年人均纯收入相差 0.66 倍，单位 GDP 能耗相差 4.4 倍，单位工业增加值新鲜水耗相差 7.7 倍，主要农产品中有机、绿色及无公害产品种植面积的比重相差 2 倍。说明在经济发展的指标上，中西部地区与东部地区相比全面落后，差距最大的是单位工业增加值新鲜水耗，其次是单位 GDP 能耗。

2）在生态环境保护的 16 项指标中，东部最佳值有 7 项好于中西部最佳值，分别是化学需氧量（COD）排放强度相差 5.15 倍，城镇污水集中处理率相差 0.09 倍，城镇生活垃圾无害化处理率相差 0.29 倍，农村生活用能中清洁能源所占比例相差 0.13 倍，集中式饮用水源水质达标率相差 0.03 倍，农村卫生厕所普及率相差 0.22 倍，环境保护投资占 GDP 的比重相差 1.47 倍；而中西部最佳值有 6 项好于东部最佳值，分别是森林覆盖率相差 0.83 倍，受保护地区占国土面积比例相差 6 倍，空气环境质量相差 0.25 倍，水环境质量相差 0.25 倍，噪声环境质量相差 0.25 倍，化肥施用强度（折纯）相差 0.25 倍；东部地区与中西部地区另外 3 项指标城镇人均公共绿地面积、秸秆综合利用率、规模化畜禽养殖场粪便综合利用率一致。

说明在生态环境保护指标上，东部和中西部地区各有优势和不足。东部地区在化学需氧量（COD）排放强度、城镇生活垃圾无害化处理率、环境保护投资占 GDP 的比重上要明显好于中西部地区；而中西部地区的森林覆盖率、受保护地区占国土面积比例明显好于东部地区，空气、水、噪声等整体环境质量也优于东部地区。

3）在社会进步的 2 项指标中，人口自然增长率方面，两个地区都符合国家政策；公众对环境的满意率方面，中西部地区比东部地区略高，但相差不大。说明在社会进步的指标上，东部地区和中西部地区较为一致，二者差距很小。

综上所述，在全部 22 项考核指标中，东部地区的最佳值在 15 项指标上等于或者优于中西部地区的最佳值，约占总指标数的 70%。总体上，东部地区生态规划的最高水平高于中西部地区的最高水平，其中经济发展差距最大，生态环境保护差距居中，社会进步差距最小。这与平均值的差异比较得出的结论基本一致。

与东部地区最高水平相比，中西部地区的主要差距在于以下方面：单位工业增加值新鲜水耗（相差 7.7 倍）、化学需氧量（COD）排放强度（相差 5.15 倍）、单位 GDP 能耗（相差 4.4 倍）、主要农产品中有机、绿色及无公害产品种植面积的比重（相差 2 倍）、环境保护投资占 GDP 的比重（相差 1.47 倍）。

**（2）生态足迹差异比较**

由于生态规划是对该地区未来发展状况的描绘和预测，而生态足迹法在度量承载能力和可持续发展能力方面有其独到的优势，能对区域环境承载能力和可持续性发展程度做出客观量度和比较，同时分析所需数据资料易获取，分析过程可操作性强，有助于预测和评价规划方案的效果。为了更好地分析东部地区最佳规划与中西部地区最佳规划在可持续发展能力上的差别，本书尝试采用生态足迹法对其评价。

1）生态足迹法简介。生态足迹法最早由加拿大生态经济学家 William Rees 等在 1992 年提出并在 1996 年由其博士生 Wackernagel 完善，是一种衡量人类对自然资源利用程度以及自然界为人类提供的生命支持服务功能的方法，包含生态足迹和生态承载力两个方面的含义。

A. 生态足迹。任何个人或区域人口的生态足迹，应该是生产这些人口所消费的所有资源和吸纳这些人口所产生的废弃物需要的生态生产性土地的面积总和。生态足迹的概念将人类生产生活的所有方面都归结到生态生产性土地的面积上。该面积越大，则生态足迹越大，即表示对自然界的索取也越多。生态生产性土地分为以下 6 类：耕地、牧草地、林地、化石能源用地、建设用地、水域。生态足迹的计算公式为

$$\text{EF} = N \cdot r_j \cdot \sum (c_i / p_i) \tag{3-4}$$

式中，EF 为总的生态足迹，$hm^2$；$N$ 为人口数，人；$i$ 为消费项目的类型；$j$ 为生物生产性土地的类型；$r_j$ 为不同类型生物生产性土地的均衡因子；$c_i$ 为 $i$ 种消费项目的年平均消费量，t；
$p_i$ 为 $i$ 种消费项目的全球年平均产量，$kg/hm^2$。

B. 生态承载力。生态承载力是该规划地区能够提供的生态生产性土地的面积，承载力越大，则表明自然界能够提供的资源越多。生态承载力的计算公式为

$$\text{EC} = 0.88 \cdot N \cdot \sum e_c = 0.88 \cdot N \cdot \sum A_j \cdot r_j \cdot y_j \tag{3-5}$$

式中，EC 为总的生态承载力，$hm^2$；$N$ 为人口数，人；$e_c$ 为人均生态承载力，$hm^2/$人；$A_j$ 为人均实际占有的生物生产面积，$hm^2$；$r_j$ 为不同类型生物生产性土地的均衡因子；$y_j$ 为产量因子。

出于谨慎性考虑，在生态承载力计算时扣除了 12% 的生物多样性保护面积。

C. 生态盈亏平衡分析。将给定地区的生态足迹大小与生态承载力进行生态盈亏平衡分析，作为判断生态规划效果的指征。当生态承载力小于生态足迹时，出现生态赤字。生态赤字表明该地区人类对环境资源的消耗超过了生态承载力，发展处于相对不可持续状态，可认为其规划效果较差；当生态承载力大于生态足迹时，则产生生态盈余，此时认为该地区生态系统是安全的，人类的发展处于可持续状态，可认为其规划效果较好。

2）生态足迹分析过程。根据庄河市和集安市生态规划资料数据，运用式（3-4）、式（3-5）的生态足迹法计算模型，对以庄河为代表的东部地区和以集安为代表的中西部地区的生态足迹进行计算和分析。一般将生态足迹分为生物资源账户和能源账户，分别计算。

A. 生物资源账户计算。生物资源消费包括农产品、动物产品、水果和其他产品等，具体包括粮食、大豆、油料、蔬菜、瓜类、水果、猪肉、牛肉等。根据不同地区的生态环境和资源特点，生物资源账户土地类型分为耕地、草地、林地、内陆水域四大类。生物性生产面积折算中采用联合国粮农组织计算的有关生物资源的世界平均产量作为全球平均生产力，将东部地区和中西部地区的生物资源统一转化为生物生产性土地面积。各地区的生态足迹账户（生物资源部分）计算结果如表 3-68、表 3-69 所示。

表 3-68　东部地区生态足迹账户（生物资源部分）

| 项目 | 全球平均产量 / （kg/$hm^2$） | 生物量 /t | 总的生态足迹 /$hm^2$ | 人均生态足迹需求 / （$hm^2$/人） | 生物生产面积类型 |
| --- | --- | --- | --- | --- | --- |
| 稻谷 | 2 744 | 515 143 | 187 734.33 | 0.450 | 耕地 |
| 豆类 | 1 856 | 38 727 | 20 865.84 | 0.050 | 耕地 |
| 薯类 | 12 607 | 43 655 | 3 462.76 | 0.008 | 耕地 |

| 项目 | 全球平均产量 / (kg/hm²) | 生物量 /t | 总的生态足迹 /hm² | 人均生态足迹需求 / (hm²/人) | 生物生产面积类型 |
|---|---|---|---|---|---|
| 蔬菜 | 18 000 | 480 038 | 26 668.78 | 0.064 | 耕地 |
| 瓜类 | 18 000 | 15 431 | 857.28 | 0.002 | 耕地 |
| 油料 | 1 856 | 5 936 | 3 198.28 | 0.008 | 耕地 |
| 水果 | 18 000 | 241 813 | 13 434.06 | 0.020 | 林地 |
| 木材 | 1.99 | 50 | 25 125.63 | 0.037 | 林地 |
| 禽蛋 | 400 | 66 481 | 166 202.50 | 0.398 | 草地 |
| 奶类 | 502 | 2 180 | 4 342.63 | 0.002 | 草地 |
| 猪肉 | 33 | 67 590 | 147 899.34 | 0.354 | 草地 |
| 牛肉 | 33 | 5 442 | 164 909.09 | 0.088 | 草地 |
| 羊肉 | 33 | 1 381 | 41 848.48 | 0.022 | 草地 |
| 水产品 | 29 | 1 697 | 58 517.24 | 0.023 | 水域 |
| 合计 | | | | 1.526 | |

表 3-69  中西部地区生态足迹账户 (生物资源部分)

| 项目 | 全球平均产量 / (kg/hm²) | 生物量 /t | 总的生态足迹 /hm² | 人均生态足迹需求 / (hm²/人) | 生物生产面积类型 |
|---|---|---|---|---|---|
| 稻谷 | 2 744 | 37 711 | 13 743.076 | 0.055 | 耕地 |
| 玉米 | 2 744 | 52 618 | 19 175.656 | 0.077 | 耕地 |
| 豆类 | 1 856 | 10 014 | 5 395.474 | 0.022 | 耕地 |
| 薯类 | 12 607 | 1 344 | 106.607 | 0.000 | 耕地 |
| 油料 | 1 856 | 3 594 | 1 936.422 | 0.008 | 耕地 |
| 蔬菜 | 18 000 | 19 154 | 1 064.111 | 0.004 | 耕地 |
| 甜菜 | 18 000 | 115 | 6.389 | 0.000 | 耕地 |
| 木材 | 1.99 | 1 179 | 592.616 | 0.002 | 林地 |
| 水果 | 18 000 | 2 232 | 124.000 | 0.001 | 林地 |
| 肉类 | 33 | 10 693 | 324 045.000 | 1.298 | 草地 |
| 奶类 | 502 | 25 438 | 50 674.104 | 0.203 | 草地 |
| 禽蛋 | 400 | 3 251 | 8 127.500 | 0.033 | 草地 |
| 水产品 | 29 | 737 | 25 413.790 | 0.102 | 水域 |
| 合计 | | | | 1.805 | |

B. 能源账户计算。能源消费包括煤炭、柴油、汽油、液化气、电力等的能源生态足迹。采用世界单位化石燃料生产土地面积的平均发热量为标准，利用我国能源统计使

用的发热量折算系数，将能源消费折算成化石能源土地和建筑用地面积，计算出东部地区和中西部地区能源消费的生态足迹，结果见表 3-70、表 3-71。

表 3-70　东部地区生态足迹账户（能源部分）

| 项目 | 全球平均能源足迹/（GJ/hm²） | 折算系数/（GJ/t） | 消费量/t | 年人均消费量/（GJ/人） | 人均生态足迹需求/（hm²/人） | 生产面积类型 |
|---|---|---|---|---|---|---|
| 煤炭 | 55 | 20.934 | 2 907 706 | 65.957 | 1.607 | 化石能源用地 |
| 焦炭 | 55 | 28.470 | 38 055 | 1.174 | 0.029 | 化石能源用地 |
| 汽油 | 93 | 43.124 | 38 598 | 1.804 | 0.026 | 化石能源用地 |
| 柴油 | 93 | 42.705 | 92 633 | 4.287 | 0.062 | 化石能源用地 |
| 电力 | 1 000 | 11.840 | 74 363 | 34.345 | 0.076 | 建设用地 |
| 合计 | | | | | 1.800 | |

表 3-71　中西部地区生态足迹账户（能源部分）

| 项目 | 全球平均能源足迹/（GJ/hm²） | 折算系数/（GJ/t） | 消费量/t | 年人均消费量/（GJ/人） | 人均生态足迹需求/（hm²/人） | 生产面积类型 |
|---|---|---|---|---|---|---|
| 煤炭 | 55 | 20.934 | 521 806 | 42.709 | 0.776 | 化石燃料用地 |
| 油料 | 93 | 42.910 | 93 977 | 15.767 | 0.203 | 化石燃料用地 |
| 电力 | 1 000 | 3.600 | 32 327 | 1.534 | 0.002 | 建设用地 |
| 合计 | | | | | 0.981 | |

　　C. 生态承载力分析。将东部地区和中西部地区土地总面积按生物生产性土地类型进行分类汇总，经过均衡因子和产量因子调整后，计算得出各地区的人均生态承载力，具体如表 3-72、表 3-73 所示。

表 3-72　东部地区生态承载力

| 土地类型 | 人均面积/（hm²/人） | 均衡因子 | 产量因子 | 人均生态承载力/（hm²/人） |
|---|---|---|---|---|
| 耕地 | 0.144 | 2.21 | 1.63 | 0.520 |
| 林地 | 0.177 | 1.34 | 2.51 | 0.596 |
| 草地 | 0.012 | 0.49 | 4.02 | 0.023 |
| 建设用地 | 0.044 | 2.21 | 1.63 | 0.159 |
| 化石能源用地 | 0 | 1.34 | 0 | 0.000 |
| 水域 | 0.066 | 0.36 | 13.69 | 0.324 |
| 生态承载力 | | | | 1.621 |

表 3-73　中西部地区生态承载力

| 土地类型 | 人均面积/（hm²/人） | 均衡因子 | 产量因子 | 人均生态承载力/（hm²/人） |
|---|---|---|---|---|
| 耕地 | 0.420 | 2.21 | 1.63 | 1.513 |
| 林地 | 0.232 | 1.34 | 2.51 | 0.781 |
| 草地 | 0.370 | 0.49 | 4.02 | 0.729 |
| 建设用地 | 0.077 | 2.21 | 1.63 | 0.278 |
| 化石能源用地 | 0 | 1.34 | 0 | 0.000 |
| 水域 | 0 | 0.36 | 13.69 | 0.000 |
| 生态承载力 |  |  |  | 3.301 |

D. 生态盈亏平衡分析。利用上面的计算结果，对东部地区和中西部地区进行生态盈亏平衡分析，见表 3-74、表 3-75。

表 3-74　东部地区生态盈亏平衡分析

| 土地类型 | 人均生态足迹需求/（hm²/人） | 人均生态承载力/（hm²/人） | 生态盈亏/（hm²/人） |
|---|---|---|---|
| 耕地 | 0.582 | 0.52 | −0.062 |
| 林地 | 0.057 | 0.596 | 0.539 |
| 草地 | 0.864 | 0.023 | −0.841 |
| 建设用地 | 0.076 | 0.159 | 0.083 |
| 化石能源用地 | 1.723 | 0 | −1.723 |
| 水域 | 0.023 | 0.324 | 0.301 |
| 合计 | 3.325 | 1.622 | −1.703 |

表 3-75　中西部地区生态盈亏平衡分析

| 土地类型 | 人均生态足迹需求/（hm²/人） | 人均生态承载力/（hm²/人） | 生态盈亏/（hm²/人） |
|---|---|---|---|
| 耕地 | 0.166 | 1.513 | 1.347 |
| 林地 | 0.003 | 0.781 | 0.778 |
| 草地 | 1.534 | 0.729 | −0.805 |
| 建设用地 | 0.002 | 0.278 | 0.276 |
| 化石能源用地 | 0.979 | 0.000 | −0.979 |
| 水域 | 0.102 | 0.000 | −0.102 |
| 合计 | 2.786 | 3.301 | 0.515 |

生态盈亏平衡分析结果显示，东部地区人均生态足迹为 3.325 hm²，实际承载力为 1.622 hm²，人均生态盈余为−1.703 hm²，即出现了 1.703 hm² 的人均生态赤字；中西部地区人均生态足迹为 2.786 hm²，实际承载力为 3.301 hm²，人均生态盈余为 0.515 hm²。

　　总体上看，东部地区生态赤字的存在表明其对自然资源的消耗超出自身可承载的能力范围，消耗自然资源的速度超出了自然界能够更新的速度。由此可见，尽管该规划的各项指标都比较优秀，但在一定程度上是靠过度消耗可供利用的自然资本来维持预定的目标值，其发展模式处于一种不可持续的状态，应该在生态规划建设中适当减小资源开发利用的强度，注意提高资源的利用效率。相比之下，中西部地区仍有一定的生态盈余空间，其发展处于可持续状态，可以在保持生态承载力的前提下适当加大资源的开发利用强度，以尽快弥补与东部地区的差距。

　　3）生态足迹对选择生态规划指标的指示作用。

　　根据生态足迹的定义可知，生态足迹中各生态土地类型与人类生产生活的各个方面是相互对应的，而生产生活的各个方面都有相关的指标范围，因此各生态土地类型都有与其相关的指标范围，如表 3-76 所示。

表 3-76　生态土地类型与相关指标范围

| 生产生活消费类别 | 相关的指标范围 | 生态土地类型 |
|---|---|---|
| 食物 | 居民动植物食品消费和食品产出消耗 | 耕地、水域、林地 |
| 住宅 | 居民住房和绿化用地以及消耗 | 建设用地、林地、化石能源地 |
| 交通 | 城市公路、铁路、航空和水运等 | 建设用地、水域、化石能源地 |
| 商品 | 城市生产生活所消费的各种商品 | 耕地、草地、化石能源地 |
| 服务 | 市政设施、远程通信、教育、医疗健康、休闲娱乐、旅游、金融、其他服务 | 建设用地、化石能源地 |
| 废弃物 | 消纳产生的废物所需消耗 | 耕地、化石能源地 |

　　以东部地区为例，由东部地区生态盈亏平衡分析可知，在各种土地类型中，耕地、草地、化石能源用地均为生态赤字，因此在做生态规划时与上述三种土地类型相关性较高的商品类、服务类和废弃物类指标最好适当减少，或者降低指标值，以减轻对这三种土地类型的需求压力；而林地、建筑用地和水域有所盈余，则可以考虑将与其相关性较高的食物类和交通类指标适当增加，或者提高指标值；对这两者之外的其他指标则可以保持不变。这就为县（市）生态规划指标的选取与指标值的确定提供了一种新的依据和思路。

### 3.4.4.3　对生态规划差距的发展建议

　　通过对东部地区与中西部地区生态规划的全面比较我们发现，尽管从生态足迹看，中西部地区的可持续发展能力要强于东部地区，但在总体上中西部地区的发展现状要差于东部地区。

　　与东部地区最高水平相比，中西部地区的主要差距在于以下方面：单位工业增加值新鲜水耗太多（相差 7.7 倍）、化学需氧量（COD）排放强度太大（相差 5.15 倍）、单位 GDP 能耗太高（相差 4.4 倍）、主要农产品中有机、绿色及无公害产品种植面积的比重太低（相差 2 倍）、环境保护投资占 GDP 的比重太少（相差 1.47 倍）。

根据中西部地区县（市）的实际情况，该地区应该加大发展力度，以缩小同东部地区之间的差距，如表3-77所示。

表3-77　中西部地区发展建议

| 主要差距 | 发展建议 |
| --- | --- |
| 单位工业增加值新鲜水耗太多 | 1. 制定并实施节水规范性文件，建立健全水资源管理体制，加强节水宣传教育；<br>2. 改造传统产业，开发新兴产业，加速节水新技术和新工艺的推广和产业化进程；<br>3. 采用提高价格等经济手段对工业用水量进行调节，鼓励提高工业用水的重复率 |
| 化学需氧量排放强度太大 | 1. 建立完善的污染在线监测系统，加强对企业排污的监控，确保所有企业污染物排放达标；<br>2. 严格执行规划环评，禁止新建污染严重的项目；<br>3. 集中处理废水等污染物，实现其循环利用 |
| 单位GDP能耗太高 | 1. 树立循环经济理念，推行清洁生产，提高工业技术创新能力，加快工业企业的技术改造和产业升级；<br>2. 对技术落后、规模小、效益低、能耗大、污染重的企业实行"关、停、并、转"；<br>3. 建立有效的奖惩措施，提高企业的能源利用效率 |
| 主要农产品中有机、绿色及无公害产品种植面积的比重太低 | 1. 发展集约化可持续特色农业，形成绿色、有机及无公害产品生产与深加工的生态农业；<br>2. 完善绿色、有机及无公害产品的认证机制，不断提高其在总种植面积上的占比；<br>3. 加大对农业转型中政策、科技、信息和服务的支持和投入 |
| 环境保护投资占GDP的比重太少 | 1. 把增加生态环境保护投入列入政府的议事日程，强化领导、狠抓落实；<br>2. 加大对污水、固废收集处置和空气净化的投入，加强对污染防治科技的资金支持；<br>3. 建立生态效益补偿机制，多渠道筹措资金，确保生态规划中各项环保投入目标的实现 |

### 3.4.4.4　主要结论

本章通过对中国北方地区东部地区13个县（市）和中西部地区7个县（市）生态规划的全面比较，得出了以下结论：

1）北方地区各县（市）的生态规划指标数量差距很大。东部地区县（市）的平均指标数量较多，但两极分化较为严重；中西部地区县（市）的平均指标数量较少，但各县（市）间的数量差距较小。造成各县（市）指标数量不同的原因主要是编制依据、所处行政区域和技术路线的差异。

2）北方地区各县（市）的生态规划效果有很大差异。东部地区最好的是庄河市，最差的是惠民县；中西部地区最好的是集安市，最差的是范县。而且各县（市）的生态规划效果与生态规划指标数量之间并没有明显的正相关关系，说明并不是指标数量越多，其规划效果就越好。

3）东部地区生态规划中，经济发展、生态环境保护和社会进步三个因子的发展水平基本协调，但生态足迹较大，发展处于不可持续的状态；而中西部地区生态规划相应的三个因子发展水平较不协调，但生态足迹较小，发展处于可持续的状态。

4）比较生态规划的平均水平和最高水平，发现东部地区均好于中西部地区。造成东部和中西部生态规划差异的因子按重要性排列从大到小依次为经济发展因子、生态环境保护因子、社会进步因子。与东部地区最高水平相比，中西部地区的主要差距在于以下方面：单位工业增加值新鲜水耗、化学需氧量排放强度、单位 GDP 能耗、主要农产品中有机、绿色及无公害产品种植面积的比重、环境保护投资占 GDP 的比重。

# 第4章　中国北方地区人居环境评价指标体系的建立

## 4.1　人居环境评价指标体系的构建原则

目前急需建立一个适合中国北方相关县（市）人居环境，以及适合黄河三角洲高效生态经济区的人居环境评价指标体系。该指标体系是与人类生存密切相关的，并且是一个多层次空间。作为衡量城市人居环境的指标体系应该遵循以人为本、全面性、可操作性、针对性、相对独立性、层次性、科学性与实用性等原则。

1）以人为本的原则。"人"是社会发展的主体，人居环境是人居住的，也是由人来管理的，在经济活动中人起着决定性作用，而且城市人居环境建设的根本目的就是给"人"创造一个优美、舒适、安全、快乐的生活空间与环境。所以在选取关于城市人居环境评价指标体系的时候，必须以人的利益为根本出发点，必须体现与人的居住和活动有关的要素，必须充分反映居民居住区域的客观环境和主观感受。

2）全面性原则。所选取的指标能够充分体现城市人居环境，选取的指标体系要尽可能多地反映城市人居环境的方方面面，包括经济、社会以及自然环境各个方面，尽可能避免遗漏。

3）可操作性原则。在构建城市人居环境指标体系时，各项指标都应对应于相应的数据，以保证计算的顺利进行，尽可能选取容易获取的，可靠的数据。不能过分地追求完整与细化，以至某些指标的数据不能获取，从而影响了评价的科学性。

4）针对性原则。城市人居环境不同于农村地区，而县（市）人居环境又有别于大城市，需要选取针对县（市）人居环境特点的环境指标和经济指标。只有这样，才能真实地反映城市的人居环境建设发展水平。

5）相对独立性原则。就是所选取的各项指标具有相对的独立性，这样才能使数据信息更加的简单明了。

6）层次性原则。由于城市人居环境是一个复杂的系统，指标体系应该根据研究系统的结构分出层次，因而形成若干个分层次子系统，使指标体系结构清晰，便于使用分析。

7）科学性原则。应该采取科学合理的方法来选择指标，并使所选指标能够客观科学地反映城市的人居环境、发展程度和趋势。

8）实用性原则。指标的数量要尽可能的少而精，易于评价人员对指标的理解和判断。还应避免指标太多引起的重叠，指标太少导致信息遗漏。

评价指标体系确定后，如果这些量都是可以观察、测量的，那么在这个基础上，就能采用统计分析中的方法来选出一部分，它们具有很好的代表性，使得在系统评价时，工作就更容易些。

## 4.1.1　人居环境评价的理论依据

### （1）生态学理论

生态学是德国生物学家恩斯特·海克尔于 1869 年定义的一个概念：生态学是研究生物体与其周围环境（包括非生物环境和生物环境）相互关系的科学。目前生态学已经发展为"研究生物与其环境之间的相互关系的科学"，有自己的研究对象、任务和方法的比较完整和独立的学科。它们的研究方法经过描述—实验—物质定量三个过程。系统论、控制论、信息论的概念和方法的引入，促进了生态学理论的发展。

### （2）系统动力学理论

系统动力学出现于 1956 年，创始人为美国麻省理工学院（MIT）的福瑞斯特教授。系统动力学是福瑞斯特教授于 1958 年为分析生产管理及库存管理等企业问题而提出的系统仿真方法，最初叫工业动态学。1961 年，福瑞斯特发表的《工业动力学》成为经典著作。随后，系统动力学应用范围日益扩大，几乎遍及各个领域，逐渐形成了比较成熟的新学科——系统动力学。系统动力学是一门分析研究信息反馈系统的学科，也是一门认识系统问题和解决系统问题的交叉综合学科。从系统方法论来说：系统动力学是结构的方法、功能的方法和历史的方法的统一。它基于系统论，吸收了控制论、信息论的精髓，是一门综合自然科学和社会科学的横向学科。

### （3）自然调和理论

自然调和理论之所以能够支持人居环境的健康发展，根本原因就在于它可以避免城市化进程中病态现象的产生。大自然中的各种气象因素和人们所创造的人居环境的表面之间保持着复杂的作用关系。过去的研究，已认识了人与自然气象之间的相互联系，并且掌握了气象构成作用于人居环境的若干规律，但这不等于找到了创造人居环境的理论体系。对那些抑制人居环境可持续发展的各类现象，仅仅做出定性分析和有限的试验研究，或对个别的现象做出研究，不能解决根本问题。不妨把若干彼此相对独立的气象因素和环境的表面性质综合起来，运用整体研究的观点确立一个完整的体系加以研究，找出这个体系的控制机理——自然调和效应，才有望从根本上解决问题。

当今社会，诸如城市的热岛、大气温室效应、空气质量恶化等都是城市化进程中所伴随的病态现象，由此导致的人类居所环境质量恶化和人类对其抵抗活动中所带来的副作用，已成为全球性问题。自然调和理论研究属于城市环境（建筑）热物理学和工程热物理所共同研究的。它是一门多学科交叉研究的课题，它源于人类聚居环境问题的产生，是支持人居环境健康发展的理论基础之一，是人居环境可持续发展理论体系中的重要组成部分。

**（4）可持续发展理论**

可持续发展理论的形成经历了相当长的历史过程。20 世纪 50～60 年代，人们在经济增长、城市化、人口、资源等所形成的环境压力下，对增长＝发展的模式产生怀疑，并开设讲座。1962 年，美国女生物学家 Rachel Carson 发表了一部引起很大轰动的环境科普著作《寂静的春天》，描绘了一幅由于农药污染所导致的可怕景象，惊呼人们将会失去"春光明媚的春天"，在世界范围内引发了人类关于发展观念的争论。10 年后，两位著名美国学者巴巴拉·沃德和雷内·杜博斯的《只有一个地球》问世，把人类生存与环境的认识带向一个可持续发展的新境界。同年，一个非正式国际著名学术团体罗马俱乐部发表了著名的研究报告《增长的极限》，明确提出"持续增长"和"合理的、持久的均衡发展"概念。1987 年，以挪威首相布伦特兰为主席的联合国世界与环境发展委员会发表了一份报告《我们共同的未来》，正式提出可持续发展概念，并以此为主题对人类共同关心的环境与发展问题进行了全面论述，受到世界各国政府组织和舆论的极大重视，在 1992 年联合国环境与发展大会上可持续发展纲领得到与会者的共识与承认。

**（5）人文主义理论**

人文主义理论是美国当代心理学主要流派之一，由美国心理学家马斯洛创立，现在的代表人物有罗杰斯人本主义，反对将人的心理低俗化、动物化的倾向，故被称为心理学中的第三思潮。人本主义强调爱、创造性、自我表现、自主性、责任心等心理品质和人格特征的培育，对现代教育产生了深刻的影响。马斯洛作为人本主义心理学的创始人，充分肯定人的尊严和价值，积极倡导人的潜能的实现。另一位重要代表人物罗杰斯，同样强调人的自我表现。他认为教育的目标是要培养健全的人格，必须创造出一个积极的成长环境。人本主义教学思想关注教学中认知的发展，更关注教学中学生情感、兴趣、动机的发展规律。"注重对学生内在心理世界的了解，以顺应学生的兴趣、需要、经验以及个性差异，达到开发学生的潜能、激发起其认知与情感的相互作用，重视创造能力、认知、动机、情感等心理方面对行为的制约作用。"创造高雅的文化氛围，促进人际交往，使生活更为方便，更具安全感，邻里更和睦，老人、儿童更好地得到照顾，产生归属感，以达到祥和温馨的更高境界。

## 4.1.2　人居环境评价关键指标

人居环境包括自然环境（生态环境、气候环境、物理环境等）和人文环境（艺术环境、社会环境和文化环境等）两个方面。我们考虑到可持续发展原则，加入了资源承载力这个要素。在收集大量人居环境数据信息的基础上，先根据主观经验，建立了三级指标，见表 4-1。

**表 4-1　人居环境评价三级指标**

| 一级指标 | 二级指标 | 三级指标 |
|---|---|---|
| 人居环境评价指标体系 | 资源承载力 | 人口 | 人口密度/（人/hm²） |
| | | | 人口自然增长率/‰ |
| | | 土地资源 | 人均湿地面积/hm² |
| | | | 人均耕地面积/hm² |
| | | 水资源 | 人均水资源量/m³ |
| | | 能源 | 产值能耗/（t 标煤/万元） |
| | | | 单位 GDP 能耗（t 标煤/万元） |
| | 自然环境 | 气候 | 年日照时间/h |
| | | | 年降水量/mm |
| | | | 相对湿度/% |
| | | | 年平均气温/℃ |
| | | | 林木覆盖率/% |
| | | 生态 | 城市建成区绿化覆盖率/% |
| | 社会环境 | 公共服务 | 文化艺术场馆个数/个 |
| | | | 人均邮政业务量/元 |
| | | | 医生数/万人 |
| | | | 公路密度/（km/km²） |
| | | | 人均公共图书馆藏书/（册/万人） |
| | | | 城镇医疗保险覆盖率/% |
| | | | 旅客周转量/（万人/km） |
| | | | 房价收入比 |
| | | 经济 | 就业率/% |
| | | | GDP 增长率/% |
| | | | 人均 GDP/（万元/人） |
| | | | 居民消费水平/（元/人） |
| | | | 人均可支配收入/元 |
| | | | 人均消费品零售额/（万元/人） |
| | | | 人均住房面积/（m²/人） |
| | | 生活居住 | 互联网入户率/% |
| | | | 市区人口密度/（人/hm²） |
| | | | 家庭文化娱乐教育服务支出/元 |
| | | | 集中供热率/% |
| | | 环境 | 饮水水质达标率/% |
| | | | 污水无害化 |
| | | | 城镇生活垃圾无害化处理率/% |

### 4.1.3 人居环境评价指标体系建立的技术路线

人居环境评价指标，体系建立技术路线如图 4-1 所示。

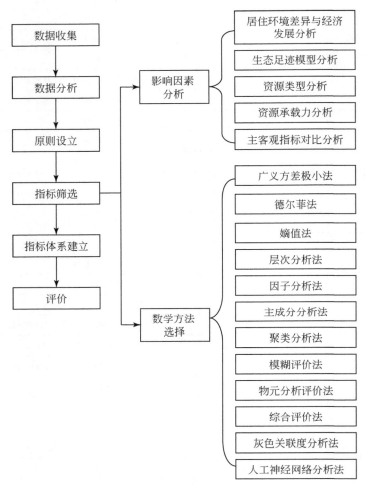

图 4-1 人居环境评价指标体系建立技术路线

## 4.2 人居环境评价指标体系的建立

人居环境指标体系是描述和评价人居环境优劣的可度量参数的集合。参考国内外已有的城市人居环境评价指标体系，针对所调研的中国北方 143 个县（市）的实际情况，筛选了更具代表性的人居环境指标，建立了以资源承载力为导向，并更为精炼与可操作性的城镇化背景下的中国北方城镇人居环境评价指标体系。该评价体系可以对中国北方城镇人居环境状况做出客观评价，分析人居环境质量的区域内部差异，并反映城镇群综合人居环境水平。

　　我们通过考察区的居住环境差异与经济发展分析、不同资源类型分析、资源承载力分析、生态足迹模型分析，对影响人居环境评价体系中的各个指标进行影响分析，并与调查问卷的分析结果进行主客观指标对比分析，探讨指标的重要性和不可忽视性。

## 4.2.1　定量评价指标的筛选过程

　　目前人居环境评价体系的建立有很多种方法，也出现了不同的评价体系。我们采用广义协方差极小法和鉴别力分析完成人居环境质量评价体系指标的筛选。初步选取的指标经过鉴别力分析和相关分析后，构成最终的评价指标。这些评价指标之间内在逻辑性强，具有较高的可操作性，能够客观和准确地反映人居环境评价体系的内涵和结构。

### 4.2.1.1　条件广义方差极小法

　　从统计的角度来看，给定 $P$ 个指标 $x_1$，$x_2$，$\cdots$，$x_p$ 的 $n$ 组观察数据，相应的全部数据用矩阵 $X$ 来表示，即

$$X = \begin{pmatrix} x_{11} & x_{12} & \cdots & x_{1P} \\ x_{21} & x_{22} & \cdots & x_{2P} \\ \vdots & \vdots & & \vdots \\ x_{n1} & x_{n2} & \cdots & x_{nP} \end{pmatrix} \begin{matrix} \text{第 1 个样本} \\ \text{第 2 个样本} \\ \vdots \\ \text{第 } n \text{ 个样本} \end{matrix} \tag{4-1}$$

　　每一行代表一个样本的观察值，利用所给的数据，可以计算出各个变量的均值和方差，以及协方差等，它们的表达式是

$$\text{均值 } \overline{x}_i = \sum_{j=1}^{n}, \quad j = 1，2，\cdots，p \tag{4-2}$$

$$\text{方差 } s_{ii}^2 = \frac{1}{n-1} \sum_{j=1}^{n} (x_{ji} - \overline{x}_i)^2, \quad j = 1，2，\cdots，p \tag{4-3}$$

$$\text{协方差 } s_{ii}^2 = \frac{1}{n-1} \sum_{k=1}^{n} (x_{kj} - \overline{x}_j)(x_{kj} - \overline{x}_j), \quad j = 1，2，\cdots，p \tag{4-4}$$

　　协方差组成的矩阵 $S_2$，可以反映这些指标的变化情况，通常称它为广义方差矩阵。可以证明当 $x_1$，$x_2$，$\cdots$，$x_p$ 这些指标线性相关时，广义方差值最小，值等于 0；当 $x_1$，$x_2$，$\cdots$，$x_p$ 这些指标相互独立时，广义方差可以得到最大的取值。所以当 $x_1$，$x_2$，$\cdots$，$x_p$ 这些指标既不独立也不相关时，广义方差的大小在此时反映的是它们内部的相关性。将协方差矩阵分块来进行表示，也就是将 $x_1$，$x_2$，$\cdots$，$x_p$ 这么多数据分成两大部分，即将 $p$ 个指标（$x_1$，$x_2$，$\cdots$，$x_p$）分成（$x_1$，$x_2$，$\cdots$，$x_{p1}$）和（$x_{p1}+1$，$x_2$，$\cdots$，$x_p$），分别记为 $x_{(1)}$ 和 $x_{(2)}$，相应的协方差矩阵就能够表示成：

$$S = \begin{pmatrix} S_{11} & S_{12} \\ S_{21} & S_{22} \end{pmatrix} \tag{4-5}$$

　　给定 $x_{(1)}$ 后，$x_{(2)}$ 对 $x_{(1)}$ 的条件协方差矩阵（在正态分布的前提下）可以表示为

$$S_{(x_{(2)}|x_{(1)})} = S_{22} - S_{11}^{-1}S_{12} \tag{4-6}$$

若已知 $x_{(1)}$ 时 $x_{(2)}$ 的变化状况，如果 $x_{(2)}$ 的变化很小，那么 $x_{(2)}$ 这部分指标就可以删除，也就是说，$x_{(2)}$ 所能反映的信息，在 $x_{(1)}$ 中几乎都能得到，因此就产生条件广义方差最小删去的方法。

将 $x_1$，$x_2$，$\cdots$，$x_p$ 分成两部分，分成（$x_1$，$x_2$，$\cdots$，$x_{p-1}$）和 $x_p$，分别看成 $x_{(1)}$ 和 $x_{(2)}$，计算条件协方差矩阵的行列式，记作 $t_p$。重复上述过程，将 $xi$ 看成 $x_{(2)}$，其余的 $p-1$ 个指标看成是 $x_{(1)}$，计算条件协方差矩阵的行列式，记作 $t_i$。于是得到 $p$ 个值 $t_1$，$\cdots$，$t_p$，比较它们的大小，最小的一个是可以考虑删去的，这与所选的临界值有关，这个临界值 $C$ 是自己选的，认为小于这个 $C$ 就可以删去，大于这个 $C$ 就不宜删去，给定 $C$ 之后，逐个检查 $t_i < C$ 是否成立，成立就删除，删去后对留下的变量，可以完全重复上面的过程，直到没有可以删的指标为止，这样就选得了既有代表性，又不重复的指标集。

## 4.2.1.2　极大不相关法

易知，如果 $x_1$ 与其他的 $x_2$，$\cdots$，$x_p$ 是独立的，那就表明 $x_1$ 是无法由其他指标来代替的，由此保留的指标应该是相关性越小越好。在这个想法引导下，就导出极大不相关方法。首先求出样本的相关系数矩阵 $\boldsymbol{R}$，其中

$$\boldsymbol{R} = (r_{ij}), \quad r_{ij} = \frac{s_{ij}^2}{\sqrt{s_{ii}^2 s_{jj}^2}}, \quad i, j = 1, 2, \cdots, p \tag{4-7}$$

它反映了 $x_i$ 与 $x_j$ 的线性相关程度。现在要考虑的是一个变量 $x_i$ 与余下的 $p-1$ 个变量之间的线性相关程度，称为复相关系数，通常记为 $r_{x_i | x_1, \cdots, x_{i-1}, x_{i+1}, \cdots, x_p}$，简记为 $r_i$。

注意：$\boldsymbol{R}$ 中的主对角元素都是数 1，于是 $r_p^2 = r_p^T R_{-p}^{-1} r_p$，同样可以计算其他各个指标的复相关系数，可得 $x_i$ 的复相关系数为 $r_i^2 = r_i^T R_{-i}^{-1} r_i$，$i = 1, 2, \cdots, p$，注意要将 $R$ 中的变量进行重排。计算得到 $r_1^2$，$r_2^2$，$\cdots$，$r_p^2$ 后，其中值最大的一个，表示它与其他变量的相关性最大，指定临界值 $D$ 之后，当 $r_i^2 > D$ 时，就可以删去 $x_i$。

## 4.2.1.3　典型指标选取

倘若开始选入的指标过多，则可以考虑先将这些指标进行聚类，然后在每一类中选出若干个典型指标。

在每一类指标中选取典型指标时，可采用前述的广义方差极小法或极大不相关法，对符合条件的指标予以保留。应注意，这一点与前面的应用有明显的不同：前面考虑的是在所有指标中剔除某些指标，则符合条件广义方差极小法或极大不相关法设定的条件的指标，就意味着其作用可以被其他指标所代替，当然应予剔除；而在考虑从某一类指标中选取典型指标时，符合这两种方法设定条件的指标，则意味着它能最大限度地代表该类中其他指标的作用，当然应予保留。考虑到方差极小法或极大不相关法的计算量相当大，下面给出一种用相关系数选取典型指标的简便方法。

设反映事物同一侧面的或者聚为同一类的指标有 $u$ 个，分别记为 $a_1$，$a_2$，$\cdots$，$a_u$。

第一步，计算 $u$ 个指标之间的相关系数矩阵 $\boldsymbol{R}$。

$$\boldsymbol{R} = \begin{bmatrix} r_u \end{bmatrix} = \begin{bmatrix} r_{11} & r_{12} & \cdots & r_{1m} \\ r_{21} & r_{22} & \cdots & r_{2m} \\ \vdots & \vdots & & \vdots \\ r_{u1} & r_{u2} & \cdots & r_{um} \end{bmatrix} \tag{4-8}$$

第二步，计算其中任一指标 $a_j$ 与其他 $u-1$ 个指标的相关系数的平方的平均值。

$$\bar{r}_j^2 = \frac{1}{u-1}\left(\sum_{i=1}^{u} r_{ij} - 1\right) \tag{4-9}$$

$r_j^2$ 可粗略地反映 $a_j$ 与其他 $u-1$ 个指标的相关程度。

第三步，比较 $r_j^2$ 的大小，若有

$$\bar{r}_k^2 = \max_{1<k<u} \bar{r}_j^2 \quad k\hat{I}[1, u] \tag{4-10}$$

可选取 $a_k$ 作为 $a_1$，$a_2$，$\cdots$，$a_u$ 的典型指标。根据需要，还可在余下的 $u-1$ 个指标中继续选取。式（4-9）中之所以要对相关系数取平方，意在防止当相关系数为负值时无法直接相加求其平均值。如相关系数均为正值，则可不必对其值取平方。

### 4.2.1.4　分类意义不明显的指标剔除

评价指标的区分度要大这个选取原则，实际上是从分类角度对指标数据提出了要求，即指标数据的空间离散程度要大，这可通过能反映各样本数据离散程度的指标——标准差 $s_j$ 或变异系数 $cv_j$ 的大小来进行筛选。此举可将那些对分类所起作用不明显的指标剔除。

$$S_j = \sqrt{\frac{1}{n-1}a^n(x_{ij}\,\overline{x_j})} \qquad (j=1, 2, \cdots, m) \tag{4-11}$$

$$cv_i = \frac{s_j}{|x \cdot j|} \qquad (j=1, 2, \cdots, m) \tag{4-12}$$

## 4.2.2　指标数据的标准化过程

人居环境综合评价本质上就是把各种各样的评价指标综合到一起，整体表现人居环境质量的好坏，也就是实现人居环境系统变量降维的过程。人居环境包含的数据变量往往来源于社会、自然、经济等各个方面，指标性质、数量、单位等方面就会存在显著的差异。这些指标单独使用时可以精确表征人居环境某一方面的状况，如果想通过它们的综合来表现人居环境质量，即将多维的指标信息投影到一维空间进行人居环境的量化综合评价，则必须进行指标数据的标准化。指标数据的标准化主要包括两个过程：一是指标的同趋势化；二是指标的量纲一化。同趋势化的目的是实现数据对人居环境评价贡献方向的一致性，量纲一化的目的是实现数据的可比性，消除量纲不同的影响。

### 4.2.2.1　人居环境指标数据分类

**（1）按指标的性质不同分类**

正指标：是指在一定范围内越大越好的指标，如人均 GDP、城镇人均住房面积、人均生活用水量、人均公园绿地面积、年均降水量、森林覆盖率等。

反指标：是指在一定范围内越小越好的指标，如二氧化硫浓度、城镇登记失业率、单位 GDP 能耗、单位工业产值废水排放量、工业污染源密度等。

适度指标：是指具有最佳值的指标，过大或者过小都不合适，如相对湿度、男女性别比、年日照小时数、房价收入比等。

**（2）按指标本身的数量特征不同分类**

绝对量指标：是指以绝对量形式表现的指标，如人均消费品零售额、城镇居民人均可支配收入、二氧化氮浓度、年人均住宅竣工面积、市区人口密度、人均城市道路面积等。

相对量指标：是指以相对量形式表现的指标，燃气普及率、用水普及率、城镇居民养老保险覆盖率、工业固废综合利用率等属于相对量指标。

### 4.2.2.2　指标数据同趋化处理

数据同趋化处理主要用于解决数据性质不同的问题，对不同性质指标直接加总求和不能正确反映它们对综合结果的不同作用力，须先考虑改变逆指标和适度指标的数据性质，使所有指标对测评方案的作用力同趋化，再加总才能得出正确结果。对反指标和适度指标进行的同趋化的方法不同，反指标的转化方法和适度指标的转化方法分别见式（4-13）、式（4-14）。

反指标转化公式：

$$x_i = \frac{1}{x_i'} \tag{4-13}$$

式中，$x_i$ 为转化后的第 $i$ 指标值；$x_i'$ 为第 $i$ 个指标原始值。

适度指标转化公式：

$$x_i = 1 - \frac{x_i' - x_0}{x_0} \tag{4-14}$$

式中，$x_i$ 为转化后的第 $i$ 指标值；$x_i'$ 为第 $i$ 个指标原始值；$x_0$ 为第 $i$ 个指标满意值。

### 4.2.2.3　指标数据量纲一化处理

即使在完成数据的同趋化处理之后，仍由于数据量纲的不同，指标的数量级可能存在很大的差异，如果直接加总求和，数量级小的指标的影响力肯定大大弱于数量级大的指标。量纲一化是实现指标数据公平比较和叠加的基础，主要解决数据的可比性。

**（1）min-max 标准化**

min-max 量纲一化方法是对原始数据的线性变换。设 $minA$ 和 $maxA$ 分别为属性 $A$ 的原始值中的最小值和最大值，将属性 $A$ 的一个原始值 $v$ 通过 min-max 标准化映射成在区间 ［new_ minA，new_ maxA］ 中的值 $v'$ 的计算方法如式 （4-15） 所示：

$$v' = \frac{v - minA}{maxA - minA} (new\_ maxA - new\_ minA) + new\_ minA \qquad (4\text{-}15)$$

若新的取值区间是 ［0，1］，则式 （4-15） 可简化为式 （4-16）：

$$v' = \frac{v - minA}{maxA - minA} \qquad (4\text{-}16)$$

式中，$v$ 为指标原始值；$v'$ 为指标标准值；$minA$ 为原始指标最小值；$maxA$ 为原始指标最大值；$new\_ maxA$ 为映射区间最大值；$new\_ minA$ 为映射区间最小值。

min-max 标准化方法的特点是保留了原始数据之间的相互关系，但是如果标准化后，新输入的数据超过了原始数据的取值范围，即不在原始区间 ［minA，maxA］ 中，则会产生越界错误。因此这种方法适用于原始数据的取值范围已经确定的情况，具有较大的缺陷性。

（2） z-score 标准化 （zero-mean 标准化）

这种方法基于原始数据的均值和标准差进行数据的标准化。将属性 $A$ 的原始值 $v$ 使用 z-score 标准化到 $v'$ 的计算方法如式 （4-17） 所示：

$$v' = \frac{v - \bar{A}}{s_A} \qquad (4\text{-}17)$$

式中，$v$ 为指标原始值；$v'$ 为指标标准值；$\bar{A}$ 为属性 $A$ 原始值的均值；$s_A$ 为属性 $A$ 原始值的标准差。

z-score 标准化方法适用于属性 $A$ 的最大值和最小值未知的情况，或有超出取值范围的离群数据的情况。正是由于 z-score 标准化方法不需要确定最大值和最小值的特点，本文在设计人居环境评价系统的时候，采用这种标准化方法，以此来进行未知地区人居环境指标的标准化，达到评价模型通用性和独立性的要求。

（3） decimal scaling

这种方法通过移动数据的小数点位置来进行标准化。小数点移动多少位取决于属性 $A$ 的取值中的最大绝对值。将属性 $A$ 的原始值 $v$ 使用 decimal scaling 标准化到 $v'$ 的计算方法如式 （4-18） 所示：

$$v' = \frac{v}{10^j} \qquad (4\text{-}18)$$

式中，$v$ 为指标原始值；$v'$ 为指标标准值；$j$ 为满足条件 max （| $v'$ | <1） 的最小整数。

标准化会对原始数据做出改变，因此需要保存所使用的标准化方法的参数，以便对后续的数据进行统一的标准化。

## 4.2.3　指标数据权重的确定

目前，在人居环境质量评价上，确定指标权重通常采用的方法有：主成分分析法、层次分析法、德尔菲法 （Delphi）、相邻指标比较法、熵值法、聚类分析法、因子分析法等。

各种方法的适用范围和优缺点比较：

1）原理上，德尔菲法和层次分析法、相邻指标比较法基本属于一类，不需要具备样本数据，都是基于专家群体的知识、经验和价值判断。因此，使用范围较广，对于定性的模糊指标，仍可做出判断。缺点是：带有主观色彩，并且还包含专家的经验、知识的局限性。如果专家选择不当，那么可信度就会降低。

2）层次分析法与德尔菲法比较，适用范围相同，但由于层次分析法对各指标之间相对重要程度的分析更具逻辑性，刻画更细，并且对专家的主观判断还具有进一步的数学处理，使之更具有科学性，其可信度高于德尔菲法。层次分析法是运用最多的一种权重确定方法。

3）模糊聚类分析法适用于模糊指标的重要程度分类，特别适用于同一层次有多项指标时，缺点是只能给出分类指标的权重，不便确定单项指标的权重。

4）因子分析法具有较强的客观性，是基于样本的定量数据，对评价指标进行客观的信息分析，并且具有客观科学的指标分类，不足的是统计方法中以因子的方差贡献率代替权重，缺乏一定的说服力。

5）熵值法由于反映了信息熵值的效用价值，并且给出明确的定权公式，根据样本自身的定量数据客观的计算权重，不涉及人的任何主观。其给出的指标权值比德尔菲法和层次分析法有更高的可信度，但它缺乏各指标间的横向比较，同时需要样本数据。

## 4.2.4　指标综合评价

### 4.2.4.1　主成分分析法

主成分分析法由美国统计学家皮尔逊创立的，是从多指标分析出发，运用统计分析原理与方法提取少数几个彼此不相关的综合性指标而保持其原指标所提供的大量信息的一种统计方法。它借助于一个正交变换，将其分量相关的原随机向量转化成其分量不相关的新随机向量，如图 4-2 所示，将原来的 $X_1$ 和 $X_2$ 两个分量相关的变量转化成两个新的变量 $F_1$ 和 $F_2$。$F_1$ 和 $F_2$ 分量是不相关的，而且在新坐标之下，$F_1$ 基本可以代表原始样本的信息，用新变量 $F_1$ 代替原来的 $X_1$ 和 $X_2$ 来分析问题就达到了减少分析变量和降维的目的。这在代数上表现为将原随机向量的协方差阵变换成对角形阵，在几何上表现为将原坐标系变换成新的正交坐标系，使之指向样本点散布最开的 $P$ 个正交方向，然后对多维变量系统进行降维处理，使之能以一个较高的精度转换成低维变量系统，再通过构造适当的权重求和函数，进一步把低维系统转化成一维系统。

主成分分析法分析得出的主成分因子累积贡献率可以达到很高水平，信息损失极小，可信度较高，同时这种方法的优点在于它去除了层次分析法等方法专家打分确定权重值对最终的人居环境质量评价的主观影响，更具有客观性。

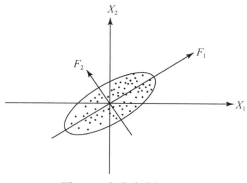

图 4-2　主成分分析原理

### 4.2.4.2　因子分析法

因子分析的概念起源于 20 世纪初 Karl Pearson 和 Charles SPearmen 等关于智力测试的统计分析。目前，因子分析已成功应用于心理学、医学、气象、地质、经济学等领域，并因此促进了理论的不断丰富和完善。因子分析以最少的信息丢失为前提，将众多的原有变量综合成较少的几个综合指标，名为因子。

因子具有以下特点：

1）因子个数远远少于原有变量的个数。原有变量综合成少数几个因子后，因子将可以替代原有变量参与数据建模，这将大大减少分析过程中的计算工作量。

2）因子能够反映原有变量的绝大部分信息。因子并不是原有变量的简单取舍，而是原有变量重组后的结果，因此不会造成原有变量信息的大量丢失，并能够代替原有变量的绝大部分信息。

3）因子之间的线性关系不显著。由原有变量重组出来的因子之间的线性关系较弱，因子参与数据建模，能够有效地解决由多变量多重共线性等给分析方法带来的诸多问题。

4）因子具有命名解释性。通常，因子分析产生的因子能够通过各种方式最终获得命名解释性。因子的命名解释有助于对因子分析结果的解释评价，对因子的进一步应用有重要意义。

总之，因子分析是研究如何以最少的信息将众多原有变量浓缩成少数几个因子，如何使因子具有一定的命名解释性的多元统计分析方法。

### 4.2.4.3　聚类分析法

聚类分析是一种分类学与多元分析相结合的多元统计方法。它是将分类对象置于一个多维空间中，按照它们空间关系的亲疏程度进行分类，即根据事物彼此不同的属性进行辨认，将具有相似属性的事物聚为一类，使同一类的事物具有高度的相似性。聚类分析的目的是根据指标间的相关性或样品间的相似性对指标或样品归类。如何测度变量之间的相似性，是聚类分析的核心问题，现阶段的主要测度方法有：距离测度和关联测度。我们在对人居环境评价指标数据进行聚类的过程中选择了距离测度的方法，测量距离的方法选择欧氏距离法。

距离测度是把每个变量看做 $n$ 维空间的一个点（$n$ 为变量个数），在 $n$ 维空间定义点与点之间的距离，距离越近的点相似度越高，把距离最近的点聚为一类。常用的测量变量距离的方法是欧氏距离。欧式距离的计算如式（4-19）所示：

$$d_{ij} = \sqrt{\sum (x_{ik} - x_{jk})^2} \tag{4-19}$$

式中，$d_{ij}$ 为样本 $i$ 和样本 $j$ 之间的距离；$x_{ik}$ 为第 $i$ 个样本在第 $k$ 个变量上的值。

#### 4.2.4.4 层次分析法

层次分析法（analytic hierarchy process，AHP），是由美国运筹学家萨第（Saaty）于 20 世纪 70 年代提出的。它的主要特点是定性与定量分析相结合，将人的主观判断用数学形式表达出来，并进行科学的处理。因此，更能适应复杂的社会科学领域的情况，较准确地反映社会科学领域的问题。基本层次原理是对评价系统的有关方案的各种要素分解成若干层次，并以同一层次的各种要求按照上一层要求为准则，进行两两的判断比较和计算，求出各要素的权重值。根据综合权重按最大方案确定最优方案。它的基本方法大致可以归纳为六大步骤：①明确求解问题；②建立层次结构模型；③构造判断矩阵；④进行层次单排序；⑤进行层次总排序；⑥进行一致性检验。

## 4.3 基于广义协方差极小法的人居环境评价体系的建立

建立一个完善的科学地反映人居环境质量状况的数学模式，是一个十分复杂的问题。我们基于广义协方差极小法，解决了人居环境指标的并类问题，建立了适应中国北方人居环境的评价体系。

### 4.3.1 评价指标的鉴别分析

评价指标的鉴别力是指评价指标体系区分评价对象特征差异的能力。在所构建的评价指标体系中，如果所有被评价的县（市）在某个评价指标上几乎一致地呈现很高或很低的得分，则可以认为这个评价指标没有鉴别力，不能准确反映不同省级行政区环境治理效率的差异；反之，则表明这个指标具有较高的鉴别力。在实际应用中，通常用变差系数来描述评价指标的鉴别力：

第 $i$ 个指标的变差系数 $V_i$ =该指标的标准差/该指标的平均值

变差系数越大，该指标的鉴别力越强，反之越弱。根据实际情况可以删除变差系数较小的评价指标。依据上述原理，运用 SPSS 统计软件计算了初步选择的 35 个评价指标的变异系数，见表4-2。

186

**表 4-2　描述性统计**

| 一级指标 | 二级指标 | 三级指标 | 最低值 | 最高值 | 平均值 | 标准偏离值 | 变异系数 |
|---|---|---|---|---|---|---|---|
| 人居环境评价指标体系 A | 资源承载力 B1 | 人口 C1 | 人口密度 $x_1$/（人/hm²） | 183.00 | 604.00 | 453.166 7 | 137.134 86 | 0.303 |
| | | | 人口自然增长率 $x_2$/‰ | 1.061 0 | 5.760 0 | 3.094 583 | 1.721 459 7 | 0.556 |
| | | 土地资源 C2 | 人均湿地面积 $x_3$/hm² | 0.012 0 | 0.368 0 | 0.121 350 | 0.116 540 0 | 0.960 |
| | | | 人均耕地面积 $x_4$/hm² | 0.084 8 | 0.203 0 | 0.111 425 | 0.031 921 4 | 0.286 |
| | | 水资源 C3 | 人均水资源量 $x_5$/m³ | 205.00 | 352.00 | 285.408 3 | 57.120 45 | 0.200 |
| | | 能源 C4 | 产值能耗 $x_6$/（t 标煤/万元） | 0.195 0 | 1.680 0 | 0.906 433 | 0.360 485 0 | 0.398 |
| | | | 单位 GDP 能耗 $x_7$/（t 标煤/万元） | 0.18 | 3.00 | 1.910 4 | 0.780 31 | 0.408 |
| | 自然环境 B2 | 气候 C5 | 年日照时间 $x_8$/h | 1 814.30 | 2 727.50 | 2 380.716 7 | 326.470 05 | 0.137 |
| | | | 年降水量 $x_9$/mm | 457.50 | 764.20 | 595.083 3 | 84.486 93 | 0.142 |
| | | | 相对湿度 $x_{10}$/% | 55.00 | 68.00 | 64.250 0 | 3.194 46 | 0.050 |
| | | | 年平均气温 $x_{11}$/℃ | 12.10 | 15.30 | 13.716 7 | 1.049 53 | 0.077 |
| | | | 林木覆盖率 $x_{12}$/% | 17.60 | 32.60 | 24.050 0 | 4.532 41 | 0.188 |
| | | 生态 C6 | 城市建成区绿化覆盖率 $x_{13}$/% | 10.88 | 40.50 | 33.529 2 | 7.726 30 | 0.230 |
| | 社会环境 B3 | 公共服务 C7 | 文化艺术场馆个数 $x_{14}$ | 3.00 | 9.00 | 5.333 3 | 1.723 28 | 0.323 |
| | | | 人均邮政业务量 $x_{15}$/元 | 20.65 | 97.60 | 50.850 8 | 22.499 69 | 0.442 |
| | | | 医生数 $x_{16}$/万人 | 5.00 | 15.00 | 8.833 3 | 3.040 14 | 0.344 |
| | | | 公路密度 $x_{17}$/（km/km²） | 0.848 0 | 1.620 0 | 1.311 917 | 0.277 829 1 | 0.212 |
| | | | 人均公共图书馆藏书 $x_{18}$（册/万人） | 400.00 | 2 460.00 | 1 385.666 7 | 715.63 606 | 0.516 |
| | | | 城镇医疗保险覆盖率 $x_{19}$/% | 7.96 | 50.59 | 25.799 2 | 12.239 90 | 0.474 |
| | | | 旅客周转量 $x_{20}$/（万人/km） | 3 100.00 | 101 327.00 | 24 113.564 2 | 26 724.538 08 | 1.108 |
| | | 经济 C8 | 房价收入比 $x_{21}$ | 1.42 | 4.70 | 3.132 1 | 0.837 30 | 0.267 |
| | | | 就业率 $x_{22}$/% | 4.02 | 29.99 | 9.410 8 | 7.862 59 | 0.835 |
| | | | GDP 增长率 $x_{23}$/% | 17.00 | 22.60 | 18.650 0 | 2.119 39 | 0.114 |
| | | | 人均 GDP $x_{24}$/（万元/人） | 1.30 | 5.32 | 2.668 3 | 1.169 88 | 0.438 |
| | | | 居民消费水平 $x_{25}$/（元/人） | 3 195.00 | 7 500.00 | 5 926.909 1 | 1 409.636 16 | 0.238 |
| | | | 人均可支配收入 $x_{26}$/元 | 6 440.00 | 14 537.00 | 12 455.978 3 | 2 246.357 20 | 0.180 |
| | | | 人均消费品零售额 $x_{27}$/（万元/人） | 0.367 7 | 0.810 9 | 0.592 692 | 0.145 269 4 | 0.245 |

续表

| 人居环境评价指标体系A | 一级指标 | 二级指标 | 三级指标 | 最低值 | 最高值 | 平均值 | 标准偏离值 | 变异系数 |
|---|---|---|---|---|---|---|---|---|
| | 社会环境B3 | 生活居住C9 | 人均住房面积 $x_{28}$/（m²/人） | 23.00 | 32.30 | 28.2425 | 2.82718 | 0.100 |
| | | | 互联网入户率 $x_{29}$/% | 4.37 | 21.20 | 11.2800 | 5.57329 | 0.494 |
| | | | 市区人口密度 $x_{30}$/（人/hm²） | 1038.00 | 2728.00 | 1731.0000 | 462.35877 | 0.267 |
| | | | 家庭文化娱乐教育服务支出 $x_{31}$/元 | 167.00 | 1368.72 | 455.8225 | 382.86702 | 0.840 |
| | | | 集中供热率 $x_{32}$/% | 96.20 | 100.00 | 98.2392 | 0.94704 | 0.010 |
| | | 环境C10 | 饮水水质达标率 $x_{33}$/% | 98.00 | 100.00 | 99.4167 | 0.66856 | 0.007 |
| | | | 污水无害化 $x_{34}$ | 81.00 | 89.00 | 84.5833 | 2.57464 | 0.030 |
| | | | 城镇生活垃圾无害化处理率 $x_{35}$/% | 96.00 | 100.00 | 99.6333 | 1.14997 | 0.012 |

根据表 4-2，以 $C=0.015$ 为临界点，删除变异系数小于 0.01 对应的指标。分别考虑指标的变差系数，可以删除鉴别力较小的评价指标 $x_8$、$x_9$、$x_{10}$、$x_{11}$、$x_{23}$、$x_{28}$、$x_{32}$、$x_{33}$、$x_{34}$、$x_{35}$（表 4-3）。从中看到环境 C10 中所有的指标的鉴别力都比较低，这是因为在我们所分析的这些县（市）中的差别不大，这在年平均气温、相对湿度、年日照时间、年降水量中也有体现，因为采集数据的县城临近，所以气候的变化不大，由此可以看到，对于这组数据，气象的这些指标鉴别力比较低。

表 4-3　变异系数较小的指标

| 指标 | 指标名称 | 变异系数 |
|---|---|---|
| $x_{33}$ | 饮水水质达标率 | 0.007 |
| $x_{32}$ | 集中供热率 | 0.01 |
| $x_{35}$ | 城镇生活垃圾无害化处理率 | 0.012 |
| $x_{34}$ | 污水无害化 | 0.03 |
| $x_{10}$ | 相对湿度 | 0.05 |
| $x_{11}$ | 年平均气温 | 0.077 |
| $x_{28}$ | 人均住房面积 | 0.1 |
| $x_{23}$ | GDP 增长率 | 0.114 |
| $x_8$ | 年日照时间 | 0.137 |
| $x_9$ | 年降水量 | 0.142 |

## 4.3.2　评价指标的相关分析

指标之间如果存在高度的相关性，会通过相关指标的重复赋权，导致被评价对象信息的重复使用，降低评价的科学性和合理性，从而使评价结果缺乏可信度。通过相关分析，可以删除一些相关系数大的评价指标，提高评价指标体系的科学性。我们采用条件广义协方差极小法进行指标的相关性筛选，分别计算指标之间的相关性程度。

根据以上理论方法，运用软件 MATLAB 6-5 进行运算，在应用前我们把数据进行了 min-max 标准化，这种标准化的方法不会影响以后的结果（因为不会将方差的值变为 1）。以人居环境评价指标体系 A 层为基础样本矩阵，结果如表 4-4 所示。

**表 4-4　条件协方差值（按 A 层计算）**

| 指标 | $x_1$ | $x_2$ | $x_3$ | $x_4$ | $x_5$ | $x_6$ | $x_7$ |
|---|---|---|---|---|---|---|---|
| 条件协方差值 | 0.226 5 | −1.721 8 | 0.248 0 | −0.676 9 | −1.043 2 | . 0.049 9 | 0.127 0 |
| 指标 | $x_8$ | $x_9$ | $x_{10}$ | $x_{11}$ | $x_{12}$ | $x_{13}$ | $x_{14}$ |
| 条件协方差值 | −0.424 9 | −0.671 6 | 4.777 2 | −0.049 7 | 0.197 6 | −0.090 1 | 0.039 9 |
| 指标 | $x_{15}$ | $x_{16}$ | $x_{17}$ | $x_{18}$ | $x_{19}$ | $x_{20}$ | $x_{21}$ |
| 条件协方差值 | 0.290 6 | 0.213 5 | −0.095 2 | 0.082 9 | −0.021 3 | −0.020 4 | −0.193 2 |
| 指标 | $x_{22}$ | $x_{23}$ | $x_{24}$ | $x_{25}$ | $x_{26}$ | $x_{27}$ | $x_{28}$ |
| 条件协方差值 | 0.073 5 | 0.219 6 | 0.869 8 | 0.065 0 | 0.038 4 | 0.030 2 | −0.047 8 |
| 指标 | $x_{29}$ | $x_{30}$ | $x_{31}$ | $x_{32}$ | $x_{33}$ | $x_{34}$ | $x_{35}$ |
| 条件协方差值 | −0.119 0 | 0.270 9 | −0.317 1 | −0.027 9 | 0.005 0 | 0.211 3 | −0.254 0 |

当 $x_1$，$x_2$，…，$x_p$ 线性相关时，广义方差的值等于 0；当 $x_1$，$x_2$，…，$x_p$ 相互独立时，广义方差达到最大值。因此，当 $x_1$，$x_2$，…，$x_p$ 既不独立又不线性相关时，广义方差的大小反映了它们内部的相关性。我们删去广义协方差最小的值对应的指标（表 4-5）。

**表 4-5　较小的条件协方差值**

| 指标 | 指标名称 | 条件协方差值 |
|---|---|---|
| $x_{33}$ | 饮水水质达标率 | 0.005 |
| $x_{20}$ | 旅客周转量 | −0.0204 |
| $x_{19}$ | 城镇医疗保险覆盖率 | −0.0213 |
| $x_{32}$ | 集中供热率 | −0.0279 |
| $x_{27}$ | 人均消费品零售额 | 0.0302 |
| $x_{26}$ | 人均可支配收入 | 0.0384 |
| $x_{10}$ | 相对湿度 | 0.039 |
| $x_{14}$ | 文化艺术场馆个数 | 0.0399 |
| $x_{28}$ | 人均住房面积 | −0.0478 |
| $x_{11}$ | 年平均气温 | −0.0497 |
| $x_6$ | 产值能耗 | −0.0499 |

设临界值，$C = 0.05$，当每次计算所得到的协方差最小值小于 $C$ 对应的指标时，则删去最小的条件协方差对应的值 $x_{33}$ 饮水水质达标率。

删去饮水水质达标率后需要重新计算条件协方差值，得到表 4-6。

**表 4-6   删去 $x_{33}$ 后的条件协方差值（按 A 层计算）**

| 指标 | $x_1$ | $x_2$ | $x_3$ | $x_4$ | $x_5$ | $x_6$ | $x_7$ |
|---|---|---|---|---|---|---|---|
| 条件协方差值 | −0.0521 | −0.8646 | 0.4290 | 0.0339 | −0.2044 | 0.0454 | 0.1554 |
| 指标 | $x_8$ | $x_9$ | $x_{10}$ | $x_{11}$ | $x_{12}$ | $x_{13}$ | $x_{14}$ |
| 条件协方差值 | 0.2394 | 0.4168 | 0.0538 | −1.4096 | −0.3813 | 1.6821 | 0.0752 |
| 指标 | $x_{15}$ | $x_{16}$ | $x_{17}$ | $x_{18}$ | $x_{19}$ | $x_{20}$ | $x_{21}$ |
| 条件协方差值 | −0.3393 | −0.6495 | 0.0033 | 0.0767 | 0.4054 | −0.0810 | 0.0210 |
| 指标 | $x_{22}$ | $x_{23}$ | $x_{24}$ | $x_{25}$ | $x_{26}$ | $x_{27}$ | $x_{28}$ |
| 条件协方差值 | −0.2447 | −0.0031 | 2.3380 | −0.5173 | −0.1322 | 0.5900 | −0.6677 |
| 指标 | $x_{29}$ | $x_{30}$ | $x_{31}$ | $x_{32}$ | $x_{33}$ | $x_{34}$ | $x_{35}$ |
| 条件协方差值 | −1.0558 | 0.5009 | 0.1513 | 0.1611 | — | 0.0040 | 0.1894 |

最小的条件协方差值为 0.0031，对应的指标为 $x_{23}$（表 4-7）。

**表 4-7   最小条件方差计算过程（按 A 层计算）**

| 顺序 | 位置 | 广义方差值 | 对应指标 | 指标名称 |
|---|---|---|---|---|
| 1 | 33 | 0.005 | $x_{33}$ | 饮水水质达标率 |
| 2 | 23 | 0.0031 | $x_{23}$ | GDP 增长率 |
| 3 | 30 | 0.0013 | $x_{31}$ | 家庭文化娱乐教育服务支出 |
| 4 | 18 | 0.0068 | $x_{18}$ | 人均公共图书馆藏书 |
| 5 | 19 | 0.0045 | $x_{20}$ | 旅客周转量 |
| 6 | 16 | 0.0018 | $x_{16}$ | 医生数 |
| 7 | 18 | 0.0076 | $x_{21}$ | 城镇医疗保险覆盖率 |
| 8 | 6 | 0.0120 | $x_6$ | 产值能耗 |
| 9 | 13 | 0.0109 | $x_{14}$ | 文化艺术场馆个数 |
| 10 | 24 | 0.0107 | $x_{32}$ | 集中供热率 |
| 11 | 25 | $7.8882 \times 10^{-5}$ | $x_{35}$ | 城镇生活垃圾无害化处理率 |
| 12 | 4 | 0.0036 | $x_4$ | 人均耕地面积 |
| 13 | 15 | 0.0049 | $x_{22}$ | 就业率 |
| 14 | 19 | 0.0143 | $x_{28}$ | 人均公共图书馆藏书 |
| 15 | 11 | 0.0057 | $x_{13}$ | 城市建成区绿化覆盖率 |
| 16 | 4 | $9.0218 \times 10^{-4}$ | $x_5$ | 人均水资源量 |
| 17 | 15 | 0.0165 | | |

余下的指标：$x_1$、$x_2$、$x_3$、$x_7$、$x_8$、$x_9$、$x_{10}$、$x_{11}$、$x_{12}$、$x_{15}$、$x_{17}$、$x_{19}$、$x_{24}$、$x_{25}$、$x_{26}$、$x_{27}$、$x_{29}$、$x_{30}$、$x_{34}$（表 4-8）。

**表 4-8　按 A 层得到的人居环境评价体系**

| | 一级指标 | 二级指标 | 三级指标 |
|---|---|---|---|
| 人居环境评价指标体系 A | 资源承载力 B1 | 人口 C1 | 人口密度 $x_1$/（人/hm$^2$） |
| | | | 人口自然增长率 $x_2$/‰ |
| | | 土地资源 C2 | 人均湿地面积 $x_3$/hm$^2$ |
| | | | 人均耕地面积 $x_4$/hm$^2$ |
| | | 水资源 C3 | 人均水资源量 $x_5$/m$^3$ |
| | | 能源 C4 | 产值能耗 $x_6$/（t 标煤/万元） |
| | | | 单位 GDP 能耗 $x_7$/（t 标煤/万元）$[x_7]$ |
| | 自然环境 B2 | 气候 C5 | 年日照时间 $x_8$/h |
| | | | 年降水量 $x_9$/mm |
| | | | 相对湿度 $x_{10}$/% |
| | | | 年平均气温 $x_{11}$/℃ |
| | | | 林木覆盖率 $x_{12}$/% |
| | | 生态 C6 | 城市建成区绿化覆盖率 $x_{13}$/% |
| | 社会环境 B3 | 公共服务 C7 | 文化艺术场馆个数 $x_{14}$/个 |
| | | | 人均邮政业务量 $x_{15}$/元 |
| | | | 医生数 $x_{16}$/万人 |
| | | | 公路密度 $x_{17}$/（km/km$^2$） |
| | | | 人均公共图书馆藏书 $x_{18}$/（册/万人） |
| | | | 城镇医疗保险覆盖率 $x_{19}$/% |
| | | | 旅客周转量 $x_{20}$/（万人/km） |
| | | 经济 C8 | 房价收入比 $x_{21}$ |
| | | | 就业率 $x_{22}$/% |
| | | | GDP 增长率 $x_{23}$/% |
| | | | 人均 GDP $x_{24}$/（万元/人） |
| | | | 居民消费水平 $x_{25}$/（元/人） |
| | | | 人均可支配收入 $x_{26}$/元 |
| | | | 人均消费品零售额 $x_{27}$/（万元/人） |
| | | 生活居住 C9 | 人均住房面积 $x_{28}$/（m$^2$/人） |
| | | | 互联网入户率 $x_{29}$/% |
| | | | 市区人口密度 $x_{30}$/（人/km$^2$） |
| | | | 家庭文化娱乐教育服务支出 $x_{31}$/元 |
| | | | 集中供热率 $x_{32}$/% |
| | | 环境 C10 | 饮水水质达标率 $x_{33}$/% |
| | | | 污水无害化 $x_{34}$ |
| | | | 城镇生活垃圾无害化处理率 $x_{35}$/% |

　　由第二部分的广义协方差极小的概念和分析，若有实践经验，则完全不必逐个考虑指标，而直接将指标分组，并按组来考虑，其方法和步骤与上述相同。所以，我们再按照 B 层资源承载力 B1、自然环境 B2、社会环境 B3 来计算条件协方差，如表 4-9～表 4-12 所示。

**表 4-9　资源承载力 B1 条件协方差值计算过程（按 B 层计算）**

| 指标 | $x_1$ | $x_2$ | $x_3$ | $x_4$ | $x_5$ | $x_6$ | $x_7$ |
|---|---|---|---|---|---|---|---|
| 条件协方差值 | 0.0122 | 0.0434 | 0.0094 | 0.0129 | 0.0392 | 0.0180 | 0.0333 |
| 指标 | $x_1$ | $x_2$ | $x_3$ | $x_4$ | $x_5$ | $x_6$ | $x_7$ |
| 条件协方差值 | 0.0320 | 0.0514 | | 0.0216 | 0.0528 | 0.0289 | 0.0349 |
| 指标 | $x_1$ | $x_2$ | $x_3$ | $x_4$ | $x_5$ | $x_6$ | $x_7$ |
| 条件协方差值 | 0.0826 | 0.0545 | | | 0.0644 | 0.0310 | 0.0362 |
| 指标 | $x_1$ | $x_2$ | $x_3$ | $x_4$ | $x_5$ | $x_6$ | $x_7$ |
| 条件协方差值 | 0.0831 | 0.0558 | | | 0.0676 | 0.0643 | |

**表 4-10　自然环境 B2 条件协方差值计算过程（按 B 层计算）**

| 指标 | $x_8$ | $x_9$ | $x_{10}$ | $x_{11}$ | $x_{12}$ | $x_{13}$ |
|---|---|---|---|---|---|---|
| 条件协方差值 | 0.0887 | 0.0443 | 0.0374 | 0.0596 | 0.0418 | 0.0309 |
| 指标 | $x_8$ | $x_9$ | $x_{10}$ | $x_{11}$ | $x_{12}$ | $x_{13}$ |
| 条件协方差值 | 0.0897 | 0.0443 | 0.0466 | 0.0604 | 0.0731 | |
| 指标 | $x_8$ | $x_9$ | $x_{10}$ | $x_{11}$ | $x_{12}$ | $x_{13}$ |
| 条件协方差值 | 0.0919 | | 0.0467 | 0.0843 | 0.0771 | |
| 指标 | $x_8$ | $x_9$ | $x_{10}$ | $x_{11}$ | $x_{12}$ | $x_{13}$ |
| 条件协方差值 | 0.0995 | | | 0.0869 | 0.0871 | |

**表 4-11　社会环境 B3 条件协方差值计算过程（按 B 层计算）**

| 指标 | $x_{14}$ | $x_{15}$ | $x_{16}$ | $x_{17}$ | $x_{18}$ | $x_{19}$ | $x_{20}$ |
|---|---|---|---|---|---|---|---|
| 条件协方差值 | −0.1631 | −0.2059 | −7.6467 | −0.3492 | 0.1171 | 0.2144 | −0.0518 |
| 指标 | $x_{21}$ | $x_{22}$ | $x_{23}$ | $x_{24}$ | $x_{25}$ | $x_{26}$ | $x_{27}$ |
| 条件协方差值 | 0.0309 | 0.0202 | −6.7296 | −0.1283 | 0.1922 | −0.1422 | 0.0250 |
| 指标 | $x_{28}$ | $x_{29}$ | $x_{30}$ | $x_{31}$ | $x_{32}$ | $x_{33}$ | $x_{34}$ |
| 条件协方差值 | −0.0882 | 0.1746 | −0.0404 | 0.0068 | 0.3420 | −0.1672 | −1.2993 |
| 指标 | $x_{35}$ | | | | | | |
| 条件协方差值 | −0.0522 | | | | | | |
| 指标 | $x_{14}$ | $x_{15}$ | $x_{16}$ | $x_{17}$ | $x_{18}$ | $x_{19}$ | $x_{20}$ |
| 条件协方差值 | 0.1148 | −0.0320 | −0.0847 | −0.0434 | 0.1768 | −0.1928 | −0.0926 |
| 指标 | $x_{21}$ | $x_{22}$ | $x_{23}$ | $x_{24}$ | $x_{25}$ | $x_{26}$ | $x_{27}$ |
| 条件协方差值 | 0.0446 | 0.0273 | −0.0967 | 0.1019 | 0.2088 | 0.1647 | 0.1061 |
| 指标 | $x_{28}$ | $x_{29}$ | $x_{30}$ | $x_{31}$ | $x_{32}$ | $x_{33}$ | $x_{34}$ |
| 条件协方差值 | −0.0662 | 0.0334 | 0.0981 | | 0.0242 | 0.0695 | −0.0401 |
| 指标 | $x_{35}$ | | | | | | |
| 条件协方差值 | 0.3842 | | | | | | |

表 4-12　社会环境 B3 最小条件方差计算过程（按 B 层计算）

| 顺序 | 位置 | 广义方差值 | 对应指标 | 指标名称 |
|---|---|---|---|---|
| 1 | 18 | 0.0068 | $x_{31}$ | 家庭文化娱乐教育服务支出 |
| 2 | 18 | 0.0242 | $x_{32}$ | 集中供热率 |
| 3 | 20 | 0.0038 | $x_{35}$ | 城镇生活垃圾无害化处理率 |
| 4 | 9 | 0.0026 | $x_{22}$ | 就业率 |
| 5 | 10 | 0.0155 | $x_{24}$ | 人均 GDP |
| 6 | 16 | 0.0053 | $x_{33}$ | 饮水水质达标率 |
| 7 | 11 | 0.0061 | $x_{26}$ | 人均可支配收入 |
| 8 | 11 | $9.0486 \times 10^{-4}$ | $x_{27}$ | 人均消费品零售额 |
| 9 | 2 | 0.0043 | $x_{15}$ | 人均邮政业务量 |
| 10 | 1 | 0.0154 | $x_{14}$ | 文化艺术场馆个数 |

　　从表 4-13 中得到，社会环境 B3 对应的指标很多，分的三级的层数也很多，所以我们对社会环境这一指标分组来计算广义协方差（表 4-14 ～ 表 4-18）。

表 4-13　按二级指标得到的人居环境评价体系

| 一级指标 | 二级指标 | 三级指标 |
|---|---|---|
| | | |
| 资源承载力 B1 | 人口 C1 | 人口密度 $x_1$/（人/hm²） |
| | | 人口自然增长率 $x_2$/‰ |
| | 土地资源 C2 | 人均湿地面积 $x_3$/hm² |
| | | 人均耕地面积 $x_4$/hm² |
| | 水资源 C3 | 人均水资源量 $x_5$/m³ |
| | 能源 C4 | 产值能耗 $x_6$/（t 标煤/万元） |
| | | 单位 GDP 能耗 $x_7$/（t 标煤/万元） |
| 自然环境 B2 | 气候 C5 | 年日照时间 $x_8$/h |
| | | 年降水量 $x_9$/mm |
| | | 相对湿度 $x_{10}$/% |
| | | 年平均气温 $x_{11}$/℃ |
| | | 林木覆盖率 $x_{12}$/% |
| | 生态 C6 | 城市建成区绿化覆盖率 $x_{13}$/% |
| 社会环境 B3 | 公共服务 C7 | 文化艺术场馆个数 $x_{14}$/个 |
| | | 人均邮政业务量 $x_{15}$/元 |
| | | 医生数 $x_{16}$/万人 |
| | | 公路密度 $x_{17}$/（km/km²） |
| | | 人均公共图书馆藏书 $x_{18}$/（册/万人） |
| | | 城镇医疗保险覆盖率 $x_{19}$/% |
| | | 旅客周转量 $x_{20}$/（万人/km） |

人居环境评价指标体系 A1

| 一级指标 | 二级指标 | 三级指标 |
|---|---|---|
| 人居环境评价指标体系A　社会环境B3 | 经济C8 | 房价收入比 $x_{21}$ |
| | | 就业率 $x_{22}$/% |
| | | GDP增长率 $x_{23}$/% |
| | | 人均GDP $x_{24}$/（万元/人） |
| | | 居民消费水平 $x_{25}$/（元/人） |
| | | 人均可支配收入 $x_{26}$/元 |
| | | 人均消费品零售额 $x_{27}$/（万元/人） |
| | 生活居住C9 | 人均住房面积 $x_{28}$/（m²/人） |
| | | 互联网入户率 $x_{29}$/% |
| | | 市区人口密度 $x_{30}$/（人/hm²） |
| | | 家庭文化娱乐教育服务支出 $x_{31}$/元 |
| | | 集中供热率 $x_{32}$/% |
| | 环境C10 | 饮水水质达标率 $x_{33}$/% |
| | | 污水无害化 $x_{34}$ |
| | | 城镇生活垃圾无害化处理率 $x_{35}$/% |

**表 4-14　公共服务 C7 最小条件方差计算过程（按 C 层计算）**

| 指标 | $x_{14}$ | $x_{15}$ | $x_{16}$ | $x_{17}$ | $x_{18}$ | $x_{19}$ | $x_{20}$ |
|---|---|---|---|---|---|---|---|
| 条件协方差值 | 0.0120 | 0.0244 | 0.0165 | 0.0309 | 0.0521 | 0.0162 | 0.0227 |
| 指标 | $x_{14}$ | $x_{15}$ | $x_{16}$ | $x_{17}$ | $x_{18}$ | $x_{19}$ | $x_{20}$ |
| 条件协方差值 | | 0.0536 | 0.0172 | 0.0384 | 0.0667 | 0.0523 | 0.0238 |
| 指标 | $x_{14}$ | $x_{15}$ | $x_{16}$ | $x_{17}$ | $x_{18}$ | $x_{19}$ | $x_{20}$ |
| 条件协方差值 | | 0.0548 | | 0.0697 | 0.0750 | 0.0528 | 0.0504 |

**表 4-15　经济 C8 最小条件方差计算过程（按 C 层计算）**

| 指标 | $x_{21}$ | $x_{22}$ | $x_{23}$ | $x_{24}$ | $x_{25}$ | $x_{26}$ | $x_{27}$ |
|---|---|---|---|---|---|---|---|
| 条件协方差值 | 0.0157 | 0.0223 | 0.0402 | 0.0166 | 0.0242 | 0.0161 | 0.0311 |
| 指标 | $x_{21}$ | $x_{22}$ | $x_{23}$ | $x_{24}$ | $x_{25}$ | $x_{26}$ | $x_{27}$ |
| 条件协方差值 | | 0.0410 | 0.1259 | 0.0180 | 0.0348 | 0.0161 | 0.0311 |
| 指标 | $x_{21}$ | $x_{22}$ | $x_{23}$ | $x_{24}$ | $x_{25}$ | $x_{26}$ | $x_{27}$ |
| 条件协方差值 | | 0.0493 | 0.1280 | 0.0254 | 0.0399 | | 0.0349 |
| 指标 | $x_{21}$ | $x_{22}$ | $x_{23}$ | $x_{24}$ | $x_{25}$ | $x_{26}$ | $x_{27}$ |
| 条件协方差值 | | 0.0538 | 0.1282 | | 0.0906 | | 0.0758 |

表 4-16　生活居住 C9 最小条件方差计算过程（按 C 层计算）

| 指标 | $x_{28}$ | $x_{29}$ | $x_{30}$ | $x_{31}$ | $x_{32}$ |
|---|---|---|---|---|---|
| 条件协方差值 | 0.0631 | 0.0740 | 0.0579 | 0.0806 | 0.0317 |
| 指标 | $x_{28}$ | $x_{29}$ | $x_{30}$ | $x_{31}$ | $x_{32}$ |
| 条件协方差值 | 0.0915 | 0.0864 | 0.0612 | 0.0841 | |
| 指标 | $x_{28}$ | $x_{29}$ | $x_{30}$ | $x_{31}$ | $x_{32}$ |
| 条件协方差值 | 0.0915 | 0.0948 | | 0.0881 | |

表 4-17　环境 C10 最小条件方差计算过程（按三级指标计算）

| 指标 | $x_{33}$ | $x_{34}$ | $x_{35}$ |
|---|---|---|---|
| 条件协方差值 | 0.0549 | 0.0866 | 0.0452 |
| 指标 | $x_{33}$ | $x_{34}$ | $x_{35}$ |
| 条件协方差值 | 0.1002 | 0.0929 | |

表 4-18　按三级指标社会环境评价体系

| | 二级指标 | 三级指标 |
|---|---|---|
| 社会环境 B3 | 公共服务 C7 | 文化艺术场馆个数 $x_{14}$/个 |
| | | 人均邮政业务量 $x_{15}$/元 |
| | | 医生数 $x_{16}$/万人 |
| | | 公路密度 $x_{17}$/(km / km²) |
| | | 人均公共图书馆藏书 $x_{18}$/(册 / 万人) |
| | | 城镇医疗保险覆盖率 $x_{19}$/% |
| | | 旅客周转量 $x_{20}$/(万人 / km) |
| | 经济 C8 | 房价收入比 $x_{21}$ |
| | | 就业率 $x_{22}$/% |
| | | GDP 增长率 $x_{23}$/% |
| | | 人均 GDP $x_{24}$(万元 / 人) |
| | | 居民消费水平 $x_{25}$/(元 / 人) |
| | | 人均可支配收入 $x_{26}$/元 |
| | | 人均消费品零售额 $x_{27}$/(万元 / 人) |
| | 生活居住 C9 | 人均住房面积 $x_{28}$/(m² / 人) |
| | | 互联网入户率 $x_{29}$/% |
| | | 市区人口密度 $x_{30}$/(人 / hm²) |
| | | 家庭文化娱乐教育服务支出 $x_{31}$/元 |
| | | 集中供热率 $x_{32}$/% |
| | 环境 C10 | 饮水水质达标率 $x_{33}$/% |
| | | 污水无害化 $x_{34}$ |
| | | 城镇生活垃圾无害化处理率 $x_{35}$/% |

## 4.3.3　评价体系的建立

取变异系数小于 0.25 的指标,标红。对比三个不同的层次建立出来的评价体系与变异系数进行对比来分析。

**表 4-19　按三级指标社会环境评价体系**

| 计算方式 | | 按 A 层计算 | 按 B 层计算 | 按 C 层计算 | 变异系数 |
|---|---|---|---|---|---|
| | 二级指标 | 三级指标 | 三级指标 | 三级指标 | |
| 资源承载力 B1 | 人口 C1 | 人口密度 $x_1$ | 人口密度 $x_1$ | | 0.303 |
| | | 人口自然增长率 $x_2$ | 人口自然增长率 $x_2$ | | 0.556 |
| | 土地资源 C2 | 人均湿地面积 $x_3$ | 人均湿地面积 $x_3$ | | 0.960 |
| | | 人均耕地面积 $x_4$ | 人均耕地面积 $x_4$ | | 0.286 |
| | 水资源 C3 | 人均水资源量 $x_5$ | 人均水资源量 $x_5$ | | 0.200 |
| | 能源 C4 | 产值能耗 $x_6$ | 产值能耗 $x_6$ | | 0.398 |
| | | 单位 GDP 能耗 $x_7$ | 单位 GDP 能耗 $x_7$ | | 0.408 |
| 自然环境 B2 | 气候 C5 | 年日照时间 $x_8$ | 年日照时间 $x_8$ | | 0.137 |
| | | 年降水量 $x_9$ | 年降水量 $x_9$ | | 0.142 |
| | | 相对湿度 $x_{10}$ | 相对湿度 $x_{10}$ | | 0.050 |
| | | 年平均气温 $x_{11}$ | 年平均气温 $x_{11}$ | | 0.077 |
| | | 林木覆盖率 $x_{12}$ | 林木覆盖率 $x_{12}$ | | 0.188 |
| | 生态 C6 | 城市建成区绿化覆盖率 $x_{13}$ | 城市建成区绿化覆盖率 $x_{13}$ | | 0.230 |
| 社会环境 B3 | 公共服务 C7 | 文化艺术场馆个数 $x_{14}$ | 文化艺术场馆个数 $x_{14}$ | 文化艺术场馆个数 $x_{14}$ | 0.323 |
| | | 人均邮政业务量 $x_{15}$ | 人均邮政业务量 $x_{15}$ | 人均邮政业务量 $x_{15}$ | 0.442 |
| | | 医生数 $x_{16}$ | 医生数 $x_{16}$ | 医生数 $x_{16}$ | 0.344 |
| | | 公路密度 $x_{17}$ | 公路密度 $x_{17}$ | 公路密度 $x_{17}$ | 0.212 |
| | | 人均公共图书馆藏书 $x_{18}$ | 人均公共图书馆藏书 $x_{18}$ | 人均公共图书馆藏书 $x_{18}$ | 0.516 |
| | | 城镇医疗保险覆盖率 $x_{19}$ | 城镇医疗保险覆盖率 $x_{19}$ | 城镇医疗保险覆盖率 $x_{19}$ | 0.474 |
| | | 旅客周转量 $x_{20}$ | 旅客周转量 $x_{20}$ | 旅客周转量 $x_{20}$ | 1.108 |
| | 经济 C8 | 房价收入比 $x_{21}$ | 房价收入比 $x_{21}$ | 房价收入比 $x_{21}$ | 0.267 |
| | | 就业率（%）$x_{22}$ | 就业率 $x_{22}$ | 就业率 $x_{22}$ | 0.835 |
| | | GDP 增长率 $x_{23}$ | GDP 增长率 $x_{23}$ | GDP 增长率 $x_{23}$ | 0.114 |
| | | 人均 GDP $x_{24}$ | 人均 GDP $x_{24}$ | 人均 GDP $x_{24}$ | 0.438 |
| | | 居民消费水平 $x_{25}$ | 居民消费水平 $x_{25}$ | 居民消费水平 $x_{25}$ | 0.238 |
| | | 人均可支配收入 $x_{26}$ | 人均可支配收入 $x_{26}$ | 人均可支配收入 $x_{26}$ | 0.180 |
| | | 人均消费品零售额 $x_{27}$ | 人均消费品零售额 $x_{27}$ | 人均消费品零售额 $x_{27}$ | 0.245 |
| | 生活居住 C9 | 人均住房面积 $x_{28}$ | 人均住房面积 $x_{28}$ | 人均住房面积 $x_{28}$ | 0.100 |
| | | 互联网入户率 $x_{29}$ | 互联网入户率 $x_{29}$ | 互联网入户率 $x_{29}$ | 0.494 |
| | | 市区人口密度 $x_{30}$ | 市区人口密度 $x_{30}$ | 市区人口密度 $x_{30}$ | 0.267 |
| | | 家庭文化娱乐教育服务支出 $x_{31}$ | 家庭文化娱乐教育服务支出 $x_{31}$ | 家庭文化娱乐教育服务支出 $x_{31}$ | 0.840 |
| | | 集中供热率 $x_{32}$ | 集中供热率 $x_{32}$ | 集中供热率 $x_{32}$ | 0.010 |
| | 环境 C10 | 饮水水质达标率 $x_{33}$ | 饮水水质达标率 $x_{33}$ | 饮水水质达标率 $x_{33}$ | 0.007 |
| | | 污水无害化 $x_{34}$ | 污水无害化 $x_{34}$ | 污水无害化 $x_{34}$ | 0.030 |
| | | 城镇生活垃圾无害化处理率 $x_{35}$ | 城镇生活垃圾无害化处理率 $x_{35}$ | 城镇生活垃圾无害化处理率 $x_{35}$ | 0.012 |

从表4-19中，我们可以分析得到：

对于资源承载力B1的7个指标，人均耕地面积和产值能耗按照A层、B层计算都是与其他的指标有相关性的，所以我们应删除，人均湿地面积$x_3$按B层计算的条件协方差较小，但是鉴别能力比较高，我们可以暂时保留，而人均水资源量$x_5$按A层计算的条件协方差较小而且变异系数也很小，也就是鉴别力比较差，我们可以考虑删除。这样水资源C3也会随之删除，结合背景资料再斟酌，在这里考虑的是黄河三角洲这个经济带，人均水资源量差别不大，所以可以删去。

对于自然环境B2的6个指标，城市建成区绿化覆盖率按A层、B层计算的结果都是应删去而且鉴别力也比较低，所以我们删去城市建成区绿化覆盖率这一指标，相对应的生态C6这一指标也会被删除。年降水量$x_9$和相对湿度$x_{10}$这两个指标在按B层计算的时候广义协方差比较小，鉴别力也都是比较差的，所以也删去。这些指标得到的结果与原始数据有着密不可分的关系。所以要联系实际。

对于公共服务C7的7个指标，文化艺术场馆个数按照A、B、C三个指标层算出的广义协方差都比较小，我们应删去，医生数出现了两次删除的情况，也可以删去。

同样分析其他的几个指标，结合实际情况，删除不必要的指标，将保留下来的指标作为最终的评价依据，如表4-20、表4-21所示。得到表4-22最终确立的人居环境评价体系。

表4-20　按照不同层计算都存在的指标

| 指标 | 单位 |
| --- | --- |
| 人口密度 $x_1$ | 人/km$^2$ |
| 人口自然增长率 $x_2$ | ‰ |
| 单位GDP能耗 $x_7$ | tce/万元 |
| 年日照时间 $x_8$ | h |
| 年平均气温 $x_{11}$ | ℃ |
| 林森覆盖率 $x_{12}$ | % |
| 公路密度 $x_{17}$ | km/（100km$^2$） |
| 城镇医疗保险覆盖率 $x_{19}$ | % |
| 居民消费水平 $x_{25}$ | 元/人 |
| 互联网入户率 $x_{29}$ | % |
| 污水无害化 $x_{34}$ | % |

表4-21　按照不同层计算都被删的指标

| 指标 | 单位 |
| --- | --- |
| 人均耕地面积 $x_4$ | 亩① |
| 产值能耗 $x_6$ | tce/万元 |
| 城市建成区绿化覆盖率 $x_{13}$ | % |
| 文化艺术场馆个数 $x_{14}$ | 个 |
| 集中供热率 $x_{32}$ | % |
| 城镇生活垃圾无害化处理率 $x_{35}$ | % |

注：①1亩≈666.7m$^2$。

---

① 1亩≈666.7m$^2$。

表 4-22  最终确立的人居环境指标体系

| | 一级指标 | 二级指标 | 三级指标 |
|---|---|---|---|
| 人居环境评价指标体系 A | 资源承载力 B1 | 人口 C1 | 人口密度 $x_1$/（人/km$^2$） |
| | | | 人口自然增长率 $x_2$/‰ |
| | | 土地资源 C2 | 人均湿地面积 $x_3$/hm$^2$ |
| | | 能源 C4 | 单位 GDP 能耗 $x_7$/（tce/万元） |
| | 自然环境 B2 | 气候 C5 | 年日照时间 $x_8$/h |
| | | | 年平均气温 $x_{11}$/℃ |
| | | | 林森覆盖率 $x_{12}$/% |
| | 社会环境 B3 | 公共服务 C7 | 人均邮政业务量 $x_{15}$/件 |
| | | | 公路密度 $x_{17}$/［km/（100km$^2$）］ |
| | | | 人均公共图书馆藏书 $x_{18}$/册 |
| | | | 城镇医疗保险覆盖率 $x_{19}$/% |
| | | | 旅客周转量 $x_{20}$/（人/km） |
| | | 经济 C8 | GDP 增长率 $x_{23}$/% |
| | | | 居民消费水平 $x_{25}$/（元/人） |
| | | | 人均消费品零售额 $x_{27}$/元 |
| | | 生活居住 C9 | 人均住房面积 $x_{28}$/m$^2$ |
| | | | 互联网入户率 $x_{29}$/% |
| | | | 市区人口密度 $x_{30}$/（人/km$^2$） |
| | | 环境 C10 | 污水无害化 $x_{34}$/% |

　　选取的指标经过鉴别力分析和相关分析后，构成了最终的评价指标。这些评价指标之间内在逻辑性强，具有较高的可操作性，能够客观和准确地反映人居环境评价体系的内涵和结构。

# 第 5 章　中国北方城市群人居环境适宜性分析

城市群是指在一定区域范围内，城市个体之间存在着紧密交互作用和密切联系的城市空间布局形态，是城市化发展到一定阶段的产物。城市群也是区域经济的中心，整个城市群经济无论在经济地位、工业生产、商品流通、交通运输、科技和人才开发方面的辐射能力和覆盖面积都是单个城市所无法比拟的。因此，在人居环境评价指标体系建立之后，选择处于不同地理环境，社会经济水平发展处于不同阶段的三个中国北方城市群作为评价体系验证的案例是比较合理的选择。

## 5.1　城市群特点概述

### 5.1.1　黄河三角洲城市群

2008 年山东省政府出台的《黄河三角洲高效生态经济区发展规划》认定，黄河三角洲指位于渤海南部黄河入海口沿岸地区，以山东省东营市垦利县宁海为轴点，北起套尔河口，南至淄脉河口，向东撒开的扇状地形，海拔低于 15m，地域范围包括山东省的东营、滨州和潍坊、德州、淄博、烟台的部分地区。与该经济区对应的城市群包括东营市（东营区、河口区、广饶县、垦利县、利津县）、滨州市（滨城区、邹平县、沾化县、惠民县、博兴县、阳信县、无棣县）、德州市（乐陵市、庆云县）、潍坊市（寿光市、寒亭区、昌邑市）、烟台市（莱州市）、淄博市（高青县）共 19 个县（市、区），总面积 2.65 万 $km^2$，占山东全省面积的 1/6；总人口约 985 万人，约占全省总人口的 1/10。

黄河三角洲地区属温带季风型大陆性气候，四季分明，光照充足，区内自然资源丰富。该地区土地资源优势突出，地理区位条件优越，自然资源较为丰富，生态系统独具特色，产业发展基础较好，具有发展高效生态经济的良好条件。对于环渤海及东北亚地区经济发展，也有着极大的贡献价值。

### 5.1.2　关中-天水城市群

2009 年国务院正式发布了《关中-天水经济区发展规划》。规划范围包括陕西省西安、铜川、宝鸡、咸阳、渭南、杨凌、商洛（部分区县）和甘肃省天水所辖行政区域，面积 7.98 万 $km^2$，2007 年末总人口为 2842 万人。与此经济区相对应的城市群还直接辐射区域包括陕西省陕南的汉中、安康，陕北的延安、榆林，甘肃省的平凉、庆阳和陇南地区。

该城市群地处亚欧大陆桥中心，处于承东启西、连接南北的战略要地，是我国西部地区经济基础好、自然条件优越、人文历史深厚、发展潜力较大的地区。关中平原指陕西秦岭北麓渭河冲积平原，又称关中盆地，其北部为陕北黄土高原，向南则是陕南山地、秦巴山脉，平均海拔约500m。自古以来，土地肥沃，物产富饶，被称为"陆海之枢纽"、"天府之富饶"，是陕西的工农业发达和人口密集地区。以西安为中心的关中地区，在全国区域经济格局中具有重要战略意义，被国家确定为全国16个重点建设地区之一。天水市是甘肃省第二大城市，位于甘肃东南部，自古是丝绸之路必经之地。新欧亚大陆桥横贯全境。境内四季分明，气候宜人，物产丰富，素有西北"小江南"之美称。天水是中国古代文化的发祥地，享有"羲皇故里"的殊荣。天水经济开发较早。新中国成立后，工业发展较快，特别是国家"三线"建设时期，一批企业相继搬迁天水，天水逐步发展成为西北地区的重要工业城市，是国家老工业基地之一。

由于西安特大城市对周边地区辐射带动作用明显，区域内城镇化进程不断加快。截至2007年年底，城市群区城镇化率达到43%以上，西陇海沿线城镇带已具雏形。

### 5.1.3  沈阳–大连城市群

辽东半岛位于我国东北的南部，伸入渤海、黄海之间。地处亚太经济圈西环带和环渤海经济圈之间，与日本、韩国隔海相望，文化渊源深厚，经济联系紧密，具有开放的优势，在整个东北亚地区具有十分重要的地位。

辽东半岛传统上分为两个经济区：沈阳经济区和大连经济圈。沈阳经济区是辽宁省委、省政府提出的区域发展战略。以沈阳为中心，辐射八个城市，形成联系紧密的"区域经济共同体"。对加强区域协调发展，加速推进区域经济一体化进程，促进辽宁老工业基地的全面振兴具有重大意义。大连经济圈包括大连、营口两市，其特有的临海性使得大连经济圈与沈阳经济圈有着截然不同的产业发展方向。近几年该经济区大力发展港口物流与港口制造业，目前已初见成效。交通运输、仓储及邮政业已成为两市的主导产业，制造业也跃升为大连的主导产业。以沈阳和大连两个大城市以及十几个小城镇组成的沈阳–大连城市群（简称沈大城市群）布局较为合理，开放程度高、居民经济意识强等优势，当地政府应给与税收、贷款、土地等方面的优惠政策。

## 5.2  基于GIS的人居环境评价表达

人居环境是研究某一区域在某段时间居民生存生活状况和环境，其研究对象必须具有空间属性，即考察区所在的地理位置；必须具有时间属性，即研究的是评价区域特定时间段的人居环境状况；确定了地理位置和时间后，最重要的是必须要有对人居环境的描述，这些描述可能是定量的数字指标也可能是定性的文字表达。空间位置、属性及时间是人居环境数据的三大基本要素。

由于人居环境数据作为地理信息数据的特殊性，单纯依靠简单的统计表格和文字描述很难达到信息全面明确的要求，将地理信息系统引入区域人居环境评价的优势较为突出。应用GIS可以迅速地进行空间分析，开展定量研究、规范成果表达，有助于全面、直观、形象地认识人居环境现状、分析变化；在应用GIS研究的基础上建立数据库有利于人居环境研究的可持续性。通过GIS平台，人居环境的最小评价单元不再局限于城市，而是可以进行大幅度的细化和缩小，比如地貌和气候环境的分区评价将更加具体。

GIS 与人居环境研究结合具有如下优势。

1）人居环境属性信息与空间信息结合，更加有利于研究考察区人居环境的空间差异，探索人居环境的空间发展规律；

2）借助于地理信息系统海量数据管理功能，强大的数据检索查询功能，实现人居环境指标数据的快速查找，为人居环境的研究提供便利；

3）基于地理信息系统的地图制作功能，实现了统计数据、文本数据、图形数据的集成，输出各种类型的专题地图，实现人居环境评价结果的可视化要求，为决策者和公众提供直观可靠的信息；

4）地理信息系统强大的空间分析功能为解决人居环境更加复杂的空间分析问题提供了坚强的保证；

5）地理信息系统的开放性和拓展性，便于进行二次系统开发和 WebGIS 的实现，可以依据人居环境的需要自行进行平台开发，为人居环境科学的发展提供新的机遇。

# 5.3　基于人居环境指标体系对城市群的评价

## 5.3.1　黄河三角洲城市群评价

通过主成分分析，把所有指标转化为 8 个主成分。这 8 个主成分对整个评价体系的累计贡献率达到了 92%，符合代表原始指标的条件，主成分与人居环境领域层指标对应关系如表 5-1 所示。

表 5-1　人居环境主成分对应关系

| 主成分类别 | 对应原始指标 | 主成分类别 | 对应原始指标 |
| --- | --- | --- | --- |
| 主成分 1 | 人口、土地资源 | 主成分 5 | 水资源、人口增长 |
| 主成分 2 | 居民消费经济 | 主成分 6 | 医疗、文化、降雨 |
| 主成分 3 | 能源、经济 | 主成分 7 | 生活居住 |
| 主成分 4 | 邮政 | 主成分 8 | 交通、住房、娱乐 |

各因子得分由原指标的线性组合求出，各个主成分的得分值可以通过 SPSS 软件计算出来，如表 5-2 所示。

表 5-2　各县（市）各主成分得分

| 县（市） | 主成分 1 | 主成分 2 | 主成分 3 | 主成分 4 | 主成分 5 | 主成分 6 | 主成分 7 | 主成分 8 |
| --- | --- | --- | --- | --- | --- | --- | --- | --- |
| 广饶县 | 0.474 | 0.332 | −2.247 | −0.394 | 0.817 | −0.816 | 0.451 | 0.723 |
| 邹平县 | 0.561 | 0.532 | −0.981 | 0.516 | 0.269 | 1.782 | 0.556 | −1.432 |
| 沾化县 | 2.769 | 0.082 | 0.324 | −0.54 | 0.352 | 0.15 | 0.22 | −1.026 |
| 博兴县 | 0.736 | −0.002 | 0.177 | −0.172 | 0.418 | 0.546 | 0.555 | −0.822 |
| 阳信县 | 0.885 | 0.962 | 0.385 | −1.302 | −1.185 | −0.651 | −1.597 | −1.011 |
| 无棣县 | −0.994 | −0.435 | −1.415 | 0.09 | −1.416 | 0.049 | −0.971 | 0.964 |

| 县（市） | 主成分1 | 主成分2 | 主成分3 | 主成分4 | 主成分5 | 主成分6 | 主成分7 | 主成分8 |
|---|---|---|---|---|---|---|---|---|
| 乐陵市 | 0.233 | 0.129 | 0.718 | −0.864 | −0.929 | −1.205 | 2.25 | 0.21 |
| 庆云县 | 0.487 | −2.797 | 0.264 | 0.335 | −0.46 | 0.21 | 0.09 | −0.126 |
| 寿光市 | 0.213 | 0.603 | 0.731 | 1.936 | −0.982 | 0.048 | −0.334 | 0.086 |
| 昌邑市 | −0.164 | 0.446 | 0.358 | 1.711 | 1.168 | −1.55 | −0.212 | 0.025 |
| 莱州市 | −0.007 | 0.805 | 0.964 | −0.38 | 0.184 | 1.579 | 0.166 | 2.147 |
| 高青县 | 0.347 | −0.658 | 0.723 | −0.934 | 1.764 | −0.142 | −1.176 | 0.263 |

各个主成分权重确定之后，人居环境的综合评价结果可以由下式得出：

$$f(x) = \sum_{i=1}^{8} a_i x_i \tag{5-1}$$

式中，$f(x)$ 为评价的量化值；$a_i$ 为确定之后的主成分权重值；$x_i$ 为标准化主成分值。

$f(x)$ 的数值范围在−1～1范围。值越大，说明人居环境状况越好。

由此可以得出黄河三角洲12个县（市）的人居环境综合评价得分，具体如表5-3所示。

表5-3　各县（市）人居环境综合得分

| 县（市） | 人居环境综合得分 |
|---|---|
| 莱州市 | 0.55 |
| 寿光市 | 0.32 |
| 邹平县 | 0.28 |
| 昌邑市 | 0.24 |
| 博兴县 | 0.21 |
| 乐陵市 | 0.03 |
| 高青县 | 0.02 |
| 广饶县 | −0.16 |
| 阳信县 | −0.25 |
| 庆云县 | −0.29 |
| 沾化县 | −0.44 |
| 无棣县 | −0.55 |

### 5.3.1.1　资源承载力得分分析

资源承载力是指一个国家或一个地区资源的数量和质量，对该空间内人口的基本生存和发展的支撑力，是可持续发展的重要体现。如图5-1所示，乐陵市、寿光市、博兴县这几个综合实力发展好的县（市）资源承载力得分较低。说明经济、生态发展好的县（市）人口增长较快，人口密度增大，人均耕地，人均水资源逐渐较小，城市规模不断扩大，资源承载力大。沾化县、无棣县等资源承载力得分较高，其经济、社会环境得分相对靠后，由于其地理位置、交通、社会政策等影响，城市开发程度低，人类活动范围较小，综合发展滞后，人口增长缓慢，人均耕地、人均水资源等方面有较大空间。

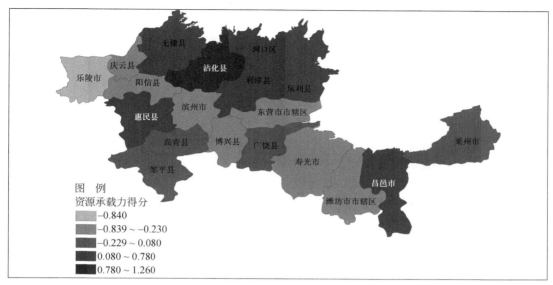

图 5-1　黄河三角洲城市群资源承载力得分

## 5.3.1.2　自然环境得分分析

本评价指标体系自然环境部分只涉及气候和林木覆盖率两方面。如果一个区域四季温差较小，日照充足，降水量适当，那么该区域气候宜人，符合人类活动的需求。林木覆盖是一个地区的天然氧吧，天然空气净化器，水土保持的有力保障。由图 5-2 可以看出沿海区域的莱州市、东营市等县（市）自然环境得分较低，一个原因是黄河三角洲是黄河的入海口，并且以 2km/a 的速度填海造陆，植树造林时间短，该区域的林木覆盖

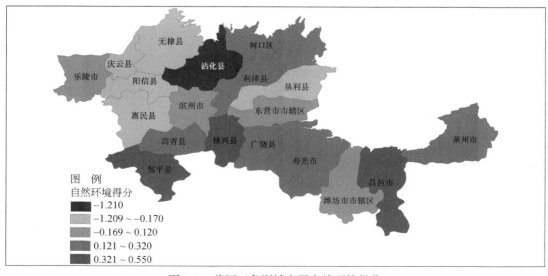

图 5-2　黄河三角洲城市群自然环境得分

较低。由于沿海温差较大，气候变换较频繁。而内陆的乐陵市、沾化县、无棣县等自然环境得分较高，由于远离海岸，所以气候较稳定，林木覆盖率较高。

### 5.3.1.3 社会环境得分分析

本指标体系社会环境部分主要涉及社会公共服务、经济、生活居住以及环境保护几个方面的三级指标。由图5-3可以看出，莱州市、昌邑市、寿光市等沿海县（市）社会环境得分较高，而且综合得分同样较高。社会环境的评价本来就是一个比较复杂的过程，要综合涉及经济、交通、市政、信息网络、环境保护等多方面的评价指标。比如莱州市、昌邑市本身区位优越，交通便利，政府政策制度有力，环境保护事业颇有成效，以至于经济增长迅速。调研发现，社会环境评价值较高的县（市）也是环境保护得分较高的县（市），意味着该城市群要围绕生态文明建设目标，突出高效生态经济主题，走发展循环经济的道路。经济、交通、环境保护、市政设施等相辅相成，共同来提高社会环境对人居环境适宜性的贡献。

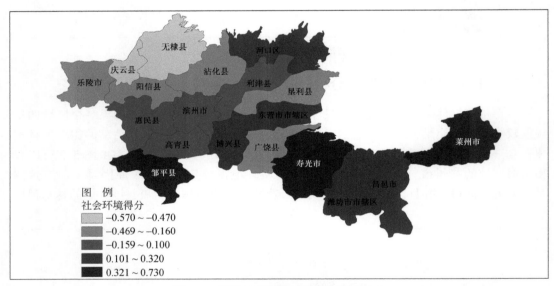

图5-3 黄河三角洲城市群社会环境得分

### 5.3.1.4 综合得分分析

通过表5-3计算结果得知：黄河三角洲城市群人居环境质量参差不齐，城市群中人居环境质量最好的是莱州市，位于第二的是寿光市，最差的为无棣县、沾化县（图5-4）。这种差异性主要是由各县（市）的地理位置、政府政策、经济发展、城市生态规划、交通条件、社会环境的差异导致。

莱州市在经济、交通和居民娱乐方面，得分较高，这也得益于莱州市市域区位优越，联结山东沿海开放前沿城市与内地后方的枢纽，同时经济战略地位也处于黄河三角洲高效生态经济区的墙头堡。矿产资源丰富，经济发展势头好，人民安居乐业。

寿光市作为我国重要的蔬菜和原盐产地之一，综合实力也是处于中国百强县之列。

同时寿光市荣获 2010 年中国人居环境奖。至此，寿光市成为江北唯一获此殊荣的县级市。近年来，寿光市重视生态建设，立足于生态、环保、绿色、园林理念，加快创新建设步伐，走新型工业化道路，重视高新技术产业，经济实力加强。寿光市已全面完成无害生活垃圾处理工程，采取规划建绿、拆墙透绿、见缝插绿、就势造绿等多种模式，不断完善城市绿地布局，努力打造城市"客厅"和"氧吧"。所以，居民消费、经济方面得分都较突出。

沾化县地理优势不及莱州市，开放较晚，经济发展较滞后，支柱产业主要是农业，生态环境建设也不够突出。

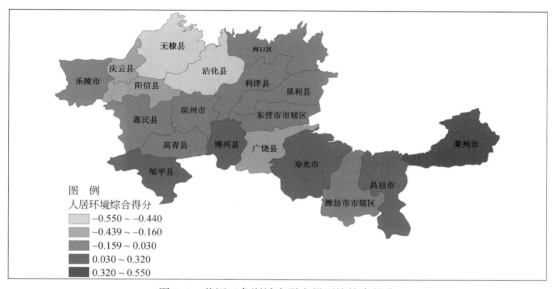

图 5-4　黄河三角洲城市群人居环境综合得分

## 5.3.1.5　人居环境规划建议

黄河三角洲城市群人居环境质量参差不齐，而且在某些指标上差异较大。在黄河三角洲开发潜力巨大的背后，是脆弱的生态。这里许多土地盐碱化程度较高，淡水资源匮乏。这要求黄河三角洲的发展只能走一条"在开发中保护、在保护中开发"的新路。2008 年，黄河三角洲地区生产总值 4660.8 亿元，占山东全省的比重超过 15%。预计2015 年，这一地区 GDP 将突破 9300 亿元。经济是人民安居乐业的前提，但在发展经济的同时也要注意生态环境的建设，为人们建立一个和谐友好的人居环境。黄河三角洲开发，要围绕生态文明建设目标，突出高效生态经济主题，在发挥比较优势上加大力度，在发展循环经济上走在前列，在改善提升生态环境上树立典范，在促进区域一体化发展上开拓创新，实现速度、结构、效益相统一，经济、社会、人居环境相协调，探索黄河三角洲开发新模式。

为了使各县（市）人居环境在整体水平上提高，更有利于城市群的合理规划与发展，建议：①重视生态环境的建设，科学进行城市规划与建设。保护湿地，大力开展植树造林，增加绿化面积，提高生态环境的资源承载力，寿光市在这方面做的较有成效。

②发展循环、集约型经济，建设环境友好型社会。在产业能耗方面，各县（市）得分都较低，说明在追求经济发展过程中，还没有从粗放型经济发展转变到集约型经济发展。经济实力确实是衡量人居环境质量的一个重要标准，但是我们应该走新型工业化发展道路，目标是发展科技含量高、资源消耗低、人力资源优势得到充分发挥的高技术产业和对环境污染少的产业。

## 5.3.2 关中-天水城市群评价

通过主成分分析，把各个指标转化为9个主成分，主成分与人居环境领域层指标对应关系如表5-4所示。

表5-4 人居环境主成分对应关系

| 主成分类别 | 对应原始指标 | 主成分类别 | 对应原始指标 |
| --- | --- | --- | --- |
| 主成分1 | 经济、生活居住 | 主成分6 | 人口增长、交通 |
| 主成分2 | 生态 | 主成分7 | 就业、水质达标率 |
| 主成分3 | 能耗 | 主成分8 | 环保、交通 |
| 主成分4 | 环保 | 主成分9 | 交通、能耗 |
| 主成分5 | 气候、能耗 | | |

各因子得分由原指标的线性组合求出，各个主成分的得分值可以通过SPSS软件计算出来，如表5-5所示。

表5-5 各县（市）各主成分得分

| 县（市） | 主成分1 | 主成分2 | 主成分3 | 主成分4 | 主成分5 | 主成分6 | 主成分7 | 主成分8 | 主成分9 |
| --- | --- | --- | --- | --- | --- | --- | --- | --- | --- |
| 西安市 | 5.177 | -0.287 | 0.141 | -0.239 | -0.574 | -1.666 | 0.000 | 0.721 | 0.573 |
| 长安县 | 2.903 | 0.512 | 0.019 | -0.137 | 0.110 | 0.994 | 0.738 | 0.403 | -1.080 |
| 咸阳市 | 1.124 | 0.548 | 0.331 | -1.292 | -0.408 | 0.677 | 0.487 | -1.029 | 1.717 |
| 临潼县 | 2.177 | -0.269 | 0.416 | 0.954 | -0.473 | 0.475 | -1.280 | -0.234 | -0.625 |
| 宝鸡市 | 1.009 | 0.716 | 0.381 | -0.017 | -0.651 | 1.108 | 0.238 | -0.523 | -0.090 |
| 凤县 | -0.174 | 2.208 | 0.057 | 1.301 | -0.343 | 0.724 | 0.030 | -0.742 | -0.587 |
| 商州市 | 0.361 | 2.263 | 0.007 | -0.801 | 0.502 | -0.349 | -0.611 | -0.173 | -0.448 |
| 耀县 | 0.051 | -0.130 | -0.694 | 2.493 | 0.608 | 1.954 | -3.181 | 2.212 | 2.224 |
| 柞水县 | -0.587 | 1.175 | 0.622 | 0.037 | -0.235 | 1.613 | 1.919 | 0.267 | -0.231 |
| 洛南县 | -0.422 | 1.012 | 0.824 | -0.760 | 0.454 | -0.281 | 0.929 | 3.121 | -0.314 |
| 扶风县 | -0.043 | 0.258 | 0.655 | 0.262 | -0.572 | 0.126 | 0.056 | 0.811 | 3.194 |
| 高陵县 | 0.549 | -0.997 | 0.634 | 3.318 | -0.817 | 1.483 | 0.045 | -0.541 | -1.772 |
| 潼关县 | -0.272 | 0.372 | -0.480 | 0.256 | 3.193 | 1.035 | -0.014 | -0.199 | -0.167 |
| 凤翔县 | 0.079 | 1.068 | 0.636 | 1.926 | -0.331 | -3.001 | -0.428 | 0.729 | 0.057 |
| 华阴市 | 0.113 | 0.534 | -0.246 | -0.506 | 3.500 | -0.632 | -0.211 | -0.688 | 0.017 |

续表

| 县（市） | 主成分1 | 主成分2 | 主成分3 | 主成分4 | 主成分5 | 主成分6 | 主成分7 | 主成分8 | 主成分9 |
|---|---|---|---|---|---|---|---|---|---|
| 眉县 | −0.234 | 0.326 | 0.645 | −0.351 | −0.421 | 1.009 | 0.646 | −0.044 | 1.753 |
| 千阳县 | 0.135 | 1.912 | −0.336 | −0.328 | 0.645 | −0.485 | 0.304 | −1.256 | 1.890 |
| 韩城市 | 0.236 | 0.894 | −0.902 | 0.328 | 1.562 | −1.106 | −0.022 | −0.442 | 0.646 |
| 太白县 | 0.074 | 0.897 | −1.349 | −1.415 | −0.853 | 1.022 | 1.211 | 4.315 | −0.963 |
| 丹凤县 | 1.294 | 1.288 | 4.245 | −0.851 | −0.580 | −0.055 | −1.248 | −0.582 | 0.335 |
| 宝鸡县 | 0.622 | 0.980 | 2.154 | −0.013 | −0.686 | −0.671 | 0.192 | −0.100 | −0.458 |
| 户县 | 0.158 | −0.412 | 0.940 | −0.755 | 1.990 | 0.821 | 0.586 | −0.735 | −1.364 |
| 蓝田县 | 0.464 | 0.189 | 0.288 | −0.794 | 0.293 | 0.395 | 0.735 | −0.340 | −1.473 |
| 渭南市 | 0.466 | −0.620 | 0.336 | −0.296 | 0.484 | 0.472 | 0.810 | −1.125 | 0.560 |
| 华县 | −0.330 | −0.006 | 0.023 | 0.650 | −0.164 | 0.412 | 0.790 | 0.063 | 0.598 |
| 麟游县 | −0.347 | 1.747 | −0.895 | −0.497 | −0.399 | 0.084 | −0.348 | −0.129 | 0.095 |
| 铜川市 | 0.365 | 0.943 | −1.633 | 0.801 | 0.389 | −1.417 | −0.942 | −0.031 | −0.414 |
| 蒲城县 | −0.174 | −0.862 | 0.553 | 0.328 | 1.837 | 0.134 | −1.631 | 0.550 | 0.202 |
| 陇县 | −0.493 | 0.593 | 0.283 | −0.071 | −0.475 | 0.202 | 0.004 | −0.052 | −0.067 |
| 澄城县 | −0.444 | −0.135 | −0.403 | 0.546 | 0.318 | −1.325 | 1.524 | 0.280 | 1.318 |
| 三原县 | 0.178 | −1.352 | 1.221 | −0.077 | −0.387 | 0.118 | 1.215 | −0.315 | −0.397 |
| 周至县 | −0.518 | −0.325 | 1.930 | 0.658 | 0.256 | 0.157 | −2.019 | 0.685 | −1.802 |
| 宜君县 | −0.712 | 0.844 | −1.131 | −0.087 | 0.151 | 1.028 | 0.412 | 0.070 | 0.003 |
| 彬县 | −0.704 | −0.345 | −1.301 | 2.236 | −0.866 | 1.340 | 1.141 | −1.047 | 0.232 |
| 白水县 | −0.542 | −0.584 | −0.488 | −0.149 | 1.709 | 0.187 | 0.300 | −0.034 | −0.201 |
| 泾阳县 | 0.056 | −1.621 | 0.462 | −1.309 | 0.096 | 0.273 | 0.362 | 1.903 | −0.088 |
| 天水市 | 0.298 | −0.275 | −0.826 | −1.058 | 0.048 | 1.179 | 0.720 | −0.747 | −0.701 |
| 兴平县 | −0.133 | −0.268 | −0.432 | −0.175 | −0.237 | 0.455 | −0.303 | −0.972 | 0.149 |
| 旬邑县 | −0.703 | 0.790 | −1.375 | 0.552 | −0.914 | −0.234 | 0.708 | −0.718 | −0.218 |
| 礼泉县 | −0.226 | −1.007 | 0.144 | 0.196 | −0.256 | 0.028 | 0.433 | −0.418 | −0.180 |
| 大荔县 | −0.417 | 1.033 | 0.261 | 0.222 | 0.181 | −1.285 | 0.129 | 0.090 | 0.743 |
| 岐山县 | −0.619 | −0.276 | 0.422 | 0.012 | −0.584 | −0.747 | −0.083 | −0.042 | −0.151 |
| 合阳县 | −0.699 | −1.685 | −0.400 | 0.750 | 1.084 | −0.554 | 1.139 | 0.801 | 0.197 |
| 武功县 | −0.048 | −1.359 | 0.241 | 0.062 | −0.210 | −0.722 | 0.208 | −0.323 | −0.410 |
| 乾县 | −0.204 | −1.139 | 0.083 | 0.440 | −0.008 | −0.259 | 0.274 | −0.470 | −0.245 |
| 淳化县 | −0.474 | 0.432 | −1.177 | −0.504 | −0.176 | −0.634 | 0.310 | −0.483 | −0.869 |
| 武山县 | −0.152 | −0.788 | −0.538 | −1.730 | 0.007 | 0.577 | −0.398 | −1.071 | 1.747 |
| 富平县 | −0.633 | −2.296 | 0.527 | 0.826 | −0.656 | −0.192 | 1.269 | 0.494 | 0.724 |
| 永寿县 | −0.666 | −0.243 | −0.288 | 0.786 | 0.005 | −3.051 | 0.782 | −0.068 | −0.973 |
| 长武县 | −0.595 | −0.167 | −1.151 | 0.447 | 1.120 | −0.277 | 0.103 | −0.360 | −0.682 |

| 县（市） | 主成分1 | 主成分2 | 主成分3 | 主成分4 | 主成分5 | 主成分6 | 主成分7 | 主成分8 | 主成分9 |
|---|---|---|---|---|---|---|---|---|---|
| 甘谷县 | −0.290 | −1.057 | −0.784 | −1.428 | 0.177 | −0.345 | −1.724 | −0.312 | −0.174 |
| 秦安县 | −0.444 | −0.661 | −0.777 | −1.181 | −1.564 | −0.605 | −1.875 | −0.504 | 0.698 |
| 清水县 | −0.749 | −0.659 | −0.524 | −1.173 | −1.306 | −0.241 | −1.282 | 0.089 | −0.830 |
| 张家川 | −0.740 | −0.547 | −1.347 | −0.998 | −1.426 | 0.054 | −1.710 | 0.053 | −1.508 |

各个主成分权重确定之后，人居环境的综合评价结果可以由式（5-1）得出。关中–天水城市群的人居环境综合评价得分，具体见表5-6。

**表5-6　各县（市）人居环境综合得分**

| 县（市） | 关中–天水综合得分 | 县（市） | 关中–天水综合得分 | 县（市） | 关中–天水综合得分 | 县（市） | 关中–天水综合得分 |
|---|---|---|---|---|---|---|---|
| 西安市 | 0.996 82 | 华阴市 | 0.174 44 | 陇县 | −0.021 62 | 合阳县 | −0.241 51 |
| 长安区 | 0.710 15 | 眉县 | 0.163 74 | 澄城县 | −0.028 39 | 武功县 | −0.259 08 |
| 咸阳市 | 0.710 00 | 千阳县 | 0.157 10 | 三原县 | −0.032 59 | 乾县 | −0.261 61 |
| 临潼区 | 0.433 27 | 韩城市 | 0.152 28 | 周至县 | −0.046 24 | 淳化县 | −0.273 52 |
| 宝鸡市 | 0.359 20 | 太白县 | 0.144 12 | 宜君县 | −0.073 90 | 武山县 | −0.281 24 |
| 凤县 | 0.335 67 | 丹凤县 | 0.135 11 | 彬县 | −0.129 26 | 富平县 | −0.291 93 |
| 商州市 | 0.300 04 | 宝鸡县 | 0.116 52 | 白水县 | −0.138 62 | 永寿县 | −0.322 67 |
| 耀县 | 0.279 81 | 户县 | 0.115 02 | 泾阳县 | −0.143 18 | 长武县 | −0.349 94 |
| 柞水县 | 0.274 36 | 蓝田县 | 0.098 68 | 天水市 | −0.161 90 | 甘谷县 | −0.499 49 |
| 洛南县 | 0.267 28 | 渭南市 | 0.088 01 | 兴平县 | −0.162 21 | 秦安县 | −0.557 35 |
| 扶风县 | 0.249 65 | 华县 | 0.053 94 | 旬邑县 | −0.204 26 | 清水县 | −0.568 17 |
| 高陵县 | 0.203 25 | 麟游县 | 0.010 10 | 礼泉县 | −0.211 18 | 张家川 | −0.656 31 |
| 潼关县 | 0.197 73 | 铜川市 | −0.004 89 | 大荔县 | −0.216 49 | | |
| 凤翔县 | 0.192 05 | 蒲城县 | −0.014 85 | 岐山县 | −0.219 70 | | |

## 5.3.2.1　资源承载力得分分析

如表5-6所示，本指标体系资源承载力主要涉及人口增长率、人均耕地、人均林地、水资源、能耗等方面的末层指标。资源承载力和当地人口增长以及人口密度有着密切的关系，如图5-5所示，分别以西安、天水为中心的周边县（市）人口增长和密度都较高，同时经济增长也快，说明人类活动对资源的利用达到了一定限度，使资源承载力降低。如图5-6所示，从能源消耗分布来看，能耗大的县（市）主要特点有：①较侧重于工业发展，所以能源诸如煤电之类的需求量大；②能耗较高的县市交通方便，有利于煤电的运输；③经济增长主要是粗放式增长，缺少技术创新，还没有完全从粗放式发展转向集约式发展。所以我们的目标是发展科技含量高、资源消耗低、人力资源得到充分利用的高技术产业和对环境污染少的产业（图 5-7）。

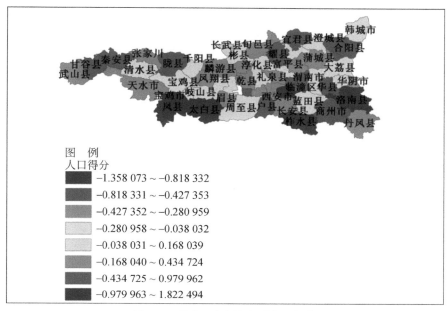

图 例
人口得分
- −1.358 073 ~ −0.818 332
- −0.818 331 ~ −0.427 353
- −0.427 352 ~ −0.280 959
- −0.280 958 ~ −0.038 032
- −0.038 031 ~ 0.168 039
- −0.168 040 ~ 0.434 724
- −0.434 725 ~ 0.979 962
- −0.979 963 ~ 1.822 494

图 5-5　关中–天水城市群人口得分

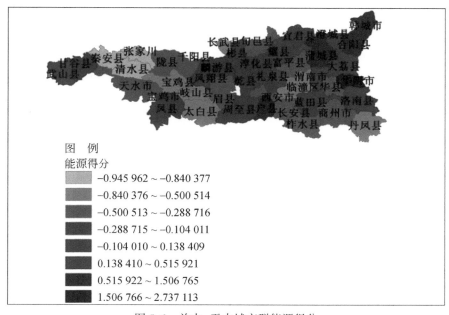

图 例
能源得分
- −0.945 962 ~ −0.840 377
- −0.840 376 ~ −0.500 514
- −0.500 513 ~ −0.288 716
- −0.288 715 ~ −0.104 011
- −0.104 010 ~ 0.138 409
- 0.138 410 ~ 0.515 921
- 0.515 922 ~ 1.506 765
- 1.506 766 ~ 2.737 113

图 5-6　关中–天水城市群能源得分

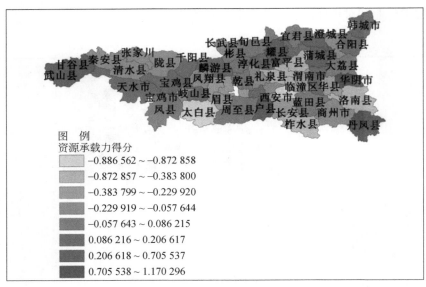

图 5-7　关中-天水城市群资源承载力得分

### 5.3.2.2 自然环境得分分析

图 5-8 显示，自然环境评价值较高的县（市）主要集中在分别以宝鸡、西安、咸阳、商州为中心的周边城市，这和地理位置有着极大的关系，大部分分布在关中平原地带，该地区地势平坦，土壤肥沃，水源丰富，气候温暖，是陕西自然条件最好的地区。陕西省历史上生态环境很好，但由于战乱、大规模开荒种地、过度采伐森林等，到新中国成立初期，森林覆盖率仅剩 13.3%。陕西近几年大力发展植树造林，林木覆盖率快速增长，气候得到明显改善而且成效显著。商洛地区虽然地形地貌结构复杂，素有"八山一水一分田"之称，商州区在商洛地区的北部，北部气候属于暖温带，所以商州周边

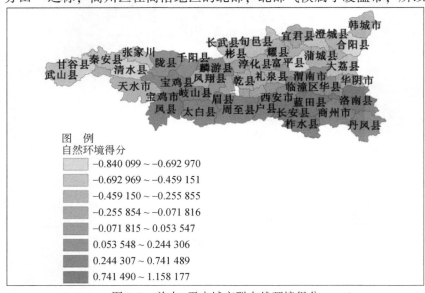

图 5-8　关中-天水城市群自然环境得分

县（市）的特点是：山高，并不危岩耸天；水多，亦少激浪泛滥。

### 5.3.2.3　社会环境得分分析

本指标体系社会环境部分主要涉及社会公共服务、经济、生活居住以及环境保护几个方面的三级指标。我们由图 5-9 可以看出，社会环境评价值较高的县（市）不太集中，分布在宝鸡市、咸阳市、西安市，如表 5-6 所示，同样也是综合得分排名靠前的县（市），这和黄河三角洲城市群的分布比较类似，社会环境的评价主要综合涉及经济、交通、市政、信息网络、环境保护等多方面的评价指标。西安、咸阳、宝鸡本来就属于关中–天水经济区的主要带头核心城市，经济发展迅速，政府政策制度有力，城市环境优美，交通便利，居民生活居住环境便利。甘肃天水部分县（市）如甘谷县、秦安县、张家川等社会环境得分较低，主要源于该区域经济发展滞后，以至于市政设施不完善，生活居住条件有待提高。

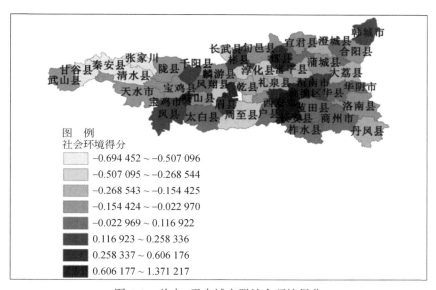

图 5-9　关中–天水城市群社会环境得分

### 5.3.2.4　综合得分分析

比较明显的是，如表 5-6 和图 5-10 所示，关中的县（市）评价值排名均靠前，其中西安所辖长安区、临潼区等市辖区，以及咸阳市排名位居前列，这和该城市的历史文化、城市建设政策有一定的关系。而天水区域评价值排名较靠后。

综合评价得分靠前的县（市）经济、环保、交通方面比较强，资源承载力较大，靠后的县（市）各方面得分都比较低。得分靠前的县（市）经济、生态发展好，人口增长较快，城市规模不断扩大，资源承载力大，如图 5-7 所示；而靠后的县（市）如天水地区以及关中周边县（市）地理位置和交通条件较前面地区差，经济发展缓慢。

通过表 5-6 计算结果得知：城市群中人居环境质量最好的是西安地区，位于第二的是咸阳市，作为陕西省第二大城市的宝鸡市得分也较高。最差的为天水市所辖的县（市）张家川、清水县等。这种差异性主要是由各县（市）的地理位置、政府政策、经

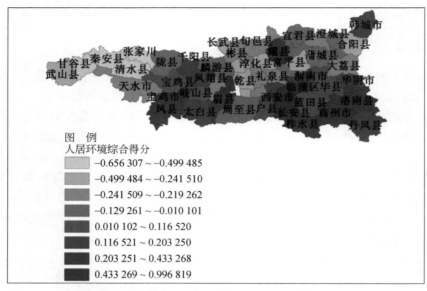

图 5-10　关中–天水城市群人居环境综合得分

济发展、城市生态规划、交通条件、社会环境的差异导致。

西安在经济、交通、环保方面得分较高。西安属于暖温带半湿润的季风气候区，雨量适中，四季分明，世界著名的历史文化名城，居中国古都之首，中华文明的发祥地。是我国中西部地区重要的科研、高等教育、国防科技工业和高新技术产业基地。咸阳市地处"八百里秦川"的腹地，南与西安市隔水相望，距西安仅 17km，北与甘肃相连，东与渭南、铜川毗邻，西与宝鸡市接壤，是陕西省第 3 大城市，是省辖市，是中国著名古都之一——中国第一帝都。咸阳风景秀丽，四季分明，物产丰富，人杰地灵。咸阳自然景观和人文景观交相辉映，是西部重要的旅游目的地，生态环境优美宜人，是自然人文交相辉映的现代宜居城市。

宝鸡属于暖温带半湿润气候，全年气候变化受东亚季风（包括高原季风）控制。宝鸡是华夏始祖炎帝的故乡，周秦王朝的发祥地，素有"炎帝故里、青铜器之乡、佛骨圣地、民间美术之乡"美誉，是陕西省第二大城市，地处陕、甘、宁、川四省（区）结合部，东连西安、咸阳，南接汉中，西近天水，北临平凉，处于西安、兰州、银川、成都的中心位置；陇海、宝成、宝中铁路在此交会。面积 1 万 ~ 82 万 km²，人口 376 万。宝鸡市近几年注重环境保护以及卫生城市的建设，住宅小区公益设施一应俱全，花园式的绿化。市容干净清新、现代靓丽，城市环境天蓝水碧。

### 5.3.2.5　人居环境规划建议

关中–天水城市群除了以西安为中心的周边县（市）综合人居环境质量好，其余地区均发展滞后，经济、城市基础设施、公共服务、环境、资源承载力均较差。这些差异性和交通也有绝大关系，关中–天水往西北方向山区较多，交通闭塞，综合实力发展缓慢。

该城市群具有自身的几大优势：战略区位重要，城市群处于我国内陆中心；文化积淀深厚，是华夏文明重要发祥地，拥有大量珍贵的历史文化遗产和丰富的人文自然资

source;城镇带初步形成，西安作为特大城市，对周边地区辐射带动作用明显，区域内城镇化进程不断加快；科教实力雄厚，拥有80多所高等院校、100多个国家级和省级重点科研院所，科教综合实力居全国前列。

在结合自身优势的前提下，应做到以下几个方面：①综合经济实力要实现新的跨越，使城乡居民收入水平大幅提高，基础设施建设有新突破；②市政、交通、信息等基本设施得到较好改善，覆盖城市群的综合交通运输网络基本建成；③生态环境建设方面继续加大力度植树造林，提高森林覆盖率，同时保护耕地，资源消耗和环境污染降低，做好环境友好型发展，城镇污水、生活垃圾、工业固体废物等处理；④城镇化水平要有新的提高，实现西安-咸阳经济一体化，形成国际现代化大都市，城镇群集聚发展，城乡统筹取得突破；⑤公共服务方面，基本普及高中阶段教育，建立覆盖城乡居民的基本医疗卫生体系和社会保障体系。

同时，借助西部大开发机遇，继续深入推进西部大开发，必将为城市群跨越式发展带来更多新的机遇。

### 5.3.3 沈阳-大连城市群评价

通过主成分分析，把指标转化为7个主成分，主成分与人居环境领域层指标对应关系如表5-7所示。

表5-7 人居环境主成分对应关系

| 主成分类别 | 对应原始指标 | 主成分类别 | 对应原始指标 |
| --- | --- | --- | --- |
| 主成分1 | 环境保护、经济 | 主成分5 | 土地资源 |
| 主成分2 | 经济、交通 | 主成分6 | 气候、环保 |
| 主成分3 | 能耗 | 主成分7 | 经济增长 |
| 主成分4 | 住房、林地 | | |

各因子得分由原指标的线性组合求出，各主成分的得分值可以通过SPSS软件计算出来，如表5-8所示。

表5-8 各县（市）各主成分得分

| 县（市） | 主成分1 | 主成分2 | 主成分3 | 主成分4 | 主成分5 | 主成分6 | 主成分7 |
| --- | --- | --- | --- | --- | --- | --- | --- |
| 沈阳市 | 1.255 | 2.087 | -2.071 | 1.677 | 0.343 | -0.297 | -0.163 |
| 新民市 | 1.053 | 0.522 | 1.695 | 1.624 | -0.469 | 0.397 | 0.503 |
| 辽中县 | 0.367 | 0.667 | -1.118 | 0.001 | 0.373 | 0.379 | 0.365 |
| 法库县 | 0.138 | -0.111 | -0.592 | -0.788 | -0.572 | -0.959 | 0.425 |
| 康平县 | 1.104 | -0.815 | -0.651 | -0.474 | -0.382 | -0.163 | 1.322 |
| 鞍山市 | 0.826 | 0.274 | -0.567 | 2.145 | -0.182 | 0.391 | -0.012 |
| 海城市 | 1.089 | -0.056 | -0.352 | 0.255 | -1.199 | 0.464 | 0.790 |
| 台安县 | 0.563 | 0.371 | -1.000 | -0.281 | -0.460 | -0.009 | -0.107 |
| 岫岩县 | -1.063 | 0.922 | 1.339 | -1.172 | -0.487 | 0.972 | 0.081 |
| 抚顺市 | -1.323 | 0.509 | -0.270 | 0.594 | 0.231 | -0.162 | 0.507 |

213

| 县（市） | 主成分1 | 主成分2 | 主成分3 | 主成分4 | 主成分5 | 主成分6 | 主成分7 |
|---|---|---|---|---|---|---|---|
| 抚顺县 | -1.220 | -0.010 | 0.338 | 0.177 | 0.593 | 0.549 | 0.524 |
| 新宾 | -2.025 | -0.476 | 0.412 | 0.261 | -0.129 | -0.426 | 0.933 |
| 清原 | -2.056 | 0.052 | -0.134 | 0.106 | 1.188 | 0.359 | 1.435 |
| 本溪市 | -1.216 | 1.207 | 0.707 | 1.470 | 0.107 | -0.370 | 0.391 |
| 本溪县 | -1.637 | 0.813 | 0.294 | 0.253 | 0.068 | 0.455 | 0.371 |
| 桓仁 | -2.006 | 1.101 | 0.099 | 0.782 | 0.000 | -0.450 | 0.384 |
| 营口市 | -0.228 | -1.017 | -0.006 | 3.730 | -0.322 | -0.057 | 0.607 |
| 盖州市 | -0.741 | -1.229 | -1.960 | 0.116 | 0.193 | 1.413 | 0.114 |
| 大石桥市 | 0.747 | -0.600 | 0.747 | 0.761 | -0.069 | 0.210 | 1.053 |
| 辽阳市 | 1.203 | 0.871 | 0.569 | -0.037 | 0.752 | 0.295 | -0.808 |
| 灯塔市 | 1.278 | -0.801 | 2.477 | -1.302 | -0.344 | 0.437 | 0.492 |
| 辽阳县 | -0.471 | -0.621 | 1.379 | 0.601 | -0.873 | -0.423 | -1.323 |
| 铁岭市 | 0.323 | 0.249 | -0.220 | -0.456 | -0.007 | -1.248 | 0.447 |
| 开原市 | 0.498 | -0.314 | -0.840 | -0.065 | -0.704 | -1.366 | 0.307 |
| 铁岭县 | 0.923 | 0.853 | 1.299 | 0.819 | 0.907 | -3.827 | 0.887 |
| 西丰县 | -0.287 | 1.601 | 1.024 | 0.832 | -0.242 | 0.531 | 0.322 |
| 昌图县 | 0.701 | 1.442 | 0.365 | 0.076 | 5.327 | 0.437 | -0.541 |
| 阜新市 | 0.043 | 0.469 | 0.284 | 0.520 | 0.419 | 1.747 | 3.204 |
| 彰武县 | 0.279 | -1.996 | -0.519 | -1.132 | -0.294 | -0.459 | -0.632 |
| 阜新县 | -0.158 | -2.386 | -0.571 | -0.115 | -0.998 | -0.712 | -1.810 |
| 大连市 | 1.636 | 1.758 | 0.411 | 0.076 | 0.383 | 1.365 | -0.038 |
| 瓦房店 | 0.788 | -0.516 | 1.002 | 0.212 | -0.273 | 0.703 | 0.710 |
| 普兰店 | 0.566 | -0.432 | 0.990 | 0.291 | 0.329 | 0.608 | 0.492 |
| 庄河市 | 0.263 | 0.679 | 0.598 | -0.450 | -0.154 | 0.485 | 0.111 |
| 长海县 | 0.094 | -0.436 | 1.750 | 0.842 | -0.418 | 0.757 | 0.329 |
| 丹东市 | 0.240 | 1.678 | 0.537 | -0.789 | 0.151 | 0.752 | 3.053 |
| 凤城市 | -0.589 | 0.107 | 0.548 | -0.276 | -0.037 | 1.568 | -1.109 |
| 东港市 | 0.227 | 0.457 | 0.631 | -0.814 | -0.272 | 1.582 | 0.224 |
| 宽甸县 | -0.617 | 0.152 | 0.988 | -0.411 | -0.235 | 0.542 | -0.314 |

　　各个主成分权重确定之后，人居环境的综合评价结果可以由式（5-1）得出。沈大城市群各县（市）的人居环境综合评价得分具体如表5-9所示。

表5-9　各县（市）人居环境综合得分

| 县（市） | 综合得分 | 县（市） | 综合得分 | 县（市） | 综合得分 | 县（市） | 综合得分 |
|---|---|---|---|---|---|---|---|
| 大连市 | 0.851 | 东港市 | 0.223 | 康平县 | 0.037 | 岫岩县 | -0.266 |
| 沈阳市 | 0.623 | 海城市 | 0.222 | 铁岭市 | 0.001 | 桓仁 | -0.359 |
| 辽阳市 | 0.485 | 普兰店 | 0.209 | 凤城市 | -0.042 | 阜新市 | -0.368 |

续表

| 县（市） | 综合得分 | 县（市） | 综合得分 | 县（市） | 综合得分 | 县（市） | 综合得分 |
|---|---|---|---|---|---|---|---|
| 鞍山市 | 0.384 | 长海县 | 0.208 | 宽甸县 | −0.057 | 清原 | −0.374 |
| 灯塔市 | 0.300 | 丹东市 | 0.153 | 抚顺县 | −0.144 | 盖州市 | −0.464 |
| 铁岭县 | 0.270 | 本溪市 | 0.084 | 开原市 | −0.146 | 西丰县 | 0.487 |
| 瓦房店 | 0.261 | 辽中县 | 0.073 | 抚顺市 | −0.167 | 彰武县 | −0.517 |
| 大石桥市 | 0.255 | 新民市 | 0.072 | 法库县 | −0.189 | 新宾 | −0.543 |
| 庄河市 | 0.229 | 营口市 | 0.072 | 辽阳县 | −0.196 | 阜新县 | −0.729 |
| 昌图县 | 0.228 | 台安县 | 0.050 | 本溪县 | −0.241 | | |

## 5.3.3.1 资源承载力得分分析

如图 5-11 所示，资源承载力评价值较大的县（市）主要分布在沈大城市群的东南地区，其分布与人口和能耗的分布极为相似，说明该地区经济增长方式还是传统的能源消耗型，沈大城市群在经济发展中面临着产业和产品结构落后，技术创新能力不强等诸

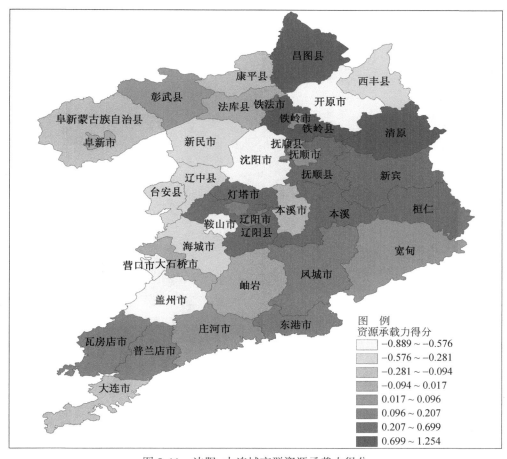

图 5-11　沈阳-大连城市群资源承载力得分

多问题，还是粗放式增长方式，由于多年的大量开采和粗放生产，使资源面临枯竭，可见沈大城市群发展中存在能源利用问题。相反在西丰县、开原市、阜新等由于规划城市群时开发较晚，属于城市群中的新成员，人口增长，人口密度都较小，所以资源承载力还有一定承载空间。

### 5.3.3.2 自然环境得分分析

如图 5-12 所示，自然环境评价值分布比较集中，评价值较高的县（市）主要分布在沿海以及城市群的南部。本指标体系自然环境同样是只涉及气候、林木覆盖率，分别如图 5-13、图 5-14 所示，气候评价值分布、林木覆盖率分布与自然环境分布区域基本相似。其中，新宾、桓仁、宽甸等县（市）一年四季分明，气候宜人，雨量充沛，自然资源十分丰富，森林是其一大优势，覆盖率均 50% 以上，其中新宾是国家级先进林业县。这和其地理特点有关系，该区域地貌类型属于构造侵蚀的中低山区，以长白山系龙岗山脉为主体，境内峰峦叠嶂，山丘超伏，气候宜人，林木覆盖率高。而相反自然环境得分较低的西北方向区域，如阜新县、昌图县、法库县等气候均属于北温带大陆季风气候区，温差较大，林木覆盖少。

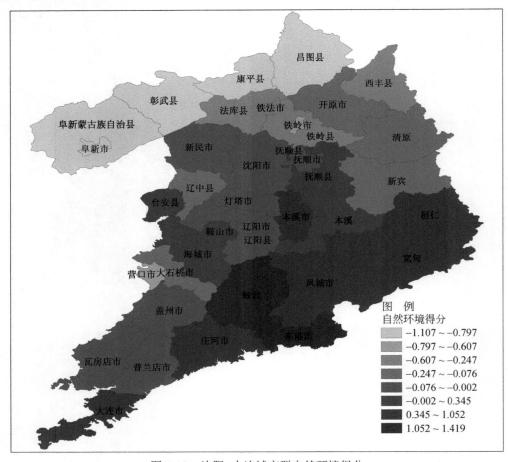

图 5-12 沈阳–大连城市群自然环境得分

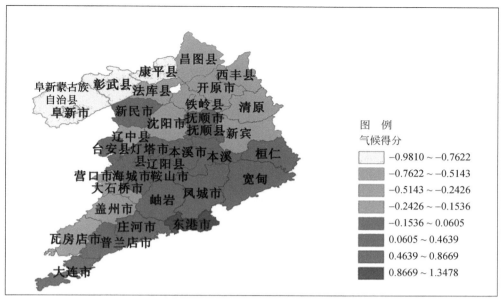

图 5-13　沈阳–大连城市群气候得分

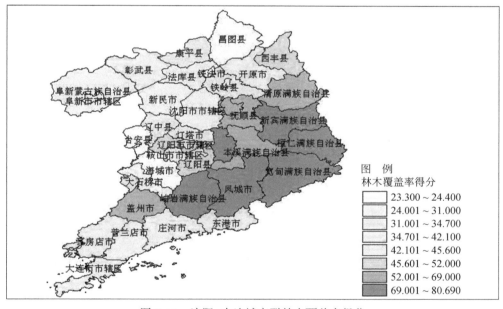

图 5-14　沈阳–大连城市群林木覆盖率得分

### 5.3.3.3　社会环境得分分析

由图 5-15 可看出，社会环境评价值靠前的县（市）主要分布在大连、沈阳以及东港等，这个分布与经济评价值的分布有着相似之处，同以上两个城市群类似，社会环境的评价值高低与经济评价值高低成正比。沈阳、大连、东港是辽宁省经济、交通、市政等综合实力均居于前列的大城市，是比较早列入沈大城市群发展规划的，再加上城市本身在城市群中的核心作用和辐射力，带动本地区各县（市）的经济发展。开原、鞍山、阜新等地区的县（市）本身经济增长缓慢，城市规模各项发展不及前几个区域，再加上划入沈大城市群时间晚，所以发展较滞后。

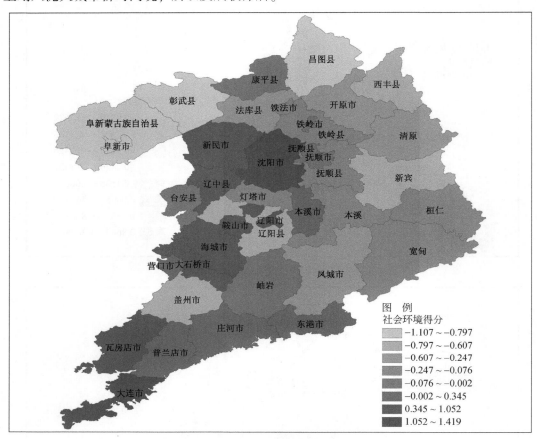

图 5-15　沈阳-大连城市群社会环境得分

### 5.3.3.4　综合得分分析

图 5-16 表明，该城市群中的两个经济区的中心城市大连和沈阳排名靠前，由主成分分析值可以看出，大连在经济、环境保护、交通、公共服务各方面评价值都很高，而且综合得分远远高于其他县（市）。整体评价值差异性较大，沈大城市群虽然在地理区位上集聚，但并没有实现城市群的真正集聚，处在形聚而实散、综合发展各自为政、经济联系松散的环境中。

沈阳、大连两市在经济、交通方面不相上下，均稳居首位。在住房方面，沈阳得分较高，但是沈阳在生活居住、自然环境方面不及大连。鞍山虽然综合评价值处于前列，但是它与沈阳、大连两城市相比较，差距较大。城市群中抚顺、营口、铁岭、辽阳、本溪 5 市经济发展较为迟缓，其中抚顺、营口、铁岭人口均超过 200 万，城市规模与综合发展水平不相符，与核心城市之间的 GDP 差距也很大，以至于城市的综合得分差异性很大。抚顺、铁岭仍是资源型城市，随着资源的耗尽，就会面临城市衰退的困境。城市群整体布局不合理，形成大城市多、小城镇少的格局。

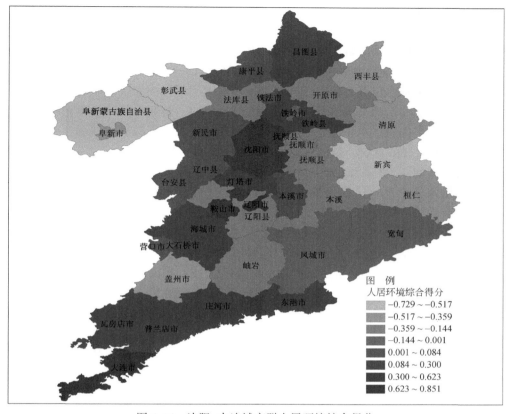

图 5-16　沈阳–大连城市群人居环境综合得分

### 5.3.3.5　人居环境规划建议

结合城市群内各地区的差异性, 有以下两点建议:

1) 统一的制度框架和实施细则。沈大城市群内, 各城市在户籍制度、就业制度、住房制度、医疗制度、教育制度、社会保障制度等方面, 要加强行政协调, 实现区域制度架构的融合。着手营造一种区域发展无差异的政策环境。认真梳理各城市现有的地方性政策和法规。

2) 突出技术创新, 走集约型发展道路。沈大城市群在经济发展中面临着产业和产品结构落后、新兴产业发展不快、企业设备和技术老化、竞争力下降、技术创新能力不强等诸多问题, 表现在资源面临枯竭, 传统资源型产业丧失比较优势。由于多年的大量开采和粗放生产, 资源面临枯竭, 开采成本上升, 失去原有的优势。建立在这些资源基础上的原材料工业和重化工业则陷入困境。

## 5.3.4　三大城市群评价结果比较

三个城市群中, 黄河三角洲整体资源承载力承载空间较其他两个城市群更大, 究其原因: 其一是黄河三角洲的形成原因, 黄河从 1855 年在兰考铜瓦厢决口北徙, 由原来注入黄海改注入渤海, 经过百年来的沧海变化, 才塑造出这个近代三角洲, 且平均每年造陆 31.3km²，海岸线每年向海域内推进 390m，所以人均土地资源，人均湿地面积等都相比较高。其二是人口因素，黄河三角洲城市群的人口增长相比较关中-天水城市群增速慢，这样会间接地减少资源过度浪费，减少水资源短缺问题。而关中-天水城市群大部分县（市）属于关中地区，关中地区是陕西人口最密集地区，人口增长过快，自然资源有限，导致资源承载力较大。其三是历史原因，部分沈大城市群以前是东北老工业基地，存在产业和产品结构落后、新兴产业发展不快、企业设备和技术老化、技术创新能力不强等诸多问题。由于多年的大量开采和粗放生产，资源面临枯竭，失去原有的优势。在城市群发展的背后，是脆弱的资源承载力，所以应该效仿《黄河三角洲高效生态经济区发展规划》，城市群建设应该坚持开发与保护并重，保护优先，以环境承载力为依据，严格限制高耗水、高耗能、高排放项目，推进节约发展、集约发展、生态发展、高效发展、可持续发展。

在自然环境方面，三个城市群差异不大。区别是黄河三角洲地处沿海地带基本气候特征为：常发生春旱；夏季，炎热多雨，温高湿大，有时受台风侵袭，林森覆盖率较关中-天水城市群高，较沈大城市群低；关中平原地区处于我国内陆中心，平均气温浮动很小，春秋季节气温升降急骤。由于近年来关中-天水经济带经济快速发展，未能很好地将发展与自然生态保护相结合，自然环境受到人类活动的干扰和破坏，因此应该保护生态资源，使自然、经济、社会协调发展。

在社会环境方面，一个共同特点是追求经济发展过程中，还没有从粗放式的经济发展转变到集约型的发展方式；另一个共同特点是城市群内，各城市在户籍制度、就业制度、住房制度、医疗制度、教育制度、社会保障制度等方面，没有实现区域制度架构的融合，所以应该加强行政协调，认真梳理各城市现有的地方性政策和法规，着手营造一种区域发展无差异的政策环境。差异性有：①沈大城市群的经济增长最快，究其原因是该城市群中的两个经济圈——沈阳经济圈和大连经济圈发展较早，有巨大的海港吞吐量，丰富的资源和发达的交通网络，直接带动周边县（市）经济发展。而关中-天水城市群经济增长较缓慢，虽然经济基础好，但人口密度大，地处西部，资源和交通方面都不及其他两个城市群。②关中-天水城市群城镇带初步形成，西安特大城市对周边地区辐射带动作用明显，区域内城镇化进程不断加快。而沈大城市群虽然在地理区位上集聚，但并没有实现城市群上的真正集聚，处在形聚而实散，综合发展各自为政经济联系松散的环境中。③在环境保护方面黄河三角洲做得比较好，2009 年 12 月国务院通过了《黄河三角洲高效生态经济区发展规划》，所谓高效生态经济是指具有典型生态系统特征的节约集约经济发展模式，经济、社会、生态协调发展，为人类创造一个和谐的人居环境，目标是发展科技含量高、资源消耗低、人力资源优势得到充分发挥的高技术产业和对环境污染少的产业。在吸取珠江三角洲、长江三角洲经验教训的基础上，将环境保护放在突出位置的黄河三角洲将成为我国今后高效生态经济的样板。④在生态环境方面，关中-天水城市群有待进一步加强，应该继续加大力度植树造林，林木覆盖是一个地区中的"天然氧吧"，直接关系到人居环境的空气质量，气候变化，对维护自然界生态平衡和美化环境都十分重要。

# 第6章 基于指标评价体系的中国北方人居环境适宜性分析

## 6.1 中国北方人居环境评价

中国北方评价范围包括：东北地区辽宁、吉林、黑龙江三省；华北地区山东、山西、河北、河南四省，内蒙古自治区以及北京、天津两个直辖市；西北地区陕西、甘肃、青海三省和宁夏回族自治区、新疆维吾尔自治区。

通过主成分分析，把所有指标转化为6个主成分，主成分总方差信息如表6-1所示。

表6-1 主成分总方差解释

| 主成分 | 各主成分初始特征值 | 各主成分方差贡献率/% | 累积贡献率/% |
| --- | --- | --- | --- |
| 1 | 10.028 | 40.113 | 40.113 |
| 2 | 3.841 | 15.364 | 55.478 |
| 3 | 3.182 | 12.726 | 68.204 |
| 4 | 2.114 | 8.455 | 76.659 |
| 5 | 1.796 | 7.185 | 83.843 |
| 6 | 1.521 | 6.084 | 89.927 |

这6个主成分对整个评价体系的累计贡献率达到了89.9%，符合代表原始指标的条件，各因子得分值由原指标的线性组合求出，各个主成分的得分值可以通过SPSS软件计算出来，如表6-2所示。

表6-2 各省级行政区主成分得分

| 省级行政区 | 主成分1 | 主成分2 | 主成分3 | 主成分4 | 主成分5 | 主成分6 |
| --- | --- | --- | --- | --- | --- | --- |
| 北京 | 2.655 | −0.497 | 0.278 | 0.126 | 0.677 | 1.307 |
| 天津 | 1.442 | 0.014 | 0.289 | −0.762 | −0.239 | −1.230 |
| 山西 | −0.030 | 0.561 | −0.070 | 2.250 | 0.239 | −0.409 |
| 山东 | 0.230 | 1.199 | 0.446 | −0.116 | −0.753 | 0.981 |
| 河北 | −0.051 | 1.103 | 0.123 | 0.038 | 0.094 | −1.030 |
| 陕西 | −0.722 | 0.867 | 0.349 | 1.455 | −0.134 | 1.422 |
| 宁夏 | −0.724 | −0.573 | 0.726 | −0.053 | 2.205 | −0.327 |
| 辽宁 | −0.257 | 0.724 | 0.017 | −0.863 | −1.419 | 0.113 |

续表

| 省级行政区 | 主成分 1 | 主成分 2 | 主成分 3 | 主成分 4 | 主成分 5 | 主成分 6 |
|---|---|---|---|---|---|---|
| 吉林 | −0.387 | 0.085 | 0.131 | −0.891 | −0.667 | 1.218 |
| 黑龙江 | −0.638 | −0.340 | −0.304 | −0.703 | −0.167 | 1.451 |
| 甘肃 | −0.968 | −0.115 | 0.817 | −1.243 | 1.107 | −0.325 |
| 内蒙古 | −0.109 | −0.405 | −3.131 | −0.031 | 0.482 | −0.504 |
| 青海 | −0.440 | −2.623 | 0.624 | 0.792 | −1.425 | −0.707 |

中国北方各省级行政区的人居环境综合评价得分见表 6-3。

表 6-3　人居环境综合得分

| 省级行政区 | 人居环境综合得分 |
|---|---|
| 北京 | 1.163 |
| 天津 | 0.461 |
| 山西 | 0.248 |
| 山东 | 0.210 |
| 河北 | 0.112 |
| 陕西 | 0.088 |
| 宁夏 | −0.152 |
| 辽宁 | −0.162 |
| 吉林 | −0.208 |
| 黑龙江 | −0.330 |
| 甘肃 | −0.347 |
| 内蒙古 | −0.503 |
| 青海 | −0.579 |

主成分与人居环境领域层指标对应关系如表 6-4 所示。

表 6-4　人居环境主成分对应关系

| 主成分类别 | 对应原始指标 | 主成分类别 | 对应原始指标 |
|---|---|---|---|
| 主成分 1 | 人口、经济、交通 | 主成分 4 | 气候 |
| 主成分 2 | 住房、环保 | 主成分 5 | 经济 |
| 主成分 3 | 气候、土地 | 主成分 6 | 生态 |

　　如图 6-1 所示，各省级行政区人居环境适宜性在评价区域差异性较大。中国北方人居环境综合评价值大于 0 的依次有北京、天津、山西、山东、河北和陕西，青海和内蒙古的人居环境适宜性最差，即人居环境较好的省级行政区主要分布于中国北方地区的中心和靠近黄河三角洲部位。综合评价值与公共服务评价值相关性较好，且公共服务评价值大都高于综合评价值，说明公共服务类指标在中国北方人居环境评价中具有较重要的作用。

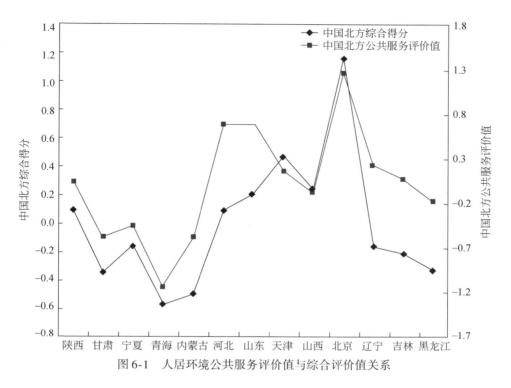

图 6-1　人居环境公共服务评价值与综合评价值关系

如图 6-2 所示，中国北方人居环境评价值与综合评价值差异性很大，相关性很差。这里的环境方面的指标主要有：饮水水质达标率、城镇垃圾无害化处理率和工业废水排放达标率。环境评价值小于 0 的有青海和内蒙古等，内蒙古自治区评价值最低。山东、陕西和北京的环境评价值处于前列。可见各省级行政区在环境方面的指标存在较大的差异性。

图 6-3 是中国北方经济评价值与综合评价值的比较折线图，经济方面主要包括房价收入比、GDP 增长率、人均 GDP、居民消费水平、人均可支配收入、人均消费品零售额。如图 6-3 所示，经济评价值波动与综合评价值波动有较好的相关性，显然经济水平好的省级行政区对应的人居环境适宜性较好，如北京、天津、山东。经济较落后的甘肃、宁夏、青海综合评价值同样也靠后。

图 6-4 是人居环境资源承载力评价值与综合评价值之间的变化折线图，资源承载力主要包括人口密度、人口自然增长率、人均耕地面积、人均水资源量、单位 GDP 能耗等。由图 6-4 可见，资源承载力评价值与综合评价值的变化趋势几乎完全相反。比如，北京的综合评价值位居最高峰，但是资源承载力评价值甚至位于最低谷；而青海的综合评价值位于最低谷，但是资源承载力评价值位于最高峰。而且评价样本间的波动差异性也很大，说明了中国北方各省级行政区在人居环境发展过程中也同样遇到的资源承载力的矛盾以及发展的不均衡，这和中国城市群在发展过程中遇到的问题相似。

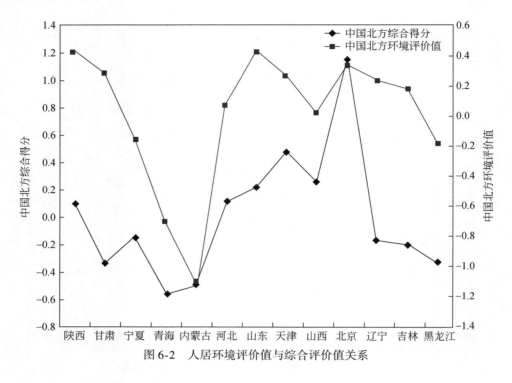

图 6-2　人居环境评价值与综合评价值关系

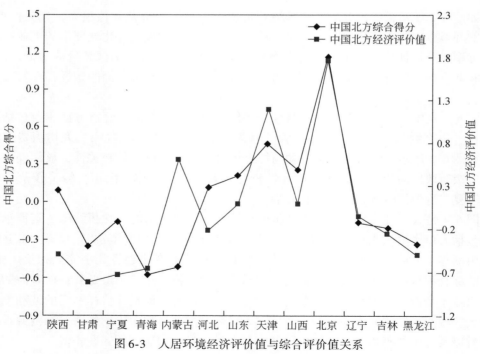

图 6-3　人居环境经济评价值与综合评价值关系

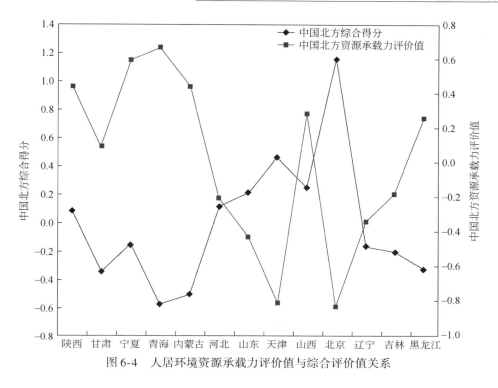

图 6-4　人居环境资源承载力评价值与综合评价值关系

## 6.2　中国北方评价结果分析

由图 6-5 可以看出，人居环境适宜性分布阶梯分布比较明显，基本可以分成三个梯度，最好的是山东、北京、天津、山西；其次是东北三省；内蒙古、青海、甘肃和宁夏部分区域人居环境适宜性较差，其人居环境的建设水平比其他地区明显差很多。无论是

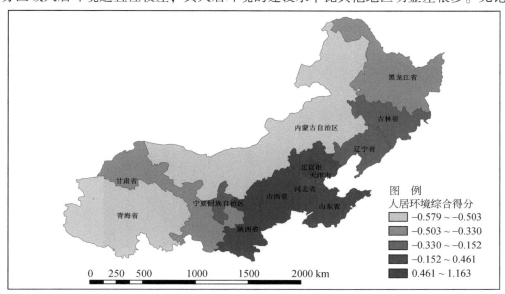

图 6-5　中国北方人居环境综合评价结果

225

经济水平，还是城市建设，中国北方地区的中心和沿海地带均领先于其他地区。这与其所处的地理位置、历史沿革以及中国改革开放的建设成果和发展思路是分不开的。如图6-5～图6-9所示，综合评价得分靠前的省份在发展经济的同时比较重视生态环境的建设，而且有一定的地理区位优势，其综合评价值的分布规律与自然环境和社会环境的评价值分布规律比较相似。如图6-6所示，靠后的省级行政区资源承载力评价值比较高，其分布规律恰与社会环境相反，说明经济、生态发展好的省级行政区人口增长较快，城市规模不断扩大，高度利用资源，而靠后的省级行政区地理位置和交通条件较前面地区差，经济发展缓慢，所以资源承载力还有很多空间。

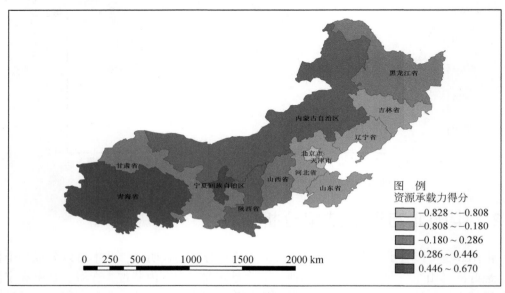

图6-6　中国北方资源承载力

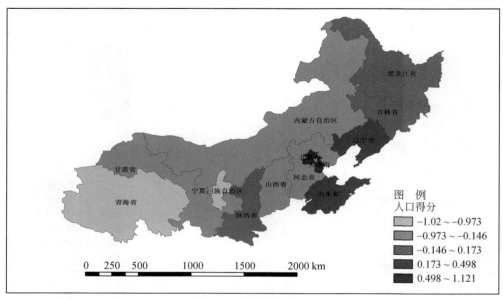

图6-7　中国北方人口

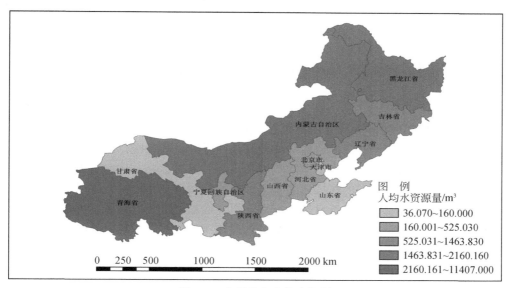

图 6-8　中国北方人均水资源

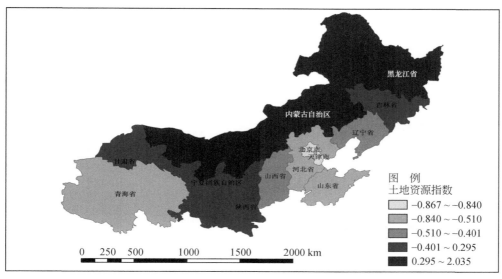

图 6-9　中国北方土地资源

## 6.2.1　资源承载力分析

资源承载力是指一个国家或一个地区资源的数量和质量，对该空间内人口的基本生存和发展的支撑力，是可持续发展的重要体现。如图 6-6 所示，青海、内蒙古、黑龙江、宁夏资源承载力较高，结合图 6-7～图 6-9 的人口、水资源、土地资源分布规律可以看出，这些地区的人口密度和增长率恰恰是最小的，而人均水资源和人均耕地和林地是排在前列的。相反，资源承载力比较小的是辽宁、河北、山东、北京和天津等，人口密度大，同时人均水资源和土地面积都处于后列。我们从这些信息不难得出，在经济综合实力强的省级行政区，经济快速增长，城市扩张区域内城镇化不断加速，人口密集，对资源的利用程度加剧。在内蒙古、青海、黑龙江等，由于地理位置以及政策制度的关系，开发程度较低，资源量没有被充分利用。总之，我们在发展城市群的过程中，要提高资源的有效利用率，以最小的投入获得最大的收益，建立环境友好型可持续发展模式。

### 6.2.2 自然环境分析

中国北方自然环境指标部分同样涉及气候和林木覆盖率两方面，如图 6-10 所示，显然西北省级行政区和黑龙江的自然环境较其他省级行政区差些，这和该区域的自然条件有很大关系。我们知道，人类活动对气候变化有一定的影响，林木覆盖率对一个地区的自然环境地改善有着极大的作用，是一个地区的天然空气净化器，所以我们可以通过植树造林有效地改善气候，改善自然环境。陕西省就是个很好的例子，如图 6-11 所示，陕西省的林木覆盖率明显高于西北其他地区。近几年，陕西省尤其是陕南地区加大植树造林力度，有效减少了沙尘天气暴发次数。如果一个区域四季温差适宜，日照充足，降水量适当，那么该区域气候宜人，符合人类活动的需求。

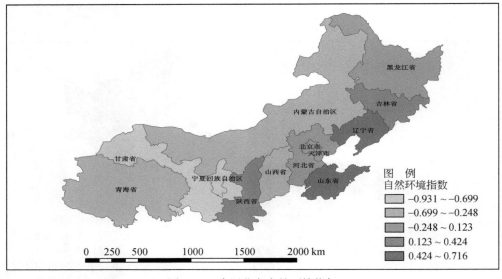

图 6-10　中国北方自然环境指标

### 6.2.3 社会环境分析

如图 6-12 所示，社会环境评价值的分布规律，我们发现社会环境的分布规律与人居环境综合评价值的分布规律极为相似，说明社会环境指标是人居环境适宜性的主要影响因子，社会环境指标层主要包括社会公共服务、经济、生活居住以及环境保护几个方面。中国北方的社会环境评价分布基本可以分为三个梯度。第一梯度是山东、河北、辽宁、北京、天津，该地区社会环境的优势在于经济和公共服务方面，如图 6-13 所示。经济社会发展水平在全国来看仅次于东南沿海地区，但居住环境相对落后，如图 6-14 所示，与城市人口密度以及建设水平较低存在直接关系。山东和辽宁等沿海地区经济社

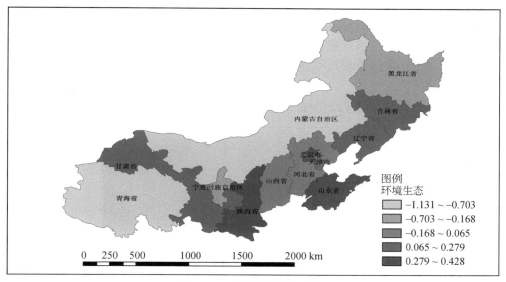

图 6-11　中国北方生态指标

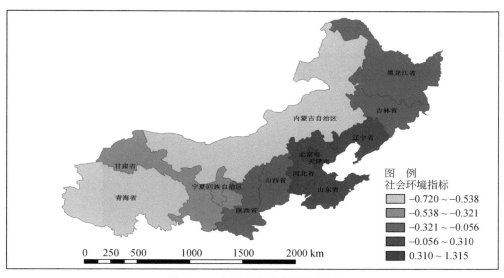

图 6-12　中国北方社会环境指标

会发展水平、环境保护、公共服务比其他地区明显高很多，这与中国在该地区建立的《黄河三角洲高效生态经济发展规划》以及沈大城市群的建设成果和发展思路是分不开的，该地区无论是经济水平还是城市建设都领先于中国北方西北及华中地区。第二梯度是山西、陕西、黑龙江和甘肃，如图所示，山西和陕西关中近几年经济增长快速，城市规模和建设水平也在提高，但是和沿海的山东、辽宁等相比，交通和自然资源配置相对落后，经济发展较滞后，环境保护方面也不及第一梯度地区。在追求经济增长的同时要注重开发与保护并重，减少环境污染，为人类营造一个好的人居环境。第三梯度是青海、内蒙古和甘肃。可以看出，以甘肃、青海为代表的西北地区社会经济发展水平与其他地区存在较大差距，公共服务的建设也是处于后列，显然经济水平的发展与当地的市政设施以及公共服务的建设有着很大关系。虽然在陕西和甘肃部分地区设有关中-天水经济区发展规划，但由于该区域人口基数大，发展过程中过于追求速度以至于生态破坏较严重，资源匮乏，所以不及黄河三角洲城市群的高效生态经济发展模式，尤其是甘肃天水经济发展缓慢，所以城市公共服务设施建设也相对落后。

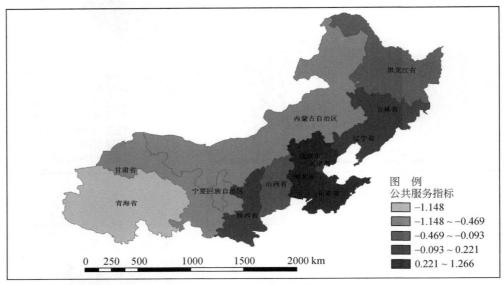

图 6-13　中国北方公共服务指标

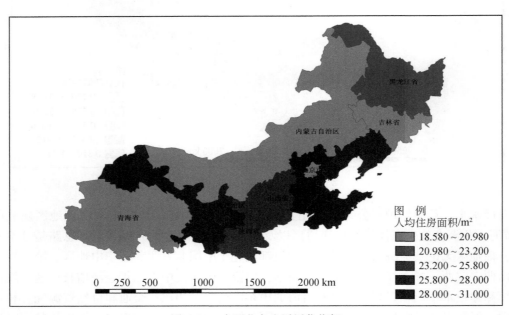

图 6-14　中国北方生活居住指标

　　经过对比分析之后发现 3 个城市群在经济发展的前提下，普遍存在严重的环境问题和能源利用率低的问题，通过 GIS 图像可以看出每个区域都存在人居环境质量参差不齐，而且在某些指标上差异较大的问题，显示出我国发展的不平衡问题，这些都是我国今后亟待解决的问题。

# 参 考 文 献

巴图·额比格 . 2011a. 新井干式木屋设计（蒙文）. 乌兰巴托：乌兰巴托出版社 .

巴图·额比格 . 2011b. 新式蒙古包住宅设计（蒙文）. 乌兰巴托：乌兰巴托出版社 .

卞有生，等 . 2003. 生态省生态市及生态县标准研究 . 中国工程科学，(11)：20-24.

蔡启闽，李旭祥 . 2010. 基于"压力−状态−响应"模型的黄河流域县域生态安全评价研究 . 第十三届海峡两岸环境保护学术研讨会论文集 .

蔡启闽，李旭祥 . 2011. 基于生态足迹模型的县域生态规划差异比较研究 . 西安：西安交通大学硕士学位论文 .

蔡启闽，李旭祥，张静，等 . 2009. 黄河沿线不同区域县域经济和环境综合评价研究 . 中国不同经济区域环境污染特征的比较分析与研究学术研讨会论文集 .

陈海玉 . 2010. 蒙古族文化创意产业发展研究 . 重庆：重庆大学硕士学位论文 .

陈思民 . 2009. 寒冷地区建筑玻璃表皮的遮阳技术研究 . 哈尔滨：哈尔滨工业大学硕士学位论文 .

陈文盛 . 2013. 闽西北山区生态旅游资源评价模型构建与应用研究——以泰宁县为例 . 福建：福建农业大学硕士学位论文 .

陈芝静 . 2012. 我国北方典型城市群人居环境研究及可视化分析 . 西安：西安交通大学硕士学位论文 .

程连昌，李文燕 . 2011. 时代巨流，文化综合（历史、地理、政治）. 北京：中国人民公安大学出版社 .

戴均良 . 2008. 中华人民共和国行政区划简册（2008）. 北京：中国社会出版社 .

邓文博 . 2013. 基于 GIS 的中国北方人居环境数据分析研究 . 西安：西安交通大学硕士学位论文 .

董雯，李怀恩，林启才 . 2010. 论生态县建设与南水北调中线水源区保护的关系 . 西北大学学报（自然科学版），40（3）：531-534.

高铭 . 2012. 石家庄城市竞争力的综合评价 . 北京：北京交通大学硕士学位论文 .

高文香 . 2009. 新农村建设与乡村旅游发展系统的互动机制研究——以四川省丹棱县梅湾村为例 . 重庆：西南大学硕士学位论文 .

高智勇 . 2011. 滇西南某铁路隧道生态环境影响综合评价 . 成都：西南交通大学硕士学位论文 .

郭怀成，尚金城，张大柱 . 2001. 环境规划学 . 北京：高等教育出版社 .

郭亚军 . 2007. 综合评价理论、方法及应用 . 北京：科学出版社 .

国家统计局城市社会经济调查司 . 2006—2012. 中国城市统计年鉴（2005—2011）. 北京：中国统计出版社 .

贺颖 . 2011. 严寒地区既有工业建筑节能改造研究——以全生命周期成本角度分析研究 . 沈阳：沈阳建筑大学硕士学位论文 .

黄光宇，陈勇 . 2002. 生态城市理论与规划设计方法 . 北京：科学出版社 .

黄洋 . 2011. 广西百色市县域生态建设研究 . 南宁：广西大学硕士学位论文 .

纪广韦 . 2011. 土地整理农用地生态价值评价及变化研究 . 泰安：山东农业大学硕士学位论文 .

姜伟香 . 2011. 基于系统动力学的保税港区与内陆港互动发展机理模型研究 . 大连：大连海事大学硕士学位论文 .

蒋国秀 . 2012. 广西凤山生态县建设水平综合评价研究 . 南宁：广西大学硕士学位论文 .

荆其敏 . 2007. 中国传统民居建筑 . 北京：中国电力出版社 .

卡塔琳娜·舒伯格，谭英 . 2009. 曹妃甸生态城指标体系 . 世界建筑，(6)：28.

李昌武 . 2008. 额尔古纳市创建国家级生态城市的分析与思考 . 呼伦贝尔学院学报，16（5）：17-20.

李成 . 2012. 生态城市规划设计探析 . 广西大学学报（哲学社会科学版），33：22-23.

李刚 . 2013. 自然地理环境因素与建筑设计 . 城市建设理论研究 . 2013，(24)：653.

李馨 . 2010. 中国北方城镇人居环境调查及评价体系建立——以黄河流域为例 . 西安：西安交通大学硕士学位论文 .

李馨，李旭祥，王婷，等 . 2010. 基于因子分析的黄河流域人居环境评价 . 环境科学与技术，（6）：189-193.

李延梅，赵晓英 . 2004. 欧美国家的环境战略计划及其对我国的启示 . 环境保护，65（6）：59-62.

李月辉，胡志斌 . 2003. 城市生态环境质量评价系统的研究与开发——以沈阳市为例 . 城市环境与城市生态，16（4）：53-56.

刘邦凡，吴勇 . 2002. 社会系统及其生态性研究 . 重庆大学学报（社会科学版），9（2）：162-165.

刘宝玲 . 2010. 大庆市中心城区土地利用演化时空模拟研究 . 哈尔滨：东北农业大学硕士学位论文 .

刘风 . 2012. 西部地区社会工作发展的机遇与瓶颈研究——以甘肃省人口社会工作的发展为例 . 武汉：华中师范大学硕士学位论文 .

刘则渊，姜照华 . 2001. 现代生态城市建设标准与评价指标体系探讨 . 科学学与科学技术管理，（4）：61.

陆元鼎 . 2004. 中国民居建筑（上卷、中卷、下卷）. 广州：华南理工大学出版社 .

吕成 . 2010. 山东省城市化与生态环境协调发展研究 . 济南：山东师范大学硕士学位论文 .

马方 . 2007. 我国东西部产业集群的比较研究 . 上海：上海海事大学硕士学位论文 .

马华昌 . 2011. 坊茨生态城镇建设项目规划研究 . 镇江：江苏大学硕士学位论文 .

欧阳志云 . 1993. 区域持续发展生态规划的方法论研究及其在桃江农村发展规划中的应用 . 北京：中国科学院 .

欧阳志云，王如松 . 1993. 寻求区域持续发展的途径——生态学和持续发展 . 北京：科学出版社 .

潘谷西 . 2009. 中国建筑史（第六版）. 北京：中国建筑工业出版社 .

屈伸 . 2009. 陕西黄土居住文化的再生与保护研究——下沉式古窑洞的实践探索 . 新西部，（24）：146.

任建军 . 2004. 居住环境设计生态问题初探 . 长沙：湖南大学硕士学位论文 .

任美锷 . 1992. 中国自然地理纲要 . 北京：商务印书馆 .

任美锷 . 1995. 中国自然地理纲要（修订版）. 北京：商务印书馆 .

尚正水，白永平 . 2004. 兰州生态城市建设现状定量评价 . 城市问题，17（1）：55-58.

宋永昌，戚仁海，由文辉，等 . 1999 生态城市的指标体系及评价方法 . 城市环境与城市生态，12（5）：16 -19.

苏为华 . 2001. 多指标综合评价理论与方法研究 . 北京：中国物价出版社 .

苏迎平 . 2013. 生态文明视角下县域经济产业结构演变内在机理分析——基于福建省三明市的实证研究 . 福州：福建农林大学博士学位论文 .

苏迎平，郑金贵，陈绍军 . 2013. "生态立县"的理论认识与实践探索——基于福建省大田县的典型个案研究 . 林业经济问题，33（1）：80-86.

唐天芬 . 2011. 自然地理环境因素与建筑设计 . 工程建设与设计，（2）：47-49.

唐晓云 . 2007. 中国旅游经济增长因素的理论与实证研究 . 天津：天津大学博士学位论文 .

陶林，郑博福，罗珍珍 . 2009. 生态县建设与区域可持续发展——以宜黄县为例 . 江西科学，7（24）：435-439.

田峰 . 2010. 高密度城市环境日照间距研究 . 上海：同济大学硕士学位论文 .

田辉 . 2010. 高层住宅日照影响与布局优化研究——以济南为例 . 济南：山东建筑大学硕士学位论文 .

汪红 . 2007. 中等发达中小城市生态城市规划建设研究——以如皋为例 . 重庆：重庆大学硕士学位论文 .

王宝刚 . 2006. 县（市）域环境质量评价指标体系研究 . 小城镇建设，（1）：75-91.

王兵 . 2005. 寒冷地区小城镇住宅节能设计策略研究 . 天津：天津大学硕士学位论文 .

王建国.2002.城市设计生态理念初探.规划师论坛,(4):15.

王建华,等.2013.南水北调水资源综合配置研究.北京:科学出版社.

王静.2002.天津生态城市建设现状定量评价.城市环境与城市生态,15(5):19-22.

王其均.2008.中国传统民居建筑.台北:南天书局.

王启超.2011.我国西部地区旅游发展战略研究.武汉:中南民族大学硕士学位论文.

王如松,曹敬业,冯永源,等.1991.生态县的科学内涵及其指标体系.生态学报,(2):184-186.

王如松.2001.系统化、自然化、人性化——城市人居环境规划方法的生态转型.城市生态,14(3):252-259.

王淑兰,李世龙.2011.扎兰屯市生态市创建工作进展情况分析.北方环境,23(3):43-44.

王婷.2010.黄河沿线城镇人居环境调查及评价指标体系建立.西安:西安交通大学硕士学位论文.

王婷,李旭祥,王刚,等.2010.黄河流域县城人居环境比较研究.四川环境,(1):70-74

王祥荣.2000.生态与环境——城市可持续发展与生态环境调控新论.南京:东南大学出版社.

王彦彭.2010.我国能源环境与经济可持续增长及节能减排综合评价研究.北京:首都经济贸易大学博士学位论文.

魏秀芬.2005.我国县级全面小康评价指标体系研究.农业技术经济,(1):12-15.

吴良镛.1997."人居二"与人居环境科学.城市规划,(3):4-9.

吴良镛.2001.人居环境科学导论.北京:中国建筑工业出版社.

吴志强,李德华.2010.城市规划原理(第四版).北京:中国建筑工业出版社.

许先意.2011.县级城市人居环境主客观指标体系与评价方法对比研究.西安:西安交通大学硕士学位论文.

许先意,李旭祥,蔡启闽,等.2010.县级城市可持续人居环境指标体系与评价模型研究.第十三届海峡两岸环境保护学术研讨会论文集.

许先意,李旭祥,陈芝静,等.2011.县级城市人居环境主客观指标体系与评价模型对比研究.北方环境,(6):50-53.

许先意,李旭祥,张静,等.2009城市人居环境指标体系与评价模型研究——以我国省会城市为例.中国不同经济区域环境污染特征的比较分析与研究学术研讨会论文集.

阎振元,陈英姿.2009.基于生态足迹的生态盈亏平衡分析——以辽宁省长海县为例.人口学刊,(4):11-15.

杨芸.2001.城市生态支持系统指标体系研究——以上海为例.城市发展研究,(2):45-49.

杨云卉.2004.大城市高层建筑日照管理问题研究——以上海为例.上海:上海交通大学硕士学位论文.

余丽燕.2012.基于综合指标评价模型的泸溪生态县建设研究.长沙:湖南大学硕士学位论文.

余世金.2005.城市住区生态环境评价理论和方法的研究.天津:南开大学博士学位论文.

俞义,王深法,陈苇.2004.水网平原区人居环境质量评价指标体系及其可行性研究.浙江大学学报(农业与生物科学版),30(1):27-33.

虞春隆,周若祁.2008.基于栅格数据的小流域人居环境适宜性评价方法研究.华中建筑,26(1):4-7.

张长博.2009.聚类算法在网络学习学生模型构建中的应用研究.天津:天津大学硕士学位论文.

张智.2006.居住区环境质量评价方法及管理系统研究.重庆:重庆大学博士学位论文.

赵丹.2011.黑龙江省的俄罗斯民俗文化研究.哈尔滨:黑龙江大学硕士学位论文.

赵永宏.2008.河北省海洋经济产业特征分析与持续发展对策.大连:辽宁师范大学硕士学位论文.

赵宗福,马成俊.2004.青海民俗.兰州:甘肃人民出版社.

周琴慧.2013.凤凰县生态环境保护的研究.长沙:湖南大学硕士学位论文.

朱昌廉.住宅设计原理(第三版).北京:中国建筑工业出版社.

朱玲燕 . 2009. 南昌市投资环境评价及改善研究 . 南昌：江西财经大学硕士学位论文 .

朱效明 . 2010. 基于 GIS 技术的区域人居环境可视化分析与研究 . 西安：西安交通大学硕士学位论文 .

朱效明，李旭祥 . 2009. 鲁豫黄河沿线县域经济发展和居住环境差异研究 . 环境科学与管理，（10）：35-40.

朱效明，李旭祥，张静 . 2010. 黄河流域县级城市人居环境与经济协调发展研究 . 安徽农业科学，（10）：5491-5494.

朱运海 . 2009. 基于区域差异的我国旅游产业发展战略研究 . 武汉：湖北大学硕士学位论文 .

住房和城乡建设部 . 2011-07-26. 中华人民共和国国家标准住宅设计规范 （GB 50096—2011）. 北京：中国建筑工业出版社 .

祝光耀 . 2005. 以科学发展观为指导在发展中推进生态环境保护 . 环境保护，（3）：10-17.

自由建筑报道 . 蒙古建筑 . http：//www. far2000. com/zhuanti/hotpoint/timeline/index9. html. 2014-03-06.

Donald L. 1989. Miller：Lewis Mumford—A Life. Weidenfeld Nicloson, 34 （9）：43-49.

Hall P. 1992. Urban and Regional Planning. Routledge, 47 （8）：29-37.

Hough M. 1990. A Definition of the Green City. Landscape Journal, 12 （3）：17.

Mumford L. 1961. The City in History：Its Origin, Its Transformation, and Its Prospects. Harcourt：Brace & World；47-58.

Odon S. 1990. X 813н0иDйC3а3мьдралын орчинг архитектурт хамааруулахын учир. Journal Д 8 130DC33рслэх урлаг, уран барилга 1990. 2. Ulaanbaatar.

Oyunbileg Z. 1990. Монголд уран барилга x 8 1г3ж0Еи2ж3 б1айсан нь. Д 8 1р3с0лэхDСу3р3лаг, уранбарилга 1990. 1. Ulaanbaatar.

The Economist. 2012-01-21. Booming Mongolia：Mine, All Mine. The Economist. http：//www. economist. com/node/21543113.

Tsultem N. 1988. 蒙古建筑 （蒙文、英文）. 蒙古国家出版社 .

Tsultem N. 1989. 蒙古雕塑 （蒙文、英文）. 蒙古国家出版社 .

Tsultem N. 2010. 蒙古建筑装饰 （英文）. 蒙古国家出版社 .

ЗАКОН О ПРОГРАММЕ СОЦИАЛЬНО. 2011. ЭКОНОМИЧЕСКОГО РАЗВИТИЯ РЕСПУБЛИКИБУР –ЯТИЯ НА ПЕРИОД ДО 2020 ГОДА, Принят Народным Хуралом Республики Бурятия.

Министерство строительства и модернизации жилищно — коммунального комплекса Республики Бурятия.

Социально. 2010. Экономические Показатели, Статистистический Сборник.

Статистический бюллетень. 2011. No. 13. 02. 01, г. Улан. Удэ.

Эрээн хотын Улсын хаалга вэб сайт. 2011-03-17.

Эрээн хотын Улсын хаалга вэб сайт. 2011-06-23.

## 中国调研资料清单

### 1. 贵德县

国民经济统计资料（2007）

### 2. 循化县

国民经济统计资料（2007）
循化县城总体规划

### 3. 积石山县

国民经济统计资料（2005～2007）
积石山县城总体规划

### 4. 永靖县

年鉴（2004～2007）
永靖县城总体规划

### 5. 靖远县

国民经济统计资料（2005～2007）
靖远县城总体规划修编

### 6. 中宁县

统计年鉴（2005～2007）
中宁县城总体规划

### 7. 永宁县

统计年鉴（2001～2005）
永宁城市总体规划说明书

### 8. 平罗县

统计年鉴（2005、2006）

平罗县城总体规划

**9. 乌拉特前旗**

乌拉特前旗统计年鉴（2006）
乌拉山镇城市总体规划说明书

**10. 神木县**

神木年鉴（1992～2000）
榆林市神木县统计局 2005 年国民经济和社会发展统计公报
榆林市神木县统计局 2006 年国民经济和社会发展统计公报
神木城市总体规划说明书

**11. 府谷县**

府谷县国民经济统计年鉴（2006）
府谷城市总体规划说明书

**12. 保德县**

保德县城总体规划

**13. 中牟县**

中牟统计资料（2005、2006）
中牟县城总体规划文本（2001—2020）
中牟县城总体规划说明书（2001—2020）
中牟县村镇体系规划（纲要）

**14. 兰考县**

兰考县 2005 年统计资料
兰考县县城规划文本
兰考县县域城镇体系规划说明书
兰考县县城绿地系统规划说明书（2003—2020）

**15. 东明县**

东明县统计资料（2005、2006）
东明县城市总体规划文本
东明县城市总体规划说明书
东明县城市总体规划基础资料汇编

**16. 范县**

范县统计资料（2005、2006）
范县生态示范区建设

**17. 鄄城县**

鄄城县统计资料（2005、2006）
鄄城县城市建设规划
鄄城生态县建设规划（2004—2020）

**18. 梁山县**

梁山统计资料（2005、2006）
梁山城市总体规划（2005—2020）文本
梁山生态县建设规划

**19. 平阴县**

平阴县统计资料（2005～2007）
平阴县总体规划文本
平阴县总体规划说明书
平阴县总体规划基础资料汇编
山东省平阴县生态示范区建设规划

**20. 东阿县**

东阿县统计资料（2006、2007）
东阿县城市总体规划
东阿县城市总体规划说明书
东阿县城市总体规划基础资料汇编
东阿国家级生态示范区建设规划

**21. 垦利县**

垦利县统计资料（2005、2006）
垦利县县城总体规划（2007—2020）说明书
垦利生态县建设总体规划
垦利总体规划各单位提报材料

**22. 利津县**

利津县统计资料（2005～2007）
利津县城市总体规划文本
利津县城市总体规划说明书
利津县城市总体规划基础资料汇编
利津生态县建设规划

**23. 惠民县**

惠民县总体规划及其附图（电子版）

惠民县总体规划说明书

### 24. 济阳县

济阳统计资料（2006、2007）
济阳县城市总体规划基础资料汇编
济阳生态县建设规划

### 25. 温县

温县统计资料（2006、2007）
温县县城总体规划（2007—2020）

### 26. 渑池县

渑池县统计资料（2006、2007）
渑池生态县建设总体规划（征求意见稿）

### 27. 平陆县

平陆县统计资料（2007、2008）
平陆县县城规划总体文本

### 28. 芮城县

芮城县县城总体规划（2006—2020）文本
芮城生态县建设规划

### 29. 潼关县

潼关统计资料（2004、2005）
潼关县生态示范村规划资料

### 30. 大荔县

大荔县统计资料（2005~2007）

### 31. 韩城市

韩城市统计资料（2006、2007）

### 32. 合阳县

合阳县统计资料（2005~2007）
环境状况公报（2010）

### 33. 河津市

河津市统计资料（2006、2007）

城市总体规划调整

**34. 河曲县**

河曲县统计资料（2005~2007）

**35. 景泰县**

景泰县统计资料（2005~2007）

**36. 开封县**

开封县统计资料（2005~2007）

**37. 灵武市**

灵武市统计资料（2005~2007）

**38. 吴堡县**

吴堡县统计资料（2005~2007）
吴堡县国民经济和社会统计公报（2005~2007）

**39. 偃师市**

偃师市统计资料（2006~2008）

**40. 荥阳市**

荥阳市统计资料（2005、2006）

**41. 巴林右旗**

统计资料（2006~2008）

**42. 巴林左旗**

统计资料（2006~2008）

**43. 拜泉县**

统计资料（2005~2007）
拜泉城市总体规划（2002—2020）
拜泉县城市总体规划图

**44. 昌图县**

昌图县统计资料（2006、2007）

**45. 东乌珠穆沁旗**

东乌珠穆沁旗统计资料（2006、2007）

东乌珠穆沁旗乌里雅思太镇总体规划

**46. 杜尔伯特蒙古族自治县**

统计资料（2005～2007）
杜尔伯特蒙古族自治县泰康镇城市总体规划（2001—2020）
泰康镇城市总体规划图纸

**47. 富裕县**

富裕县国经济和社会发展统计公报（2006～2008）
富裕县富裕镇城市总体规划

**48. 呼玛县**

呼玛统计年鉴（2005～2007）
呼玛县呼玛镇城市总体规划（2001—2020）

**49. 集安市**

集安市统计年鉴（2005～2007）
集安市城市总体规划（2001—2020）

**50. 集贤县**

集贤县社会经济统计年鉴（2005～2007）
集贤县福利镇城市总体规划
集贤县福利镇城市总体规划图纸

**51. 克什克腾旗**

克什克腾旗统计年鉴（2007、2008）
克什克腾旗总体规划
克什克腾旗总体规划图纸

**52. 林甸县**

林甸县统计年鉴（2005～2007）
林甸县省级生态示范区建设规划

**53. 林西县**

林西县统计年鉴（2006、2008）
林西县林西镇城市总体规划（2006—2020）
林西县林西镇城市总体规划图纸

**54. 宁城县**

宁城县统计年鉴（2005～2007）

宁城县生态环境功能区划报告
宁城县城市总体规划图纸

### 55. 尚志市

尚志市统计年鉴（2006、2007）
尚志市生态市建设规划

### 56. 四子王旗

四子王旗2005年统计年鉴
四子王旗乌兰花镇总体规划（2004—2020）
四子王旗宁城县城市总体规划图纸

### 57. 绥滨县

绥滨县统计年鉴（2005～2007）

### 58. 五常市

五常市统计年鉴（2006、2007）
五常市生态市建设规划
五常市总体规划图纸

### 59. 西乌珠穆沁旗

西乌珠穆沁旗统计年鉴（2006、2007）
西乌珠穆沁旗巴拉格尔高勒镇城市总体规划

### 60. 榆树市

榆树市统计年鉴（2005～2007）
榆树市城市总体规划（2006—2020）
榆树市总体规划图纸

### 61. 博兴县

博兴县统计年鉴（2005～2007）
博兴县城市总体规划说明书（2004—2020）
博兴县总体规划图纸

### 62. 昌邑市

昌邑市统计年鉴（2005～2007）
昌邑市城市总体规划
昌邑市总体规划图纸

### 63. 高青县

高青县统计年鉴（2005~2007）
高青生态县建设规划（修编）研究报告（2008—2030）
高青县总体规划图纸

### 64. 广饶县

广饶县统计年鉴（2005~2007）
广饶县城市总体规划（2004—2020）
广饶县总体规划图纸

### 65. 莱州市

莱州统计年鉴（2006~2008）
莱州市生态市建设规划
莱州市总体规划图纸

### 66. 乐陵市

乐陵市国民经济统计资料（2005~2007）
乐陵市城市总体规划
乐陵市总体规划图纸

### 67. 庆云县

庆云县国民经济统计资料（2005~2007）
庆云县城市总体规划
庆云县总体规划图纸

### 68. 寿光市

寿光市国民经济统计资料（2005~2007）
寿光生态市建设规划
寿光市总体规划图纸
寿光市城市发展规划示意图
寿光市生态功能分区

### 69. 无棣县

无棣县国民经济统计资料（2005~2007）
无棣生态县建设规划
无棣县总体规划图纸

### 70. 阳信县

阳信县国民经济统计资料（2005~2007）

阳信县城市总体规划（2005—2020）
阳信县总体规划图纸

### 71. 沾化县

沾化县国民经济统计资料（2005～2007）
沾化县城市总体规划（2004—2020）
沾化县总体规划图纸

### 72. 邹平县

邹平县国民经济统计资料（2005～2007）
邹平生态县建设规划（2004—2015）
邹平县总体规划图纸

### 73. 本溪县

本溪县国民经济统计资料（2005～2007）
本溪县城市总体规划
本溪县总体规划图纸

### 74. 长海县

长海县国民经济统计资料（2005～2007）
长海县城市总体规划
长海县城市总体规划图纸

### 75. 大石桥市

大石桥市国民经济统计资料（2006～2008）
大石桥市城市总体规划说明书（2009—2030）
大石桥市城市总体规划图纸

### 76. 调兵山市

调兵山市统计年鉴（2005、2006）

### 77. 海城市

海城市统计年鉴（2005～2007）
海城全国生态市建设规划
海城市总体规划图纸

### 78. 桓仁县

桓仁县统计年鉴（2005～2007）
桓仁县城市总体规划

### 79. 开原市

开原市国民经济统计资料汇编（2005～2007）

### 80. 康平县

康平县国民经济统计资料（2006～2008）
康平县生态县建设规划

### 81. 宽甸满族自治县

宽甸满族自治县统计年鉴（2006～2008）
宽甸满族自治县生态示范区建设总体规划

### 82. 辽阳县

辽阳县"十五"期间统计资料汇编（2001～2005）
辽阳县生态县建设规划（2009—2020）
辽阳县城市总体规划图（2009—2030）

### 83. 台安县

台安县国民经济统计资料（2005～2007）

### 84. 瓦房店市

瓦房店市统计信息（2005～2007）
瓦房店市城市总体规划
瓦房店市城市总体规划图纸

### 85. 西丰县

西丰县统计年鉴（2005、2006）
西丰县生态功能区划

### 86. 新宾满族自治县

新宾满族自治县国民经济统计资料（2001～2005）

### 87. 新民市

新民市国民经济统计资料（2005～2007）

### 88. 岫岩县

岫岩县统计年鉴（2006～2008）
岫岩县城市总体规划

**89. 庄河市**

庄河市年鉴（2005～2007）
庄河生态市建设规划（2009—2020）
庄河市城市总体规划图纸

**90. 孙吴县**

孙吴县国民经济统计资料（2005～2007）
孙吴县 2006 年度、2007 年度质量报告书
孙吴县生态规划
孙吴县城市总体规划

**91. 华县**

华县统计年鉴（2001～2005）

**92. 礼泉县**

礼泉县国民经济和社会发展统计公报（2005～2007）
礼泉城市总体规划（2007—2025）

**93. 丹凤县**

丹凤县国民经济和社会发展统计公报（2005～2007）
丹凤县总体规划图纸
丹凤县"十二五"环境保护与生态建设规划

**94. 彬县**

彬县国民经济和社会发展统计年鉴（2005～2007）

**95. 凤翔县**

凤翔县国民经济和社会发展统计年鉴（2006～2009）

**96. 武功县**

武功县国民经济和社会发展统计年鉴（2005～2008）

**97. 乾县**

乾县国民经济和社会发展统计数据（2005～2007）
乾县县城总体规划图纸

**98. 长武县**

长武县国民经济和社会发展统计年鉴（2005～2007）

长武县县城总体规划
长武县县城总体规划图纸

**99. 扶风县**

扶风县国民经济和社会发展统计公报（2005～2009）

**100. 澄城县**

澄城县国民经济和社会发展统计数据（2005～2007）

**101. 兴平市**

兴平市国民经济和社会发展统计公报（2004～2006）

**102. 永寿县**

永寿县国民经济和社会发展统计公报（2005～2007）
永寿县县城总体规划图纸
永寿县"十二五"环保规划

**103. 盖州市**

盖州市国民经济统计数据（2005～2007）
盖州市"十二五"规划纲要

**104. 抚顺市**

抚顺市统计年鉴（2005～2007）

**105. 铁岭市**

铁岭市统计年鉴（2001～2004、2006～2009）

**106. 丹东市**

丹东市统计年鉴（2005～2007）
丹东市城市总体规划（2009—2020）

**107. 淳化县**

淳化县国民经济和社会发展统计公报（2005～2007）

**108. 泾阳县**

泾阳年鉴（2002～2007）

**109. 宜君县**

宜君县国民经济和社会发展统计公报（2005～2007）

宜君县环境质量现状评价
宜君县国家级生态示范区建设规划
宜君县西河水库水质监测

### 110. 榆林市

榆林市统计年鉴（2007、2008）

### 111. 东港市

东港市统计年鉴（2006～2008）

### 112. 秦安县

秦安县统计年鉴（2006～2008）
秦安县城市总体规划（2005—2020）

### 113. 洛南县

洛南县统计年鉴（2005～2007）
洛南县规划局资料（图）
洛南县环保规划文本（图）
洛南县小区街道图

### 114. 蒲城县

蒲城国民经济和社会发展公报（2005～2007）
蒲城城市建设规划资料（图）
蒲城小区街道图

### 115. 三原县

三原县统计年鉴（2005～2007）
三原县城市建设规划（图）
三原县环境保护规划（十二五）
三原县小区街道图

### 116. 旬邑县

旬邑县统计年鉴（2005～2007）
旬邑县城市规划资料（2009—2020）
旬邑县小区街道图

### 117. 定边县

定边县统计年鉴（2005～2007）

**118. 横山县**

横山县统计年鉴（2005～2007）

**119. 米脂县**

米脂县统计年鉴（2005、2006）

**120. 绥德县**

绥德县统计年鉴（2005～2007）

**121. 榆阳区**

榆阳区统计年鉴（2005～2007）

**122. 周至县**

周至县统计年鉴（2005～2007）
周至县城市建设规划资料（1998—2010）
周至县环境保护检测资料（水）
周至县小区街道图

**123. 柞水县**

柞水县统计年鉴（2005～2007）
柞水县城市建设规划资料（2020）
柞水县环境保护生态图
柞水县小区街道图
柞水生态县建设规划

**124. 甘谷县**

甘谷县统计年鉴（2005～2007）
甘谷县总体规划图

**125. 麟游县**

麟游县统计年鉴（2005～2007）
麟游县总体规划图（2009—2020）

**126. 陇县**

陇县统计年鉴（2005～2007）
陇县总体规划土地使用图（2008—2020）

**127. 眉县**

眉县统计年鉴（2005～2007）

眉县城市总体规划图（2007—2015）

### 128. 岐山县

岐山县统计年鉴（2004～2006）
岐山县城市总体规划图（2009—2025）

### 129. 千阳县

千阳县统计年鉴2004年
千阳县城市总体规划图（1999—2020）

### 130. 清水县

清水县统计年鉴（2006、2007）
清水县城总体规划

### 131. 太白县

太白县统计年鉴（2004～2006）
太白县城市总体规划图

### 132. 武山县

武山县统计年鉴（2006、2007）

### 133. 张家川

张家川（2005～2007）
张家川城市总体规划图（2011—2030）

### 134. 辽中县

辽中生态县规划文本修编稿

### 135. 普兰店市

普兰店市环境质量年报（2008、2009）
普兰店生态市建设规划

### 136. 清原满族自治县

清原满族自治县生态示范区建设总体规划

### 137. 阜新县

阜新县小区访谈记录和照片

### 138. 户县

户县国民经济和社会发展公报（2005～2007）

户县城市规划资料（2011—2030）

户县环保资料（涝河新河环境监测，生态村建设）

户县小区街道图

### 139. 华阴市

华阴市统计年鉴（2005~2007）

华阴市环保资料（2010年地表水、空气、噪声及环保实施方案）

### 140. 高陵县

高陵县统计年鉴（2005~2007）

高陵县总体规划（2003—2020）

高陵县小区街道图

### 141. 富平县

富平县统计年鉴（2004~2006）

富平县城市总体规划（图）

富平县环保规划（"十二五"）

富平县小区街道图

### 142. 蓝田县

蓝田县统计年鉴（2005~2007）

### 143. 凤县

凤县统计年鉴（2004~2006）

凤县县城总体规划（2013—2030）图

### 144. 其他

中国环境统计年鉴（2009、2010）. 中国统计出版社

新中国六十年统计资料汇编. 中国统计出版社

中国能源统计年鉴2010. 中国统计出版社

中国环境统计2000. 中国环境科学出版社

中国城市统计年鉴（1998、2002、2004、2006、2009）. 中国统计出版社

中国环境年鉴（2006~2009）. 中国环境年鉴社

中国房地产统计年鉴（2007~2009）. 中国统计出版社

山东统计年鉴（2007、2009、2010）. 中国统计出版社

山东调查年鉴（2008、2010）. 中国统计出版社

辽宁统计年鉴（2007、2009）. 中国统计出版社

辽宁统计调查年鉴（2009、2010）. 中国统计出版社

陕西统计年鉴2005. 中国统计出版社

# 俄罗斯考察资料、数据收集清单

俄罗斯科学院西伯利亚分院索恰瓦地理研究所简介（英文，年份不详）

俄罗斯科学院西伯利亚分院贝加尔自然管理研究所简介（英文，年份不详）

伊尔库茨克科学中心简介（俄、英，2004）

大伊尔库茨克——问题、前瞻及可持续发展（俄文、英文，2007）

贝加尔经济论坛——伊尔库茨克地区资源及其利用（俄文、英文，2002）

贝加尔世界（俄文，2008年第18期）

展望2020年的伊尔库茨克（俄文，2007）

生活与建筑艺术大家谈（俄文，2007）

贝加尔湖（俄文，年份不详）

伊尔库茨克（俄文，2006）

贝加尔国际生态教育基地简介（英文，2010）

俄罗斯科学院贝加尔自然管理研究所简介（英文，2011）

数字贝加尔（俄文、英文，2001）

乌兰乌德建设（俄文，2008）

迈向2027年的乌兰乌德（俄文，2007）

贝加尔景点简介（俄文，2011）

塔利茨木屋博物馆（俄文，2007）

伊尔库茨克州地理（俄文，2007）

伊尔库茨克350年（俄文，2011）

俄罗斯经济现代化的旅游可持续发展乌兰乌德论坛文集（俄文，2011）

内陆伊尔库茨克（俄文，2006）

贝加尔湖的吸引力（图片集）（中文，2010）

布里亚特旅游图（俄文，2006）

布里亚特地图（俄文，2011）

乌兰乌德街区图（俄文，2009）

贝加尔湖色楞格河三角洲简图（俄文，2008）

贝加尔湖地图（俄文，2007）

伊尔库茨克2010年建设年报（俄文）

布里亚特2010年建设年报（俄文）

伊尔库茨克2010年国民经济、建设、城市公用设施统计数据（俄文）

伊尔库茨克2005年统计数据（俄文）

布里亚特共和国2010年统计数据（俄文）

以2005年为基期的布里亚特共和国中长期发展战略资料（俄文）

布里亚特共和国概况（俄文，2011）

乌兰乌德城市总体规划用地现状图（俄文）

乌兰乌德城市总体规划用地规划图（俄文）

乌兰乌德城市总体规划交通规划图（俄文）

乌兰乌德城市总体规划说明书（俄文）

伊尔库茨克城市街区图（俄文）

贝加尔领域实践（英文，2008）

贝加尔湖地图集（俄文，其中有少量英文内容，2008）

雏鹰展翅——贝加尔湖考察论文集（南京大学，中文，2008）

探路者——2008 年贝加尔湖考察论文集（南京大学，中文）

## 蒙古考察资料、数据收集清单

蒙古科学院简介（英文，年份不详）

俄罗斯科学院哲学社会和法律研究所简介（英文，年份不详）

蒙古国地理研究所集刊（蒙文，2010）

乌兰巴托导游手册（英文，2008）

乌兰巴托旅游地图（英文，年份不详）

学生用蒙古国经济地图册（蒙文，2007）

简明蒙古地图册（蒙文，2004）

发现蒙古（英文，年份不详）

蒙古国 2009 年统计数据（蒙文、英文）

蒙古国 2011 年 1～9 月统计数据（蒙文、英文）

蒙古国 2005 年环境污染数据（蒙文）

乌兰巴托城市防灾教育规划（英文，2010）

蒙古国城市帐篷区的社会群体驱动发展策略（英文，2007）

乌兰巴托帐篷区发展实践与政策强化（英文，2008）

蒙古包搭建（2006）

牧场建筑设计（蒙文，2009）

新蒙古包设计（蒙文，2011）

新井干式木屋设计（蒙文，2011）

住宅建筑设计（蒙文）

蒙古建筑（蒙文、英文，1988）

蒙古雕塑（蒙文、英文，1989）

蒙古建筑装饰（英文，2011）